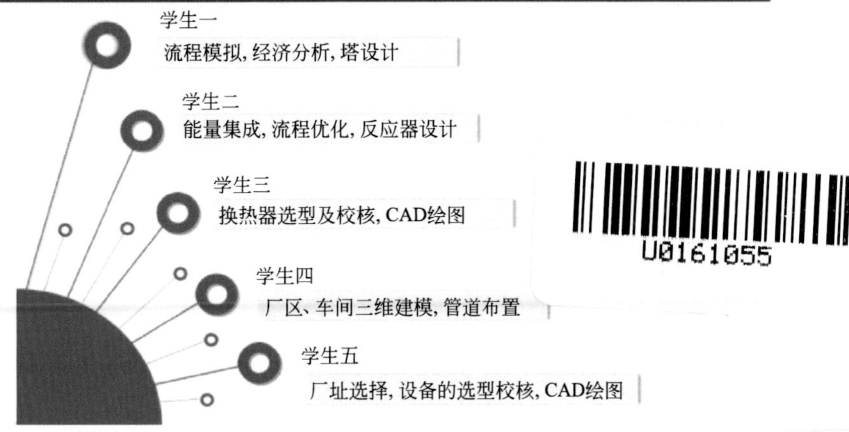
2013 Chem-Coal Style团队介绍
学生一
流程模拟，经济分析，塔设计
学生二
能量集成，流程优化，反应器设计
学生三
换热器选型及校核，CAD绘图
学生四
厂区、车间三维建模，管道布置
学生五
厂址选择，设备的选型校核，CAD绘图

(a) 2013年Chem-Coal Style团队成员分工

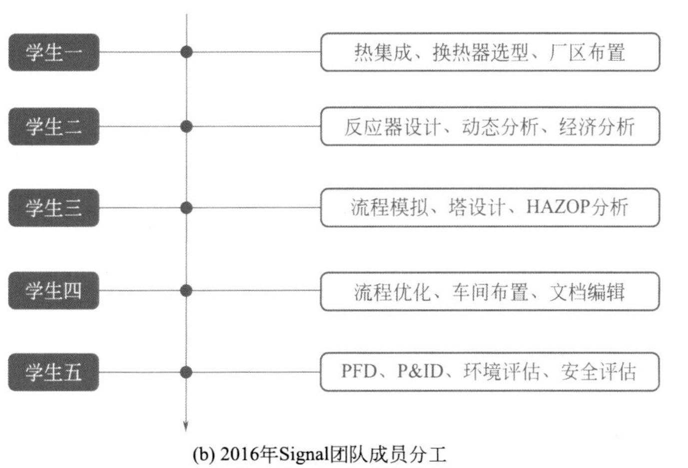
2016 Signal团队成员介绍
学生一
热集成、换热器选型、厂区布置
学生二
反应器设计、动态分析、经济分析
学生三
流程模拟、塔设计、HAZOP分析
学生四
流程优化、车间布置、文档编辑
学生五
PFD、P&ID、环境评估、安全评估

(b) 2016年Signal团队成员分工

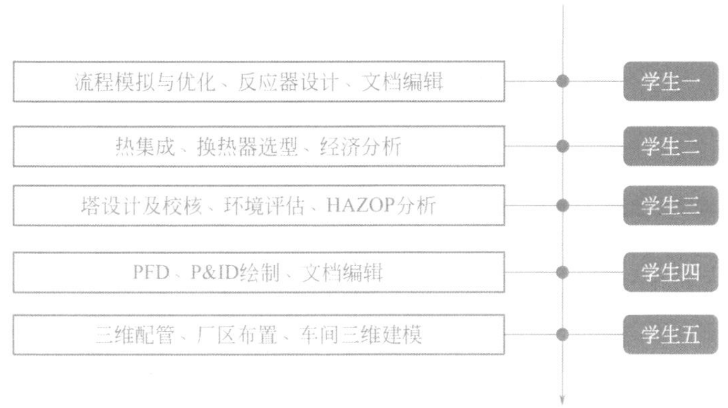
2017 Sweetening 5S团队介绍
流程模拟与优化、反应器设计、文档编辑
学生一
热集成、换热器选型、经济分析
学生二
塔设计及校核、环境评估、HAZOP分析
学生三
PFD、P&ID绘制、文档编辑
学生四
三维配管、厂区布置、车间三维建模
学生五

(c) 2017年Sweetening 5S团队成员分工

图 2.2　中国矿业大学（北京）部分年份参赛团队成员分工

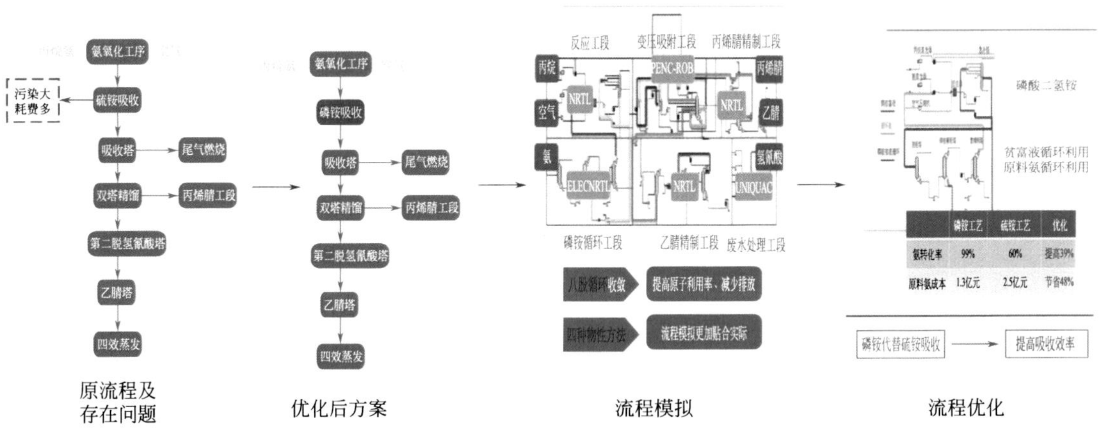

(a) 方案一

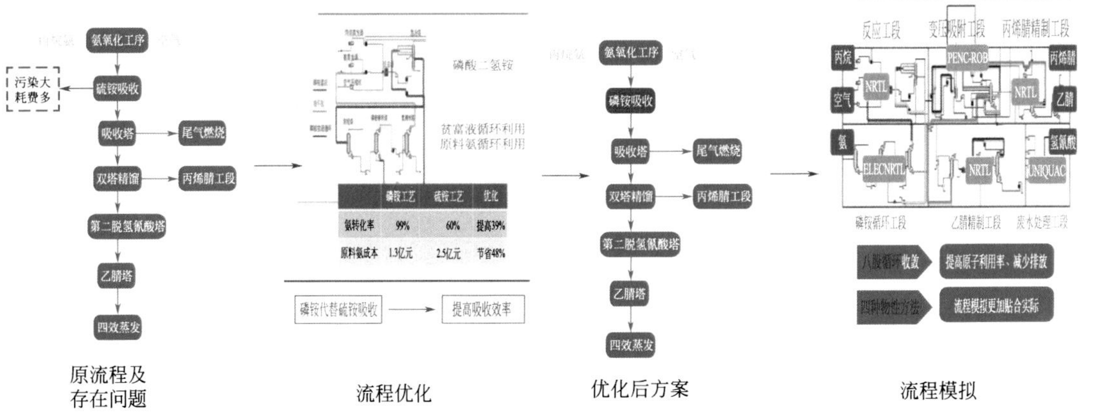

(b) 方案二

图 2.3　两种汇报方案的比较

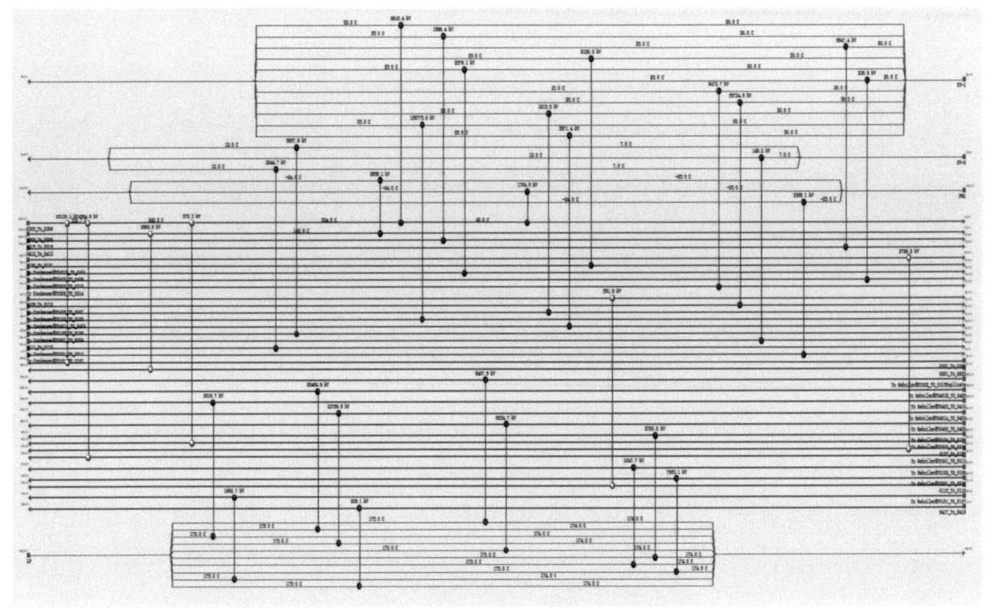

图 3.19　优化后的换热网络设计方案

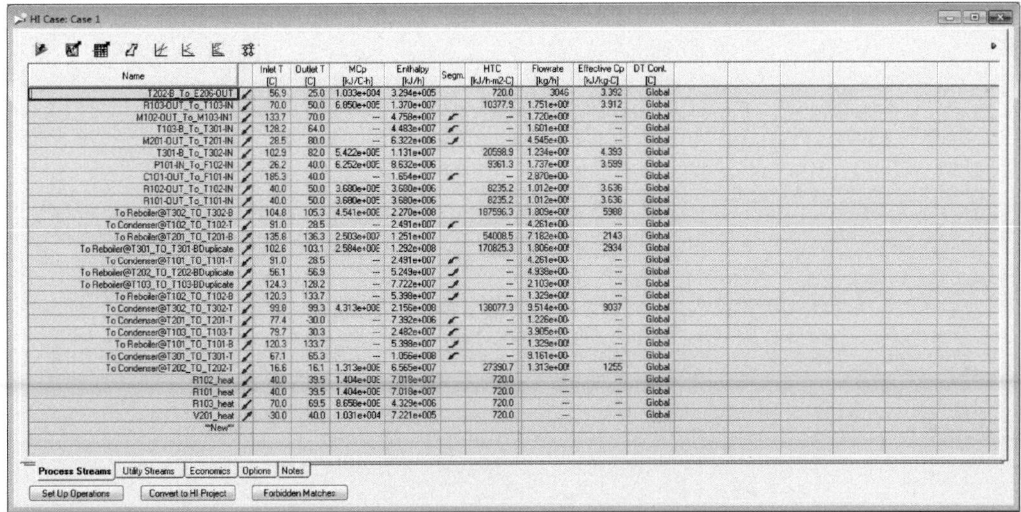

HI Case: Case 1

Name	Inlet T [C]	Outlet T [C]	MCp [kJ/C-h]	Enthalpy [kJ/h]	Segm.	HTC [kJ/h-m2-C]	Flowrate [kg/h]	Effective Cp [kJ/kg-C]	DT Cont. [C]
T202-B_To_E206-OUT	56.9	25.0	1.033e+004	3.294e+005		720.0	3046	3.392	Global
R103-OUT_To_T103-IN	70.0	50.0	6.850e+00	1.370e+007		10377.9	1.751e+00	3.912	Global
M102-OUT_To_M103-IN1	133.7	70.0	---	4.758e+007		---	1.720e+00	---	Global
T103-B_To_T301-IN	128.2	64.0	---	4.483e+007		---	1.601e+00	---	Global
M201-OUT_To_T201-IN	28.5	80.0	---	6.322e+006		---	4.545e+00	---	Global
T301-B_To_T302-IN	102.9	82.0	5.422e+00	1.131e+007		20598.9	1.234e+00	4.393	Global
P101-IN_To_F102-IN	26.2	40.0	6.252e+00	8.632e+006		9361.3	1.737e+00	3.599	Global
C101-OUT_To_F101-IN	185.3	40.0	---	1.654e+007		---	2.870e+00	---	Global
R102-OUT_To_T102-IN	40.0	50.0	3.680e+00	3.680e+006		8235.2	1.012e+00	3.636	Global
R101-OUT_To_T101-IN	40.0	50.0	3.680e+00	3.680e+006		8235.2	1.012e+00	3.636	Global
To Reboiler@T302_TO_T302-B	104.8	105.3	4.541e+00	2.270e+008		187596.3	1.809e+00	5988	Global
To Condenser@T102_TO_T102-T	91.0	28.5	---	2.491e+007		---	4.261e+00	---	Global
To Reboiler@T201_TO_T201-B	135.8	136.3	2.503e+007	1.251e+007		54008.5	7.182e+00	2143	Global
To Reboiler@T301_TO_T301-BDuplicate	102.6	103.1	2.584e+00	1.292e+008		170825.3	1.806e+00	2934	Global
To Condenser@T101_TO_T101-T	91.0	28.5	---	2.491e+007		---	4.261e+00	---	Global
To Reboiler@T202_TO_T202-BDuplicate	56.1	56.9	---	5.249e+007		---	4.938e+00	---	Global
To Reboiler@T103_TO_T103-BDuplicate	124.3	128.2	---	7.722e+007		---	2.103e+00	---	Global
To Reboiler@T102_TO_T102-B	120.3	133.7	---	5.398e+007		---	1.329e+00	---	Global
To Condenser@T302_TO_T302-T	99.8	99.3	4.313e+00	2.156e+008		138077.3	9.514e+00	9037	Global
To Condenser@T201_TO_T201-T	77.4	-30.0	---	7.392e+006		---	1.226e+00	---	Global
To Condenser@T103_TO_T103-T	79.7	30.3	---	2.482e+007		---	3.905e+00	---	Global
To Reboiler@T101_TO_T101-B	120.3	133.7	---	5.398e+007		---	1.329e+00	---	Global
To Condenser@T301_TO_T301-T	67.1	65.3	---	1.056e+008		---	9.161e+00	---	Global
To Condenser@T202_TO_T202-T	16.6	16.1	1.313e+00	6.565e+007		27390.7	1.313e+00	1255	Global
R102_heat	40.0	39.5	1.404e+00	7.018e+007		720.0	---	---	Global
R101_heat	40.0	39.5	1.404e+00	7.018e+007		720.0	---	---	Global
R103_heat	70.0	69.5	8.658e+00	4.329e+006		720.0	---	---	Global
V201_heat	-30.0	40.0	1.031e+004	7.221e+005		720.0	---	---	Global
New									

Process Streams | Utility Streams | Economics | Options | Notes

Set Up Operations | Convert to HI Project | Forbidden Matches

图 3.37　导入物流数据图

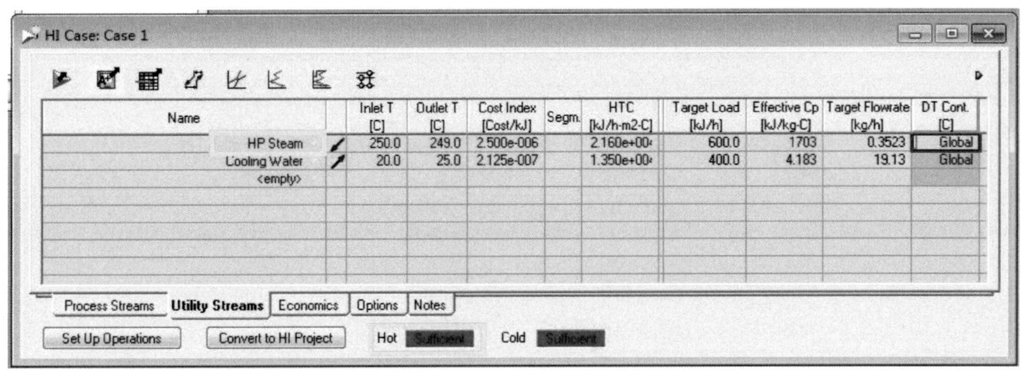

HI Case: Case 1

Name	Inlet T [C]	Outlet T [C]	Cost Index [Cost/kJ]	Segm.	HTC [kJ/h-m2-C]	Target Load [kJ/h]	Effective Cp [kJ/kg-C]	Target Flowrate [kg/h]	DT Cont. [C]
HP Steam	250.0	249.0	2.500e-006		2.160e+00	600.0	1703	0.3523	Global
Cooling Water	20.0	25.0	2.125e-007		1.350e+00	400.0	4.183	19.13	Global
<empty>									

Process Streams | Utility Streams | Economics | Options | Notes

Set Up Operations | Convert to HI Project | Hot Sufficient | Cold Sufficient

图 3.38　公用工程设置图

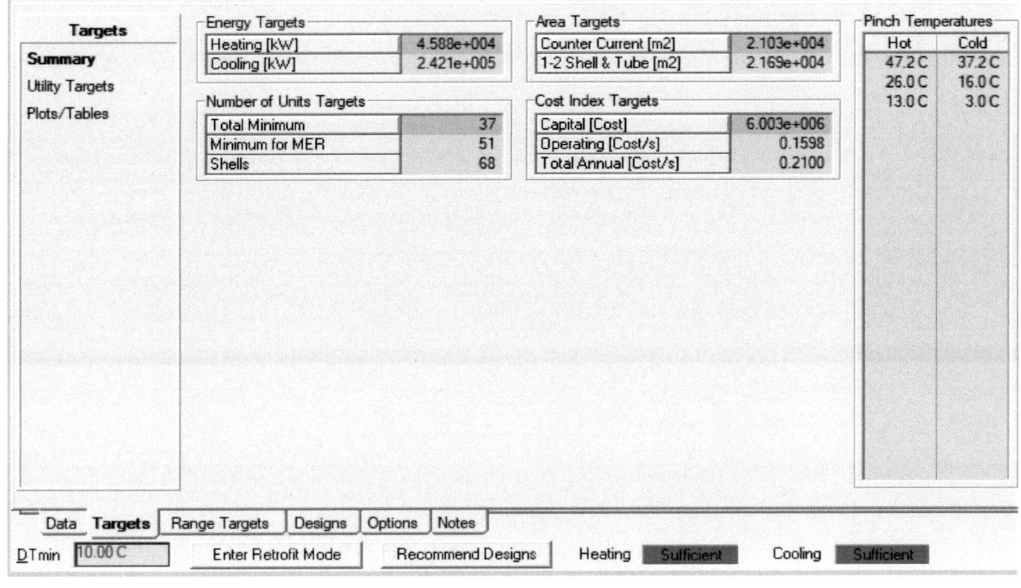

Targets: Summary | Utility Targets | Plots/Tables

Energy Targets

Heating [kW]	4.588e+004
Cooling [kW]	2.421e+005

Area Targets

Counter Current [m2]	2.103e+004
1-2 Shell & Tube [m2]	2.169e+004

Number of Units Targets

Total Minimum	37
Minimum for MER	51
Shells	68

Cost Index Targets

Capital [Cost]	6.003e+006
Operating [Cost/s]	0.1598
Total Annual [Cost/s]	0.2100

Pinch Temperatures

Hot	Cold
47.2 C	37.2 C
26.0 C	16.0 C
13.0 C	3.0 C

Data | Targets | Range Targets | Designs | Options | Notes

DTmin 10.00 C | Enter Retrofit Mode | Recommend Designs | Heating Sufficient | Cooling Sufficient

图 3.42　热集成过程的能量目标

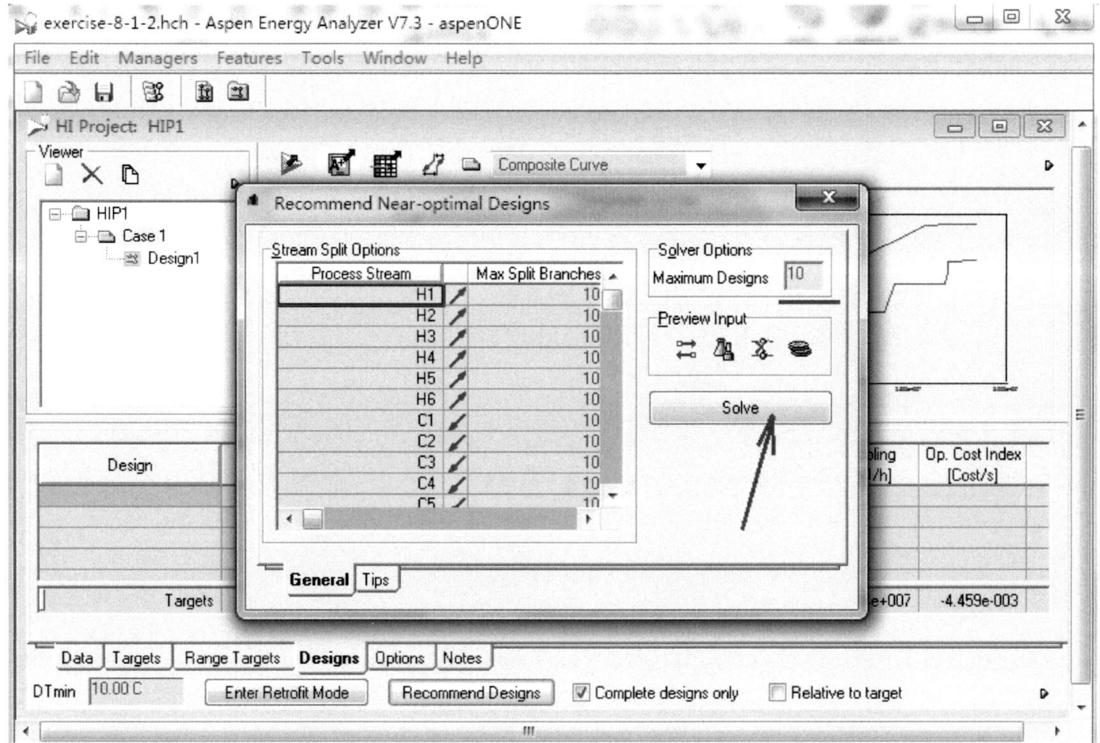

图 3.45 推荐换热网络设置

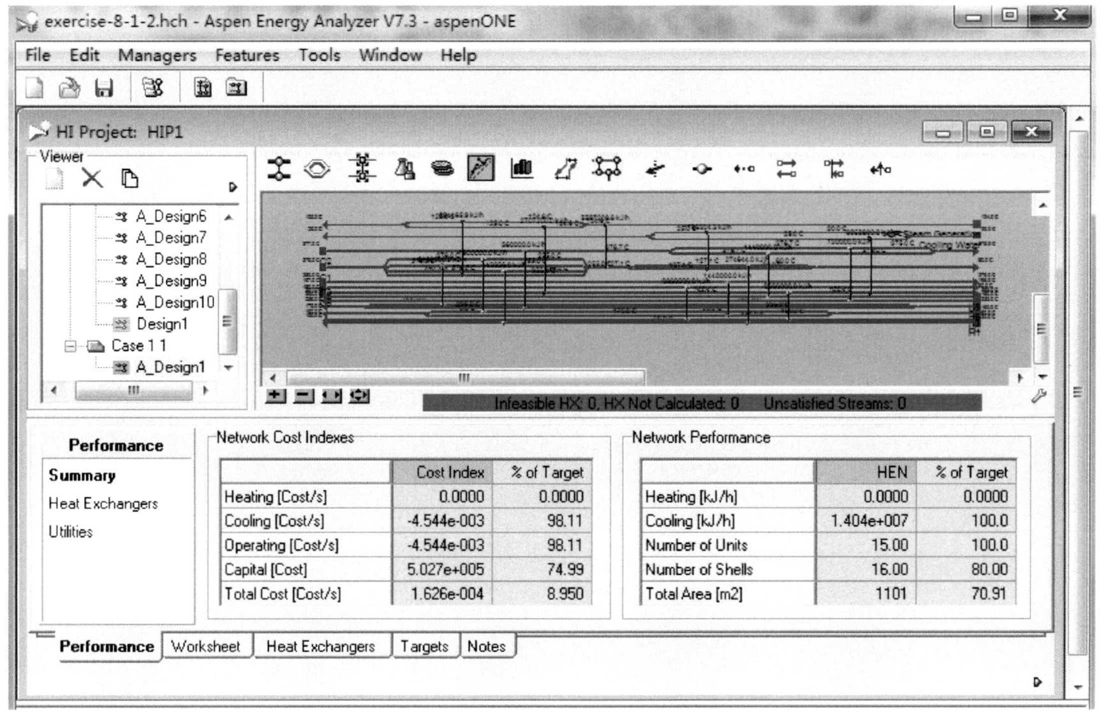

	Cost Index	% of Target
Heating [Cost/s]	0.0000	0.0000
Cooling [Cost/s]	-4.544e-003	98.11
Operating [Cost/s]	-4.544e-003	98.11
Capital [Cost]	5.027e+005	74.99
Total Cost [Cost/s]	1.626e-004	8.950

	HEN	% of Target
Heating [kJ/h]	0.0000	0.0000
Cooling [kJ/h]	1.404e+007	100.0
Number of Units	15.00	100.0
Number of Shells	16.00	80.00
Total Area [m2]	1101	70.91

图 3.46 系统生成初步换热网络

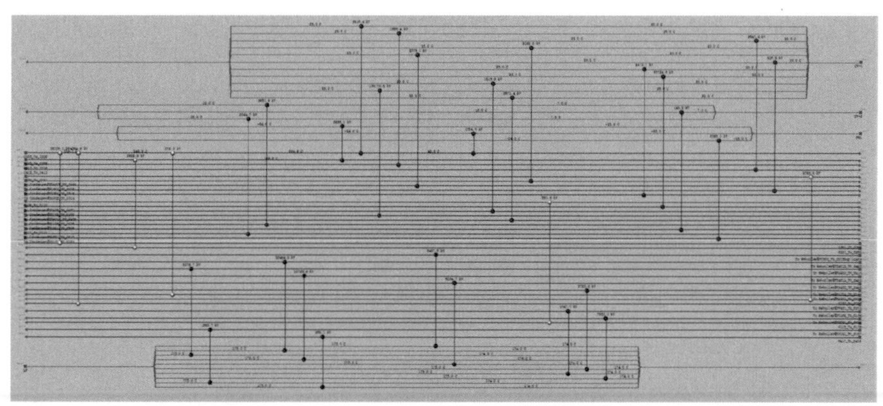

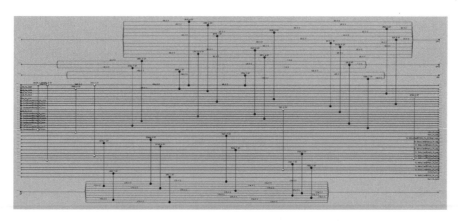

图 3.47　优化后的换热网络

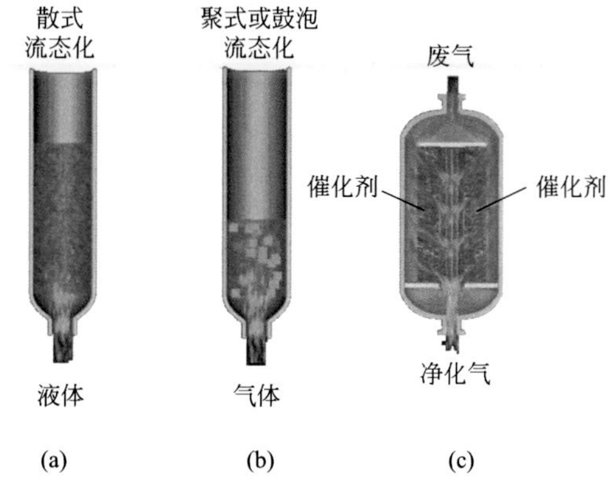

图 3.48　不同流化床和固定床反应器的结构简图

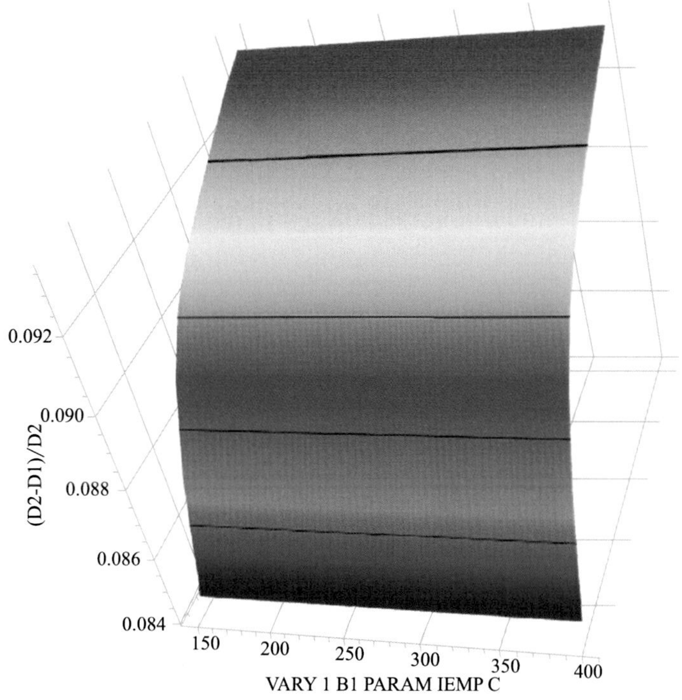

图 3.49　反应器优化示意图

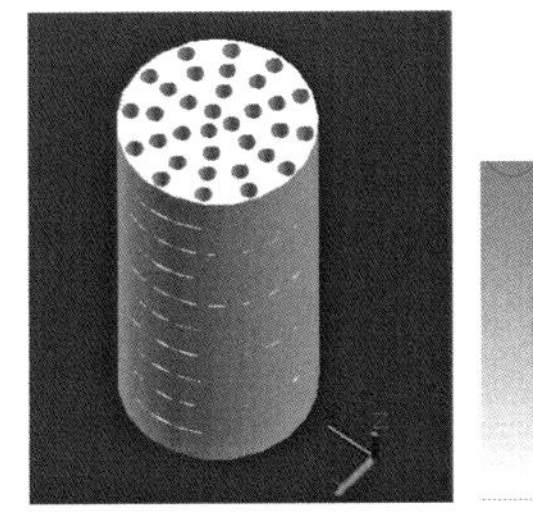

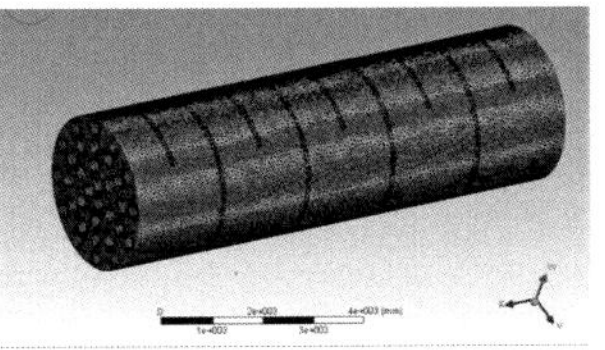

(a) 反应器模型　　　　　(b) 反应器计算域网格划分

图 3.50　Fluent 软件对管式反应器流场的模拟计算

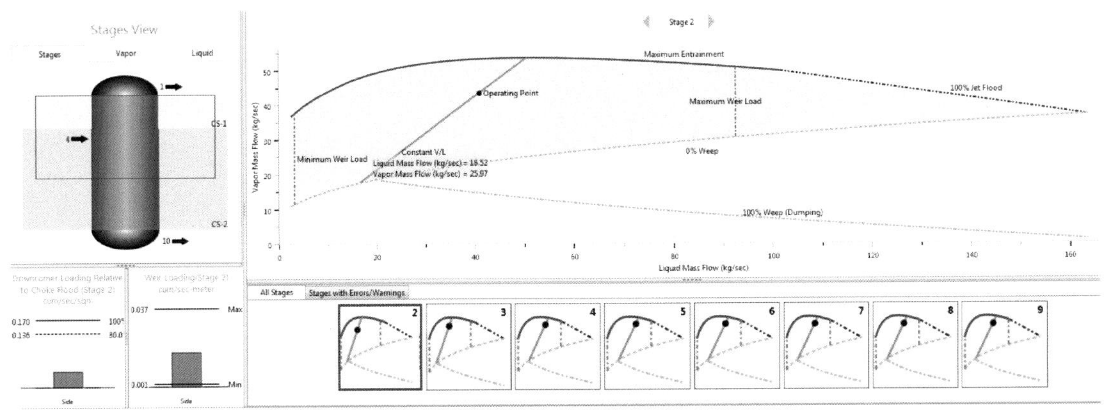

图 3.51　初步设计气液性能负荷图

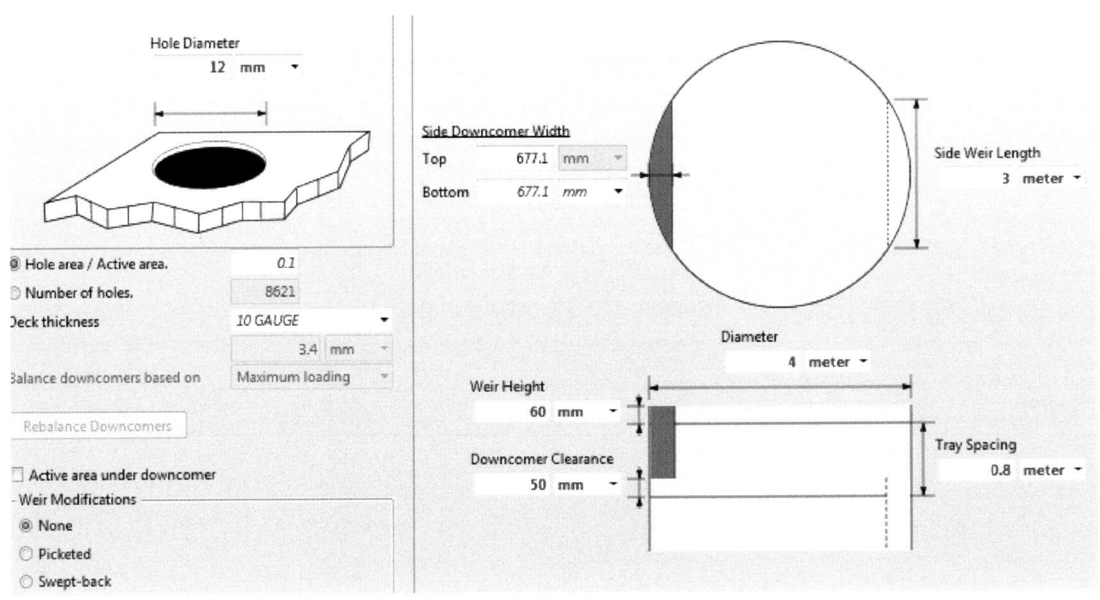

图 3.52　精馏段塔径圆整结果

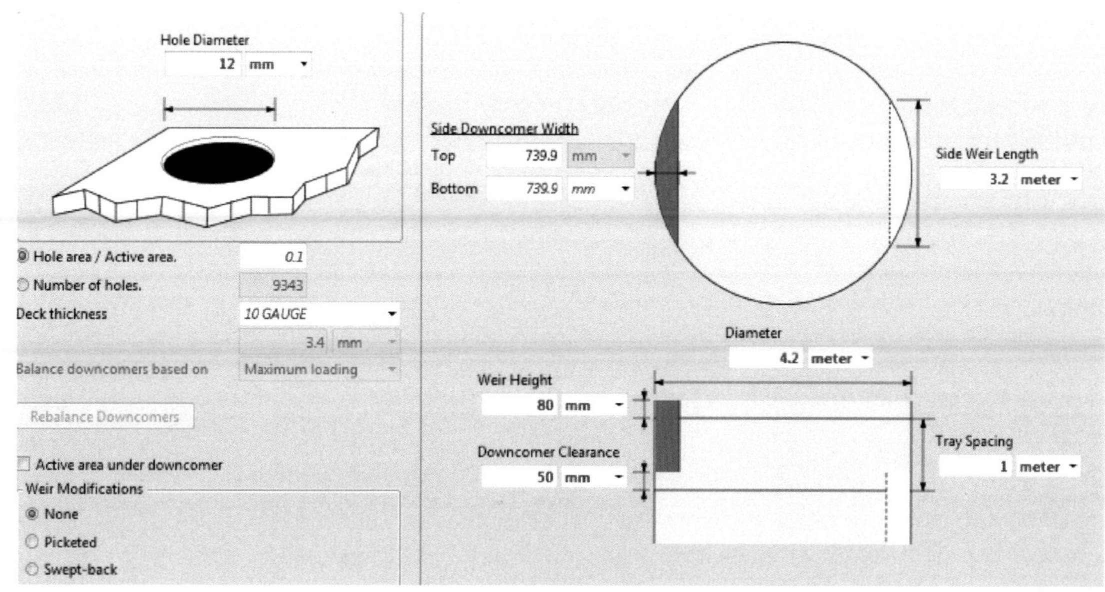

图 3.53 提馏段塔径圆整结果

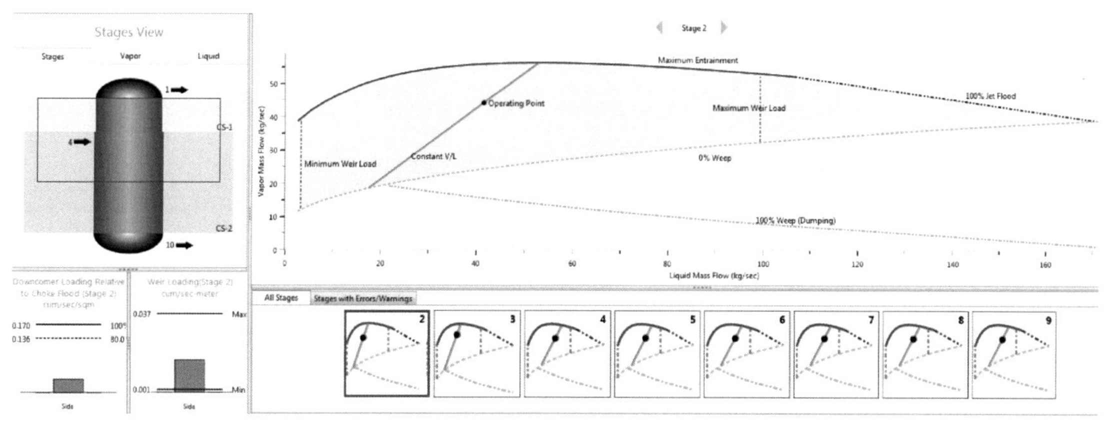

图 3.54 塔径圆整后气液性能负荷图

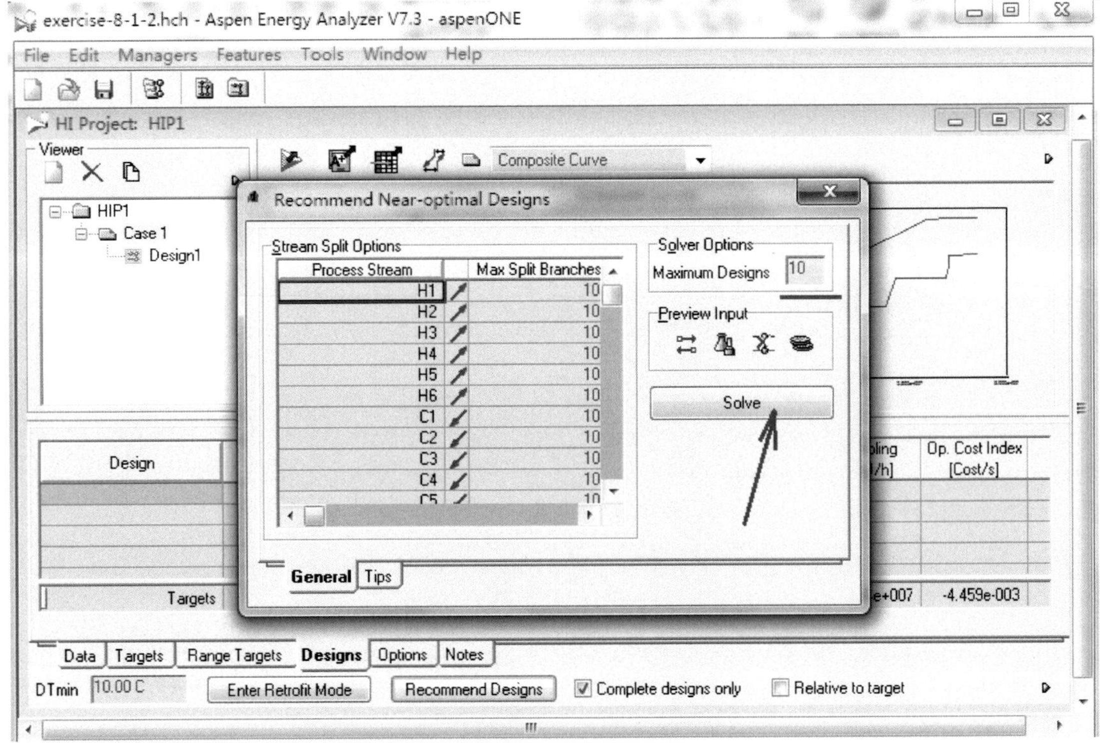

图 5.3　推荐换热网络设置

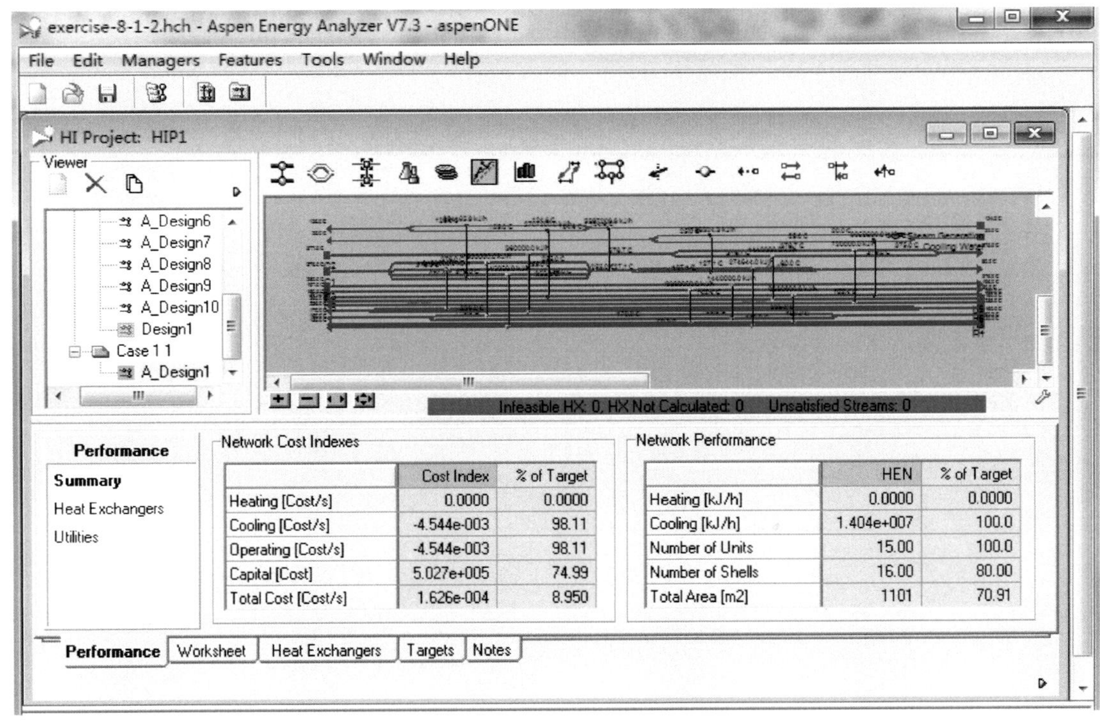

图 5.4　系统生成换热网络

全国大学生化工设计竞赛参赛指导与作品分析

曹俊雅　张香兰　等 编著

The National Undergraduate Chemical Design Competition Project Supervision and Analysis

化学工业出版社
·北京·

内容简介

本书根据中国矿业大学（北京）教师十余年来指导学生参加全国大学生化工设计竞赛的实战经历，详细介绍了竞赛概况、参赛的组织和准备、竞赛作品分析等。具体包括赛前准备，工艺流程模拟、能量综合利用及设备设计与选型，图纸绘制、安全环保及经济分析，并以作者团队的获奖作品为案例，详细剖析了竞赛评分标准及竞赛作品案例分析。另外，本书还附赠作者团队 2019 年和 2020 年全国总决赛队伍的获奖作品电子资源，读者可通过化学工业出版社官网 www. cip. com. cn 下载使用。希望读者能够通过阅读本书了解参赛的全流程，每一步的重点、难点，怎么攻克重点、难点，用到哪些专业知识，怎么准备设计文档、答辩 PPT，评分标准等。

本书可供化工专业本科生及竞赛指导教师参考使用。

图书在版编目（CIP）数据

全国大学生化工设计竞赛：参赛指导与作品分析 / 曹俊雅等编著. — 北京：化学工业出版社，2022.9（2024.4 重印）

ISBN 978-7-122-41594-3

Ⅰ. ①全… Ⅱ. ①曹… Ⅲ. ①化工设计-高等学校-教学参考资料 Ⅳ. ①TQ02

中国版本图书馆 CIP 数据核字（2022）第 095281 号

责任编辑：于 水 韩霄翠　　装帧设计：史利平

责任校对：田睿涵

出版发行：化学工业出版社（北京市东城区青年湖南街 13 号 邮政编码 100011）

印 装：北京科印技术咨询服务有限公司数码印刷分部

787mm×1092mm 1/16 印张 13¾ 彩插 4 字数 339 千字 2024 年 4 月北京第 1 版第 3 次印刷

购书咨询：010-64518888　　售后服务：010-64518899

网 址：http：//www. cip. com. cn

凡购买本书，如有缺损质量问题，本社销售中心负责调换。

定 价：58. 00 元

前言

当前，我国高等教育正在大力发展新工科，努力培养出面向新产业和新经济的实践能力强、创新能力强的高素质复合型“新工科”人才，加强与工程实践的结合，全力探索形成领跑全球工程教育的中国模式、中国经验，助力高等教育强国建设。在“新工科建设”背景下，通过参加全国大学生化工设计竞赛，学生不仅能对所学专业知识进行系统综合和提升，而且锻炼了工程实践能力，培养了工艺设计理念，特别是新工艺、新设备、节能降耗等方面的创新思维能力，了解和掌握从事工程实践活动所需的现代工具，对于学生的团队协作精神，领导、组织与协调能力，自主学习能力，吃苦耐劳和坚忍不拔的毅力培养方面均起到了积极作用。

中国矿业大学（北京）作为具有鲜明煤炭特色的高等院校，有着为我国煤炭行业培养、输送适应和引领新一轮科技革命和产业变革的卓越工程科技人才这一不可推卸的历史责任。为此，学校从 2010 年开始探索以学科竞赛为抓手来促进教育质量的改善，促进学生“练中学，学中练”，探索我国工程教育中存在的“工程核心能力培养比较薄弱”问题的解决方法，取得了一定成效。结合我校多年来组织指导学生参加全国大学生化工设计竞赛的经验，编写了本书。

本书详细介绍了竞赛概况、竞赛的组织和准备，竞赛作品分析等内容。全书共 5 章，主要内容包括全国大学生化工设计竞赛概况，参赛的准备，工艺流程模拟、能量综合利用及设备设计与选型，图纸绘制、安全环保及经济分析，竞赛评分标准及竞赛作品扣分点分析。另外本书附赠的电子资源还提供了我校 2019 年和 2020 年两届全国总决赛队伍的作品，读者可通过化学工业出版社官网 www. cip. com. cn 下载使用。

本书适合准备组织学生参加全国大学生化工设计竞赛的老师以及参加竞赛的学生使用，希望本书能有助于老师和学生了解竞赛的组织方法、竞赛流程和基本要求，了解完成设计所需要的软件、重要参数查找方法以及各部分的具体内容。

本书由曹俊雅、张香兰等编著，其中第 1 章、第 5 章以及 3.3、 4.3 由曹俊雅编写，2.1、 2.2、 2.3 由张香兰编写， 2.4、 3.2 由刘金昌编写， 3.1 由张军编写， 3.4 由唐元晖编写， 4.1 由孙永军编写， 4.2 由蔡卫滨编写，全书由曹俊雅修改定稿。

本书的竞赛案例得到了四川大学和中国石油大学（华东）参赛学生和指导老师的大力支持，特别感谢四川大学稳新团队《中石化海南炼化分厂年产 55 万吨 PX 项目》（团队成员：张莉萍、贾晓艳、贺娟、杜宇、周治臣；指导老师：陈建钧、郭孝东； 2014 年全国大学生化工设计竞赛作品）和中国石油大学（华东）火炬团队《中化集团泉州石化 27 万吨/年丙烯腈项目》（团队成员：赵绍磊、张超、吕鸿洋、王强、李世月；指导老师：赫佩军、丁传芹； 2016 年全国大学生化工设计竞赛作品）。

由于编著者水平有限，书中不妥之处，恳请读者批评指正。

编著者

2022 年 12 月

目录

第1章 全国大学生化工设计竞赛概况

1.1 竞赛简介

1.1.1 竞赛背景

随着社会与科技的飞速发展，化工行业对工程技术人才的要求越来越高。而工程技术人才的创新能力集中体现在工程实践活动中创造新的技术成果的能力，包括新产品和新技术的研发，新流程和新装置的设计，新的工厂生产过程，新的操作运行方案等。

为了多方面培养大学生的创新思维和工程技能，培养团队协作精神，增强大学生的工程设计与实践能力，实践“卓越工程师教育培养计划”，中国化工学会、中国化工教育协会在一些化工企业的冠名赞助下举办全国大学生化工设计竞赛。赛事每年一次，参赛对象为在校大学生，竞赛统一命题，包括设计作品展示与现场答辩。评委由中国化工学会、设计院、企业、高校共同组成，分区赛和国赛两个阶段，每个阶段又分为预赛和决赛。全国大学生化工设计竞赛始办于 2007 年，迄今为止已举办 16 届。参赛学校由 2007 年的 8 所发展到 2022 年的 415 所，参赛规模和影响范围不断扩大，详见表 1.1。2022 年共吸引全国 2939 支队伍报名参赛，参与人数达 1 万余人。2018 年全国大学生化工设计竞赛入选全国高校学科竞赛排行榜，在 44 项入围赛事中名列第四；并于 2019 年 2 月被正式纳入全国普通高校学科竞赛排行榜的 30 项本科顶级竞赛，属于教育部大学生学科竞赛 A 类赛事，是全国高校化工专业级别最高、参赛队伍最多、影响力最大的年度大赛。

表 1.1 2007—2022 年全国大学生化工设计竞赛发展情况

年份	2007	2008	2009	2010	2011	2012	2013	2014	2015	2016	2017	2018	2019	2020	2021	2022
报名学校数量	8	15	25	53	106	124	164	217	256	262	305	333	349	367	401	415
提交作品高校数	8	—	—	46	—	119	153	197	238	262	287	309	343	325	375	397

续表

年份	2007	2008	2009	2010	2011	2012	2013	2014	2015	2016	2017	2018	2019	2020	2021	2022
报名团队数	32	46	91	214	456	767	1103	1546	1562	1772	1749	1852	2138	2323	2767	2939
提交作品数量	22	35	63	118	315	562	716	847	920	991	1019	1077	1318	1289	1645	1893

2017 年 2 月以来，教育部积极推进新工科建设，先后形成了“复旦共识”“天大行动”“北京指南”，并发布了《关于开展新工科研究与实践的通知》《关于推进新工科研究与实践项目的通知》，全力探索形成领跑全球工程教育的中国模式，中国经验，助力高等教育强国建设。在“新工科建设”背景下，通过化工设计竞赛，学生不仅可以对所学专业知识（如化工原理、化学反应工程、化工分离工程、化工热力学、化工安全与环保、化工仪表及自动化、化工工艺学等）进行系统梳理，而且锻炼了学生工程实践能力，培养了其工艺设计理念，特别是新工艺、新设备、节能降耗等方面的创新思维能力，对于学生的团队协作精神，领导、组织与协调能力，吃苦耐劳和坚忍不拔的毅力培养方面均起到了积极作用。除此之外，还可以提高学生的交流、表达能力，数据分析能力，逻辑思维能力和系统综合能力。这将对推动新工科建设，系统开展新工科研究和实践大有裨益。从理论上创新，从政策上完善，在实践中推进和落实，一步步将建设工程教育强国的蓝图变成现实，建立中国模式，制定中国标准，形成中国品牌，打造世界级工程创新中心和人才高地，为实现“两个一百年”奋斗目标和中华民族伟大复兴的中国梦做出积极贡献！

1.1.2 组织单位

全国大学生化工设计竞赛由中国化工学会、中国化工教育协会主办，每年各赛区决赛承办学校和全国总决赛承办学校经各高校申请，由全国大学生化工设计竞赛委员会和专家委员会联席会议确定。

1.1.3 参赛对象与形式

参赛对象为全日制在校本科生。以团队形式参赛，每支参赛队由同一所学校的 5 人组成，设队长 1 人。每位学生只允许参加 1 个参赛队，鼓励学生多学科组队参赛。

参赛团队根据竞赛命题和要求，完成方案设计，按时提交设计作品的电子文档和书面文档，参加赛区预赛。设计工作必须由本队参赛队员独立完成，不允许外人代工和抄袭外队作品，每个参赛队只能提交 1 份作品。

竞赛分为预赛和决赛两个阶段。预赛分为华东、华南、华北、华中、西北、西南和东北七个赛区进行，参赛作品经赛区预赛评审委员会初审，不仅要评判作品是否存在抄袭、代工及完成竞赛任务，同时还要遴选出各赛区的优秀作品参加赛区决赛。各赛区决赛由赛区评审委员会评选出获赛区奖的作品，并确定代表本赛区参加全国总决赛的团队。其中赛区预选赛承办学校和全国总决赛承办学校各获得一个直升全国总决赛的名额。

全国总决赛每年在不同学校进行。参赛队要提交设计作品决赛书面文档，并进行口头报告和现场答辩，由总决赛评审委员会评选出获奖队伍。

各参赛队必须在规定时间内提交参赛作品，并在指定的时间和地点参加报告会，缺席者视为自动放弃。

1.1.4 竞赛流程

(1) 报名组队

在规定的报名时间内，报名参赛的团队登录全国大学生化工设计竞赛网站（以下简称“竞赛网站”）(http://iche.zju.edu.cn)，在线填写报名表。获准参赛的团队名单将陆续在竞赛网站上公布，并通过 E-mail 通知参赛团队。团队有队员因故退出时，最多允许替换或缺席 1 名队员，否则作弃权处理。

(2) 公布竞赛题目

竞赛题目及参赛作品要求一般每年 3 月份左右在竞赛网站上公布，参赛团队可以在竞赛网站“通知公告”栏目中下载当年“全国大学生化工设计竞赛设计任务书”。

(3) 实施设计

自获准参赛日至竞赛作品提交日（一般为每年的 7 月 20 日）为参赛队实施设计、完成竞赛作品的工作时间（自竞赛初评作品提交日至赛区作品提交日为参加区赛团队修改、完善区赛作品的工作时间；自赛区决赛日至总决赛作品提交日为全国总决赛团队修改、完成总决赛作品的工作时间）参加区赛的团队在区决赛前进一步修改、完善作品，直至区赛作品提交日；参加国赛的团队可以在国赛前进一步修改、完善作品，直至国赛作品提交日。这两个过程使参赛团队的作品质量大大提高，也是学生受益最大的过程。

(4) 提交初评作品

将竞赛初评作品相关文件于初评作品提交日前按照“提交作品指南”（届时会在竞赛网站上公布）的指示上传到指定的云储存上。按设计任务书要求提供材料完整的作品，方视为合格的参赛作品。

(5) 预赛评审

各赛区以函评或者会评的方式对提交的参赛作品进行评审，遴选出参加赛区决赛的团队，在竞赛网站“通知公告”栏目中公开发布，并通过 E-mail 通知相关参赛队伍。为使所有参赛高校都有机会进入区赛展示作品和学习交流，正常区赛每个学校至少会有一支队伍参赛。

(6) 全国总决赛名额

各赛区竞赛委员会将赛区预赛评审的详细材料及成功参赛学校和作品清单提交全国竞赛委员会，全国竞赛委员会将根据各赛区的成功参赛学校数量按比例分配参加全国总决赛的名额（每所参赛院校至多一支队伍），并在竞赛网站的“通知公告”栏目中公布。2007—2022 年全国总决赛名额分配情况见表 1.2。为了鼓励学校组织竞赛，增加了举办学校无条件获得 1 个全国总决赛名额的条例。

表 1.2　2007—2022 年全国总决赛名额分配情况

年份	2007	2008	2009	2010	2011	2012	2013	2014	2015	2016	2017	2018	2019	2020	2021	2022
全国总决赛名额	10	18	20	20	32	36	48	48	48	48	60	60	60	60	60	60

(7) 赛区决赛

赛区决赛具体时间由各赛区竞赛委员会确定后另行通知（一般在 8 月上旬举行）。赛区决赛原则上采用同全国总决赛相似的模式，以华北赛区为例进行说明。2014 年之前赛区作品首先通过函评，各参赛高校在赛区组委会规定的时间内为设计作品进行评分；从 2014 年开始作品评审方式发生了变化，各高校评委到赛区承办高校进行作品的统一会评，近年受疫情影响，区赛作品评审改为函评，评分细则参照国赛标准执行。目前，华北赛区参赛队伍作品需通过作品分项评审（分为设计文档质量、工程图纸、现代设计方法应用以及作品一致性检查）和团队成员现场答辩。表 1.3 所示为 2011—2022 年华北赛区分配到的全国总决赛名额，竞争非常激烈。华北赛区决赛一般根据参赛队伍数量分两轮比赛，第一天为小组赛，晋级的队伍参加第二天的决赛，竞争晋级全国总决赛的席位。参赛队伍在赛区决赛答辩会上的分组和出场顺序均通过抽签决定，各参赛队在规定的时间（华北赛区为 15 分钟）内 ppt 汇报团队的设计作品，接受赛区决赛评审专家的质询（华北赛区为 15 分钟），计时答辩。赛区决赛评审专家根据参赛队的作品质量、口头报告质量和答辩表现进行评议，根据竞赛组委会规定的全国总决赛名额评定各参赛队的区赛获奖级别，并甄选出代表本赛区参加全国总决赛的团队。若给赛区分配的全国总决赛名额不是整数，则由分配名额不是整数的两个赛区的两支最后一名队伍竞争进入全国总决赛的名额，竞赛作品则通过几位专家函评的方式决出。

表 1.3　2011—2022 年华北赛区分配到的全国总决赛名额

年份	2011	2012	2013	2014	2015	2016	2017	2018	2019	2020	2021	2022
晋级全国总决赛名额	7	7.5	9	9	9.5	8	9	10.5	10.5	11	11	10

（8）全国总决赛

参加全国总决赛的通知和参赛队名单将会在竞赛网站的“通知公告”栏目中公布，并通过 E-mail 通知相关参赛队伍。全国总决赛具体赛程安排另行通知（一般在 8 月下旬举行）。总决赛内容包括作品专项评审（分为设计文档质量、工程图纸、现代设计方法应用三项）和总决赛答辩会。一般根据参赛队伍数量分两轮比赛，第一天为小组赛，晋级的队伍参加第二天的决赛，竞争全国特等奖。参加全国总决赛的团队需将定稿作品在规定时间内上传到竞赛网站的“决赛作品”提交栏目中。总决赛团队需准备口头报告资料和相应的 PowerPoint 演示文稿，在报告会上介绍本团队的设计作品并进行答辩，口头报告和答辩环节各 20 分钟。参赛队伍在总决赛答辩会上的分组和出场顺序均通过抽签决定，各参赛队依次报告本团队的作品，接受总决赛评审委员会的质询，计时答辩。为保证赛事公平、公正，总决赛评审委员会根据各队提交的作品质量、口头报告和答辩表现进行综合评价，于总决赛结束后公布评奖结果，并举行颁奖仪式。获奖名单将在竞赛网站上公示，公示期（15 天）后进行异议审查，异议审查结束后将公布正式获奖名单，颁发获奖证书。

1.1.5　竞赛内容及提交材料要求

1.1.5.1　竞赛作品内容

竞赛作品包括以下内容。

（1）项目可行性论证

① 建设意义；

② 建设规模；

③ 技术方案；

④ 与总厂或园区的系统集成方案；

⑤ 厂址选择；

⑥ 与社会及环境的和谐发展（包括安全、环保和资源利用）；

⑦ 技术经济分析。

（2）工艺流程设计

① 工艺方案选择及论证；

② 安全生产的保障措施；

③ 先进单元过程技术的应用；

④ 集成与节能技术的应用；

⑤ 工艺流程计算机仿真设计；

⑥ 绘制物料流程图和带控制点的工艺流程图；

⑦ 编制物料及热量平衡计算书。

（3）设备选型及典型设备设计

① 典型非标设备——反应器和塔器的工艺设计，编制计算说明书；

② 典型标准设备——换热器的工艺选型设计，编制计算说明书；

③ 其他重要设备的工艺设计及选型说明；

④ 编制设备一览表。

（4）车间设备布置设计

选择至少一个主要工艺车间进行布置设计，包括：

① 车间布置设计；

② 车间主要工艺管道配管设计；

③ 绘制车间平面布置图；

④ 绘制车间立面布置图；

⑤ 运用三维工厂设计工具软件进行车间布置和主要工艺管道的配管设计。

（5）装置总体布置设计

① 对主要工艺车间、辅助原料及产品储存区、中心控制室、分析化验室、行政管理及生活等辅助用房、设备检修区、“三废”处理区、安全生产设施、厂区内部道路等进行合理的布置，并对方案进行必要的说明；

② 装置布置设计；

③ 绘制装置平面布置总图；

④ 运用三维工厂设计工具软件进行工厂布置设计。

（6）经济分析与评价

根据调研获得的经济数据对设计方案进行经济分析与评价。

1.1.5.2 竞赛作品提交材料及要求

（1）必须提交的基本材料

① 项目可行性报告（篇幅控制在50页以内）；

② 初步设计说明书（包括设备一览表、物料平衡表等各种相关表格）；

③ 典型设备（标准设备和非标设备）工艺设计计算说明书（若采用相关专业软件进行设备计算和分析，则必须同时提供计算结果和计算模型的源程序）；

④ 设计图集，包括 PFD（process flow diagram，物料流程图，可以分多张绘制）和 P&ID 图（piping & instrument diagram，带控制点的工艺流程图，可以分多张绘制），车间设备平面和立面布置图，装置平面布置总图，主要设备工艺条件图；

⑤ 工艺流程的模拟及流程优化计算结果和模拟源程序。

以 2020 年中国矿业大学（北京）RUN 团队国赛作品为例，提交的最终作品（材料）如图 1.1 所示。

1-设计源文件
2-设计图纸集
3-设计文档集
4-动力学说明
2020年参赛队员和指导老师确认表
2020年参赛队员和指导老师确认表
read me

(a) 设计作品全览

1-PFD
2-PID
3-厂区布置图
4-车间布置图
5-管道轴测图
6-设备条件图
7-SIS系统设计

(b) 设计图纸集

0-项目摘要
1-可行性研究报告
2-初步设计说明书
3-设备设计及选型说明书
4-能量集成及换热网络设计
5-经济分析
6-创新性说明书
附录1-物料衡算书
附录2-能量衡算书
附录3-设备设计及选型一览表
附录4-HAZOP分析报告
附录5-MSDS一览表
附录6-公用工程供应协议及方案
附录7-2025指标达标说明书

(c) 设计文档集

1-Aspen Plus V11-流程模拟、参数优化、塔设计
2-Aspen Energy Analyzer V11-换热网络设计
3-Exchanger Design and Rating V11-换热器设计
4-SW6-2011 V1.0-强度校核
5-AutoCAD2004-设计图纸
6-CADworx2015-车间设备三维布置、配管
7-Sketchup 2018-厂区三维设计
8-HAZOPkit3.0
9-Aspen Plus Dynamics V10.0动态模拟源文件
10-厂区渲染lumion 6.0
11-EIAN2.0噪声分析源文件
12-RisksystemV1.2.0.4环境风险评价源文件
13-ALOHA5.4.7泄漏扩散模拟源文件
14-Comsol5.5反应器优化
15-Aspen Adsorption V11-变压吸附模拟

(d) 设计源文件

1-异构化动力学来源及说明
异构化动力学来源及数据
异构化动力学说明
异构化动力学说明
正戊烷异构化反应条件及反应动力学
正戊烷异构化贵金属催化剂的研究

2-一步脱氢动力学来源及说明
Gibbs反应器求解Kp.bkp
Kp拟合.opj
Kp拟合
脱氢动力学说明
脱氢动力学说明
一步脱氢动力学文献-危机条件下的生产战略强化（以异戊二烯为例）

(e) 动力学说明

图 1.1　中国矿业大学（北京）RUN 团队提交作品内容示例

(2) 计入作品评分的材料

① 若进行危险性和可操作性（HAZOP，hazard and operability）分析，请提供相关的文档（若采用专业软件实施，请提供能在该软件平台上打开的设计源文件）；

② 若进行能量集成与节能技术运用，则提供相关的结果（若采用专业软件计算，请提供能在该软件平台上打开的设计源文件）；

③ 若采用专业软件进行过程成本的估算和经济分析评价，请提供能在该软件平台上打开的设计源文件；

④ 若采用专业软件进行容器类设备的结构设计，请提供能在该软件平台上打开的设计源文件；

⑤ 能在所采用的三维工厂设计工具软件平台上打开的车间布置和装置总体设计源文件。

注意：

① 设计说明书均要求用 MS-Word 编辑，保存为 DOC 和 PDF 格式；图纸用 AutoCAD 绘制，保存为 AutoCAD 2004 格式和 PDF 格式；计算机模拟和计算结果需提供可打开运行的相应软件存档文件。

② 如提交的基本材料缺项，则不能取得成功参赛的资格。

③ 凡是用专业软件完成的设计内容，都需提供相应专业软件的有关资料，并保证能在本队的便携计算机上正常运行，以便专项评委现场验证和评审。

1.2 历年竞赛概况

1.2.1 竞赛发展状况分析

全国大学生化工设计竞赛始办于 2007 年，至今（2022 年）已是第 16 届，规模也从最初的 8 所学校发展至 2022 年的 415 所学校，2939 支参赛队伍，参赛规模和影响范围不断扩大，详见表 1.1。图 1.2 所示为历届全国大学生化工设计竞赛报名学校及团队数量，图 1.3 所示为历届全国大学生化工设计竞赛提交作品数量。

由图 1.2 和图 1.3 可见，2007 年至 2009 年间，全国大学生化工设计竞赛在全国高校逐渐推广渗透，了解并参加此赛事的学校和团队稳步增加。2010 年全国大学生化工设计竞赛已初具规模，并开始按地域划分为西北、西南、华北、华南、华东、华中、东北七个分赛区进行预赛，再选拔出优秀队伍进行全国总决赛。2010 年至 2015 年，全国大学生化工设计竞赛报名高校数量进入快速增长阶段，影响力进一步扩大，越来越多的高校积极响应，并组织学生参与，参赛的学校和队伍数量直线增长。2015 年以来，竞赛规模稳步增长，至 2022 年已发展到 415 所学校 2939 支参赛队伍，已经成为全国高校化工专业级别最高、参赛队伍最多、影响力最大的年度大赛。

图 1.4 所示为历届全国大学生化工设计竞赛作品完赛率情况，每年作品成功完成并提交的比例基本保持在 60%左右，提交作品数量的增长趋势与参赛报名趋势相当。在新工科建

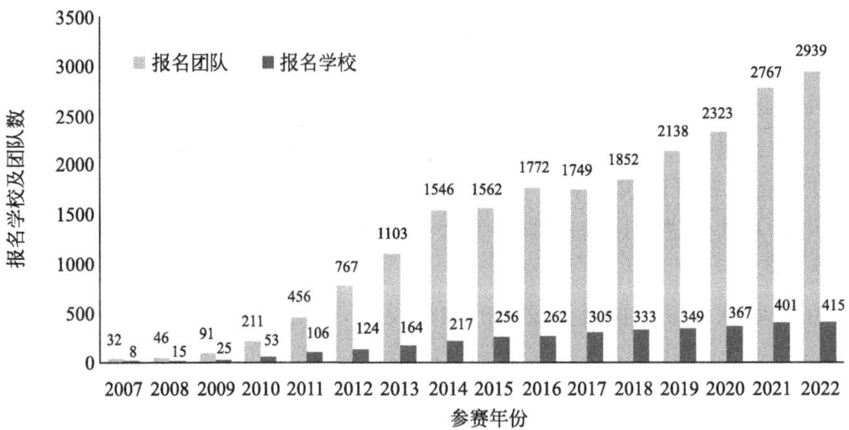

图 1.2　历届全国大学生化工设计竞赛报名学校及团队数量

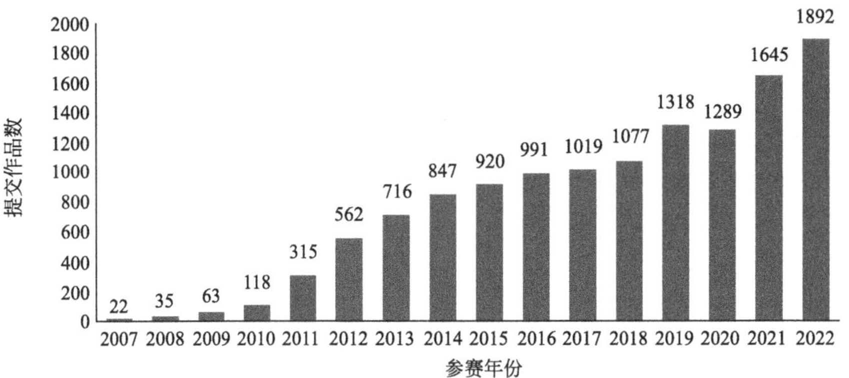

图 1.3　历届全国大学生化工设计竞赛提交作品数量

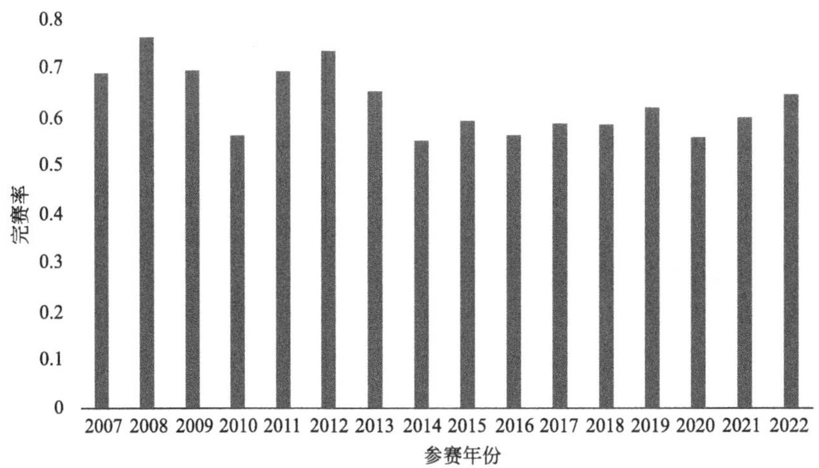

图 1.4　历届全国大学生化工设计竞赛作品完赛率

设背景下，全国大学生化工设计竞赛顺应了新时代培养新型化工人才的要求，对学生的化工专业知识运用能力、化工设计软件的应用能力和创新意识等方面进行全方位考查，对提高化工专业大学生专业综合能力起到极大的推动作用。全国大学生化工设计竞赛已经不仅仅是一个比赛，更是一种化工设计课程及理念的普及，将设计的思想注入每一位化工学子的心中，为化工行业的将来打下良好的基础，同时选拔出一批优秀的人才继续深造。

此外，竞赛的赛制和作品评审制度也在逐年完善。对竞赛作品的要求，随着作品评分规则的细化而逐步提高，从开始的“粗放”向“精细化”过渡。自 2013 年起，国赛作品增加了作品专项评审，目前分为设计文档质量、工程图纸、现代设计方法应用三大块，为学生提供了更加公平、公正的竞赛平台。

1.2.2 历届竞赛题目

化工设计竞赛是一个很有意义的竞赛，能够实现对学生能力的全方位培养，学生可以借助这个平台提升自己的创新意识、思维能力、团队合作能力等。纵观历年化工设计竞赛题目（表 1.4）不难发现，竞赛题目与化工行业热点联系紧密，紧贴化工行业发展的大方向，是开放性、自由度较大的题目。竞赛题目一般要么指定原料，要么指定产品，需要同学们通过全方位文献调研确定工艺流程后进行设计。近年来的设计题目对绿色安全生产的要求越来越高，要求满足“中国制造 2025”要求，向绿色化、智能化靠拢。

表 1.4　2007—2022 年竞赛题目

年份	题　　目
2007	生物柴油工厂设计
2008	为一个联合化工总厂设计一座燃料二甲醚分厂
2009	碳酸二甲酯工厂设计
2010	为一座现有的燃煤电厂设计一套燃后 CCS&U 子系统
2011	为一煤化工综合企业设计一座 MTO/MTP 分厂
2012	为某一烃化工综合企业设计一座混合 C4 综合加工子系统
2013	为某一石化/煤化总厂设计一座丙烯制基本有机化工原料的合成分厂
2014	为某一大型综合化工企业设计一座采用清洁生产工艺制取对二甲苯(PX)的分厂
2015	为某一大型综合化工企业设计一座采用清洁生产工艺制取乙二醇的分厂
2016	为某一大型综合化工企业设计一座以丙烷为原料且与企业的产品体系有效融合的丙烷资源化利用分厂
2017	针对某一含硫工业废气源设计一套深度脱硫并予以资源化利用的装置
2018	为某大型石化综合企业设计一座分厂，以异丁烯为原料生产非燃料油用途的有机化工产品
2019	为某大型化工企业设计一座醋酸乙烯酯生产分厂或为现有的醋酸乙烯酯生产分厂设计技术改造方案
2020	为某大型化工企业设计一座分厂，以碳五烷烃为原料制备非燃料用途的化工产品
2021	为某大型化工企业设计一座异丙醇生产分厂或为现有的异丙醇生产分厂设计技术改造方案
2022	为某大型化工企业设计一座 1,4-丁二醇生产分厂或为现有的 1,4-丁二醇生产分厂设计技术改造方案

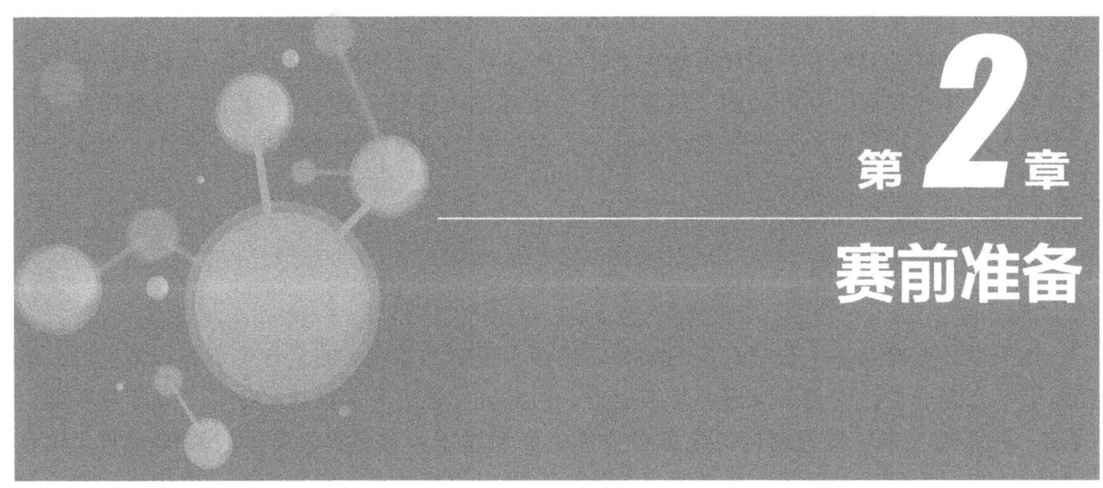

第2章 赛前准备

2.1 参赛的意义

（1）全国化工专业教师、学生交流提高的平台

从1.2.1节可知，全国大学生化工设计竞赛（以下简称“化工设计竞赛”）经过十几年的发展，参赛高校数量迅速增加，覆盖了全国各级化工院校，各高校参赛学生数量也迅速增加。区赛中各参赛学校都会有一支代表队参加，既锻炼了学生，同时也给了学生们搭建了开阔眼界、交流和学习的平台。国赛时，汇聚了各赛区的优胜队伍，他们来自全国各地，竞赛由化工设计院、各高校指导教师、行业专家进行点评，给了学生们非常好的学习机会。各参赛队伍互相学习、交流，从初赛作品到国赛作品以及一次次的PPT汇报中，学生各方面的能力和素质都得到了很大提升。它不仅是全国高校化工专业级别最高、参赛队伍最多、影响力最大的年度大赛，也是全国化工专业教师和学生交流的最大平台。

（2）可有力地推动化工学科的建设

2019年全国大学生化工设计竞赛被列入教育部大学生学科竞赛A类赛事，是全国普通高校学科竞赛排行榜的30项本科顶级竞赛之一。化工设计竞赛具有综合性、实践性、创新性等特点，竞赛内容涵盖了化工专业的综合设计、毕业设计训练内容，正逐步和参赛学校的学科建设融合。从化工学科发展和学科评估的角度看，各高校从领导层面重视的程度会不断增加。

（3）使学生自主学习、管理、实践能力以及团队协作精神得到良好的锻炼

从学生的角度看，每年化工设计竞赛的题目来源于社会热点问题，竞赛题目的真实性会激发学生对所学知识应用的热情。如2018年：设计一个以异丁烯为原料，制备下游产品的分厂；2019年：为某大型化工企业设计一座醋酸乙烯酯生产分厂或为现有的醋酸乙烯酯生产分厂设计技术改造方案。相对现有生产装置的技术水平，设计要求技术提升达到“中国制造2025”中提出的绿色发展2020年指标。设计题目针对社会热点，密切联系实际，而且是开放性的。开始设计之前学生需要自己确定原料（如2019年）或者产品（如2018年），而

且生产规模、厂址等没有限制，学生只要根据相关政策和市场确定就可以，非常灵活，学生自主性很大。

在这样一个广阔的平台上，学生展现自我、挑战自我的愿望以及和高水平专家、同学们交流的欲望强烈，化工设计竞赛对学生的考验和就业时企业对参赛学生的认可，都使得这个竞赛成为学生踊跃参加的一项赛事，在化工设计竞赛发展的早期，学生的积极性要高于教师，我校从2010年开始组织学生参加这一赛事多年，每年竞赛题目尚未下发，学生们早已自发组织好队伍，主动开始联系老师。在参赛过程中学生的自学能力、创新能力以及团队协作能力均得到提高，在学生中间形成了良好的口碑，增加了学生的认可度。

在这样的背景下，学生完成化工设计竞赛任务的主动性、积极性很高，愿意主动学习没有学过的知识（软件），愿意自我管理、约束，因此这是一个非常好的锻炼学生自主学习、管理能力、工程实践能力、团队精神的平台。

2.2 赛前的准备工作

2.2.1 组织和指导学生参加竞赛的教师

（1）获得学校、学院和系的支持

全国大学生化工设计竞赛从公布竞赛题目到提交作品参加区赛，经历了春季学期加上部分暑假时间。设计最基本的要求是用 Aspen Plus 软件进行流程模拟，这一软件的购买、使用以及参赛学生完成参赛作品的时间和空间等有很多问题需要面对，如是否需要购买软件？是否需要建设机房？是否开设专门的 Aspen 课程？每年参加区赛需要一队 5 个学生，专项评委、答辩评委和领队等 8～10 人，国赛也是如此，每年都需要比赛经费，这些经费从哪里出？由此可见，软件购买、课程开设和机房建设与学科建设联系紧密，因此参加这一学科竞赛首先需要取得学校教务处和学院、系的支持。

（2）深入了解竞赛内容并获得其他教师的支持

有学校、学院和系的支持，组织者要尽可能深入地了解竞赛的情况，比如联系区赛的组委会和竞赛秘书处了解竞赛的情况，了解竞赛作品的深度，分析参赛作品和自己学校参赛的利弊和困难，初步定位本校学生参加竞赛训练的目标。

竞赛涉及的专业面广，如化工原理、化工热力学、化学反应工程、工程制图、化工仪表及自动化、化工设计、化工工艺学、AutoCAD 等，一两个教师很难对学生进行全面辅导，比如竞赛期间学生自学 Aspen Plus 并应用是有难度的，如果学校要开设这一课程，首先需要对老师进行培训，同时接受培训的老师也愿意承担新课程，又如 PFD、PID 图的绘制，化工仪表及自动化深度竞赛深度，设计指导教师要人人掌握也有难度，因此需要教师既喜欢教学，又要有奉献精神。

（3）竞赛中学生的主体地位

参加竞赛是学生学有余力做的事情，和其他实践教学环节学生主体地位一样，要发挥学生的主观能动性才能更好地完成，学生越主动，付出越多，收获就越多，老师不能“嚼碎了喂饭”，因此，学生的主体地位不能变。参加竞赛学生要有兴趣和主动性，是学生“想做”，不是完成老师布置的任务，老师要在调动学生主动性和积极性上下功夫。完成竞赛作品的过程正是学生能力得到培养的过程，教师决不可为了竞赛成绩越俎代庖。

(4) 竞赛中教师的组织、引导和定位作用

在参赛过程中教师是组织者。动员、培训学生，针对学生的状况及时进行管理，辅助学生完成设计任务。如学生开始时动力很足，但遇到困难长时间无法解决时可能就会放弃，教师要及时了解情况，引导学生寻找解决方法。如果学生一直“各自为营”完成竞赛任务，特别是放假后在宿舍完成任务，可能不便于管理，影响工作进度，这时需要教师寻找解决方法，帮助学生提高工作效率。如可以让学生定期交流，或者安排固定的教室供参与竞赛的学生使用。

竞赛过程中教师是定位者，要根据在校学生的实际情况。确定学生的竞赛目标。同时，在学生确定方案方面为学生提意见、把关。如我校在 2011 年第一次参赛时，对整个设计过程中可能面临的困难不是十分明确，但能够预想的是 Aspen Plus 软件刚刚学会，反应器方面对学生指导的力量也比较薄弱。由于开始时只有一个指导教师，这时，我们的定位是能够完成竞赛的基本要求，只求完成的部分是我们理解的，不追求创新，不追求“高精尖”。到 2012 年，我们就鼓励学生在有想法的部分多查资料，多下功夫，争取有些许创新之处；同时针对第一届学生自信心不足的情况，加强了准备过程中对学生作品汇报和表达方面的训练。

在组织学生参加竞赛的这些年，我们指导教师形成了一套组织管理原则，具体如下。

① 动员会：要确实能够动员学生，不走形式，不轻易许诺。

② 保证措施：让学生在中途退出比赛时有所顾忌，并能尽可能克服困难坚持下来。

③ 定期检查学生的进度：对学生提出进度要求，确保学生能够按规定时间提交作品。

④ 对学生的指导：在学生遇到困难时，引导学生分析可能的解决方案；只有在学生确实“无路可走”时，给出明确的指导意见，必要时可以帮助联系专家。

⑤ 发挥高年级学生的“传帮带”作用，充分调动往届学生的积极性。

⑥ 固定学习地点：假期时使学生脱离宿舍这一宽松的学习环境，集中学习便于学生之间的讨论以及教师的指导和管理。

2.2.2 准备参加竞赛的学生

(1) 赛前的心理准备

全国大学生化工设计竞赛完成作品时间长，一般从每年的 3、4 月发布任务书到 7 月 20 日提交作品，横跨整个春季学期和部分暑假，如果进入区赛，要持续到 8 月上旬；若进入国赛，要到 8 月 20 日左右，整个暑假就快结束了。在春季学期，学期刚开始感觉时间还比较宽松，到后期，提交作品的期限到了，期末考试、生产实习等也接踵而来，这个时候能否兼顾 GPA 和竞赛是一种能力的锻炼。而考研的学生，更加纠结。学科竞赛对于学生文献查阅能力、分析综合能力、专业知识的应用能力、自学能力和制图能力等的提高都有很大帮助，这个时候该怎么选择？到了暑期，同学们都放假回家了，是否回家？是否参加夏令营？是要和大家一起努力，还是要为自己的夏令营拼搏？如果选择夏令营，影响竞赛成绩，对其他同学的影响又该怎样考虑？这里千人千语，本书不能给你答案，当事人一定要权衡利弊，决定

参赛的话，不要在过程中犹豫，要全力以赴锻炼自己。

下定决心要参加竞赛，你还会面临另一个问题：竞赛过程中困难很多，不同的阶段有不同的困难。一开始无从下手，等确定了工艺方案，又发现 Aspen 模拟数据查不到，查到数据了又发现模拟不收敛，在此过程中没人手把手教你，你首先需要自己学习寻找解决问题的途径和方法。很多团队会夭折在 Aspen 流程模拟阶段，还有的团队因为目标不一致，同学合作不好解散的……当你处于一帆风顺的状态时，你只是沉浸在享受自己已有的成绩和能力上；当遇到挫折时，才是你成长的最好时刻，所以要看你从什么角度看问题和处理问题。

下面选取我校 2018 年和 2019 年四个同学的赛后感分享给每一位读者，虽然他们心态都很积极，但是从中大家也可以体会到这个比赛可能需要经历的困难。

赛后感（一）

① 我看重的不是比赛结果，而是自己在整个比赛过程中学到了什么，成长了什么。

② 团队合作很重要。团队成员所承担的任务大体方向差别很大，但是在一些相关数据的交叉点上要及时沟通，保持一致。

③ 对心态的磨练。在完成作品的过程中，会出现各种各样的意外阻挡自己，被打击到最后，所想到的不是悲伤，而是怎样更有效率地完成任务。

④ 对坚持的理解。竞赛准备期间，想过放弃，但咬咬牙也坚持了下来，撑过最艰难的阶段，之后也就无风无雨了。

赛后感（二）

首先是参赛的意义，这是我特别想强调的。这个比赛会占据我的保研时间、考研时间，耗时长、内容丰富、难度大，但我不后悔参加这个比赛，虽然这让我错失了很多参加夏令营的机会，但是这样的经历，人的一生能有几回呢，这种感觉像是在创业，5个人将一个公司从无到有建立起来，每进入一个新的阶段就要革新一次，每看到它有一些进展，心中就会雀跃无比。

其次，这个比赛让我与老师们更加熟悉，尤其是与两位带队老师建立了如朋友一般的情谊，老师们的话和经历会极大地拓宽你的视野，也会给你很多经验与帮助。

再次，通过这个比赛学到了很多，专业知识是一方面，最重要的是解决问题的能力，面对一个问题该如何思考、如何着手、如何解决、如何挖掘和如何优化。还有，这个比赛能让你有机会看到你的同龄人、你未来的同行他们的水平，借鉴他们的优点，避免他们的不足，这个比赛是一个很好的学习交流机会。

最后，这个比赛可以挖掘你的很多潜力，对一个人毅力的提升和性格的磨练都有很大帮助。上了大学我基本都是晚上11：30之前睡觉，但参加了这个比赛，我的熬夜潜能被彻底激发出来，初赛提交作品前睡眠时间7、6、5、4、3、2、1地减少，区赛前连续一周每天只睡两三个小时，以为自己不行，但都挺过来了，有时都很奇怪到底是什么样的信念让我们坚持下来。那些莫名其妙的软件，也不要怕学不会，只要想学，一切都可以的，这个比赛，要充分相信自己可以，你确实就可以。

总之，无论你为什么参加，一旦你选择了，那就坚持下去，那就尽力做好，不为其他，只为日后问心无悔。

赛后感（三）

一个队伍能从头到尾把作品做完整其实就很不容易了，的确可以学习很多化工方面软件的使用技能以及加强化工专业的思维和理解，但同时也体会到很多知识以外的东西。比如人际沟通的能力（与老师沟通，与队友沟通），偶尔出现矛盾是在所难免的，如果有幸进到国赛，5个人将会在511机房度过很多个日夜，可能之前团队互相并不是很熟悉，无论是队长还是队员，都会遇到很多矛盾，千万不要放弃，要学会与人沟通，化解矛盾，这是种能力和艺术，可能当时并不以为然，但一路走下来才发现自己成长了这么多。再如自我表达的能力。从校赛到国赛我们一共答辩了10次左右，除时间紧张外，每次答辩都会用心准备，练习讲稿，这期间一方面提高了PPT制作水平，另一方面锻炼了自己的表达能力，对于我这种不善言辞的人来说，确实是一个不错的锻炼机会，同时也是一个挑战。一路走来，等到国赛站在中北大学的讲台上，我也能够充分展现自己，不慌不忙地回答评委老师的问题，对于我来说，这是进步最大的一点。

赛后感（四）

抱着锻炼自己以及想拿奖的心态参加化工设计竞赛，全程下来自己收获颇多，不仅是知识上的收获，也收获了制作PPT以及答辩的能力，更是收获了一群一起奋斗的小伙伴。我觉得最困难的是前期打通Aspen的过程以及后期需要很大耐心去更改完善的过程。队长发挥的作用挺大的，是一个团队的核心力量，如果队长能积极乐观面对问题，队员们也会有动力克服困难。选择伙伴优先选择成绩比较好的，踏实的，靠谱的，好相处的。团队的合作也挺重要的，大家要抱着不怕吃苦，互相帮助的心态才能让整个队伍走得更远。化工设计竞赛使我收获颇多，是一段非常难忘的经历，感谢学校，感谢各位指导老师能给我们这样一次宝贵的机会！

（2）赛前的知识准备

参加竞赛之前有良好的心理状态固然重要，然而真正完成设计任务还需要有“真本事”，因此提前做好知识准备是非常必要的。每个学校课程安排不同，参赛学生年级不同，已经学过的专业知识并不相同，通常情况下，完成设计竞赛有以下几个方面的知识是必须具备的。

① 专业基础知识。如有机化学、物理化学、化工原理、化工热力学、化学反应工程、化工设备、化工设计、化工仪表及自动化、化工安全与环保等。

② 化工专业知识。如化工分离工程，煤化工工艺学、化工工艺学等。

③ 软件类知识。如 Aspen Plus（流程模拟）、CAD（制图）、Cuptower（塔设计）、SW6（校核）、SP3D（三维配管、车间布置）等。

这里只列举了必须具备的一些知识，当然还有更多的关于竞赛的软件。

（3）参赛组队和队长

化工设计竞赛是团队性质的竞赛，设计竞赛作品工作量大，一个人不可能把一个团队“带飞”。因此，组队和选队长就成为非常重要的一个环节。

从 2011 年开始参赛，我们遵循的原则是学生自愿组队，自愿承担责任。承担责任的方式是通过让学生写出保证书，履行诺言。保证书内容包括三方面的内容：对学校的责任，对队员的责任，要有团队协作精神。

在组建队伍时，队伍成员之间的信任程度、方向性（即大家目标是否一致）、性格、自觉性、勤奋程度、基础知识掌握程度等都应该是要考虑的因素。

首先，队长的选择非常重要。队长是一个团队的核心，队长要和大家一起制定团队的目标，根据目标分配任务，督促进度……因此，队长的责任心、组织能力、协调能力、执行能力等非常重要。对于队员，选择了队长，就要配合队长，不论有多大困难，按照队长的要求完成各自的任务，因为在整个比赛过程中，周期长、任务紧等因素会让成员压力很大，如果有一个人推诿不完成任务，就意味着需要另一个人承担这部分任务，在已经有比较大压力的情况下，再接受新的任务，队长重新安排难度大，如果队长自己承担，就有可能因工作量太大、完成不好而影响整个团队作品的质量。

下面分享我校参赛队员赛后的想法，供大家参考。

2016年队员：

不论以前还是现在，我都觉得队长最重要。想让我干活，队长必须让我敬服，杀伐果断，有理有据，同甘共苦。

2019年队员：

在整个比赛过程中，周期长、任务紧等因素会让成员压力很大，甚至想要放弃，队长此时应及时和队友沟通交流，排解其负面情绪，从此处可以看出，队长是团队的主心骨，应具有不轻易放弃的毅力。

2020年队员：

关于组队，组队前队员之间可以不熟，但一定要了解队员是否有责任心，这个比赛耗时长，会牺牲很多个人的东西，没有责任心很难坚持下去。

我不是队长，但根据我们这届各个参赛队伍的队长情况，我给出个人的几点建议。队长的规划组织能力要强，一个团队如果前期规划不好，很容易被落下，而后期的工作也会非常难做。队长的协调能力要强，要能发现每个人的特点，合理分工，比赛前期、中期、后期的分工都应该是不同的，不要造成某一阶段有人干活、有人不干活的情况，队员心理会不平衡，积极性大大降低，队长要在不同时期及时调整队员的分工，也不要自己大包大揽，分工不合理对团队进度影响极大。队长人际交往能力要强，要能让人信服，还要给队员足够鼓励，在比赛过程中，队员之间有分歧很正常，队长要做调节者而不是挑事者，不要一味埋怨队员，不要一味找队员的错，有一些队伍组队前是朋友，比完赛成了仇人，这一点希望大家之后能避免。队长要能吃苦、有担当，如果队长做的还没有队员多，队员会产生很大不满，队长的所做所为要能让人信服。队长要有气魄，遇事不能慌，这点我们队长做得就挺好的，队长慌了，全队也就跟着慌，队长的心态要好，能稳住事。

说了这么多可能把大家吓得不敢当队长了吧，但其实当队长能力提升肯定是最快最多的，有些能力也是当了队长才能锻炼出来的，所以如果你责任感爆棚，想进步更多，就当队长吧，给自己一个更快成长的机会。

2017年队员：

队长发挥的作用挺大的，是一个团队的核心力量，如果队长能积极乐观面对问题，队员们也会有动力克服困难的。

在组队过程中，有的队长是被同组同学稀里糊涂推上去的，在过程中遇到困难，队长可能会选择放弃；有的队长本人执行能力不强，自己做事就比较拖拉的；也有队长不会分配任务的；还有队长非常“善良”，队员想退缩，他是第一个善解人意、理解队员的……这样团队就很容易坚持不下去。

设计过程中队长一定要把握好时间节点，不要拖延，带头并督促队员按时完成任务，并且一定要和指导老师及时真切沟通，让指导老师了解大家的状态。

(4) 设计内容和成员分工

成员的分工通常要根据设计内容比较均衡地进行分配，设计内容的流程如图 2.1 所示。

◎ 可行性分析（项目背景）
- 原料来源
- 产品结构
- 市场情况
  ——原料市场和产品市场
- 技术和经济

◎ 工艺方案的确定
- 有哪些生产方法
- 不同的生产方法又有哪些工艺?
- 每种工艺的优缺点——需要改进的地方

◎ Aspen模拟和优化/换热网络优化
——物料平衡和能量平衡

◎ 设备设计和校核
◎ 自动控制、安全和环保
◎ 车间布置
◎ 厂区布置和3D建模
◎ 经济分析

图 2.1 设计内容的流程图

设计题目是开放的，学生开始要做的是查阅文献资料，了解可能的原料和产品市场情况、是否有相应的生产技术、先进性怎样、经济性怎样、安全性怎样等。确定了使用某种原料或者生产某种产品后，需要进一步查阅文献，调研分析从已知原料到已知产品有哪些生产方法，每种方法中又有哪些公司开发了哪些技术（技术路线不同，或者催化剂不同），综合分析比较，确定团队要采用的方案，即工艺方案的确定，这些工作的结果就是可行性分析，即确定市场可行、技术可行、经济可行，且安全环保的生产方法和工艺。确定生产方法和工艺后，就可以对整个工艺过程进行物料衡算和热量衡算，在没有计算机和软件辅助时，物料衡算和热量衡算需要手工计算，耗时长。在化工设计竞赛中要求采用 Aspen Plus 软件进行模拟，流程模拟能够运行通，不出错，意味着完成了整个工艺的物料衡算和热量衡算。将 Aspen 模拟的热量信息导入到 Aspen Energy Analyzer 就可以进行能量的集成和优化，将能量集成和优化结果应用到工艺流程中，需要修改工艺流程，重新进行 Aspen 模拟，将最终 Aspen 模拟结果导出来就可以得到各个设备、工段的物料流量信息，结合工艺流程图绘图就可以得到物料流程图（PFD 图）。根据这些基础数据就可以进行各个设备的优化和设计计算，竞赛要求必须对塔设备、换热器和反应器进行详细设计，这部分就是设备设计部分。把设备设计好后，根据《化工工艺设计手册》及相关标准、规范进行厂区布置和设备布置，布置好每一个设备后就形成了设备的平面布置图和立面布置图。要保证所设计的设备和工艺能够安全生产出合格的产品，必须对设备进行一系列的检测和控制，表达在图上形成的是 P&ID 图。将工厂用三维表达出来就是 3D 建模。根据设计计算和布置的结果，设计的工程多少年能够回收投资，哪些因素对投入的资金收益影响大，就需要进行经济核算。以上就是设计的大概流程。近几年，我国对于化工安全和环境保护的重视程度越来越高，学生竞赛作品中也增加了安全环保方面的内容，比如安全性分析、环保评价，还有其他需要考虑的细节可以参照设计范本。设计最后要编写设计说明书，形成设计图纸。成员的分工主要从这几个方面进行考虑，其他细节内容各自承担一些就可以了。

前期的可行性研究和方案确定，我们的建议是所有队员都要参与，头脑风暴，广泛了解，细致分析后确定，每个同学都要做到对本组的流程心中有数。Aspen 流程模拟部分至少两个同学承担，后续热集成和设备的优化都与这个软件有关，承担后续工作的同学一定要根据流程和优化的结果不断进行修改，这是优秀设计必不可少的，不要抱怨前面的同学总是在修改，这个过程本身就是在不断优化改进的。分工要根据每个成员的长项来分配。如 Aspen 软件学习得比较好的同学可以承担流程模拟，很细心或有耐心的同学可以承担 PFD 和 P&ID 图纸等。

分工还要考虑各位组员承担内容的衔接性。比如做 Aspen 的同学接着做热集成就比较好，因为做完热集成之后，需要将热集成的结果应用到流程中，即在原流程基础上加换热网络，这需要将两者的思想结合起来，是有一定难度的；而且一些节能的分离操作，也是在流程里做，在热集成里体现节能效果。注意这些内容之间的衔接。

成员分工有一个基本的原则，但不是一成不变的，图 2.2 是我们学校 2013 年、2016 年和 2017 年的团队分工情况，供大家参考。

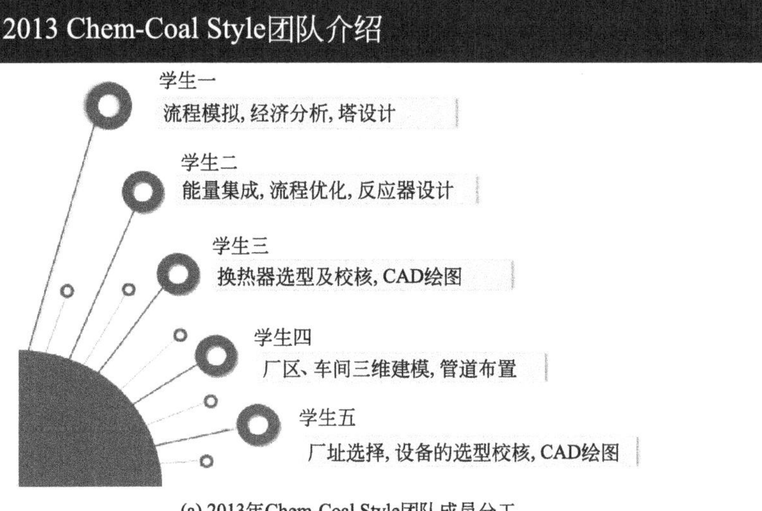

(a) 2013年Chem-Coal Style团队成员分工

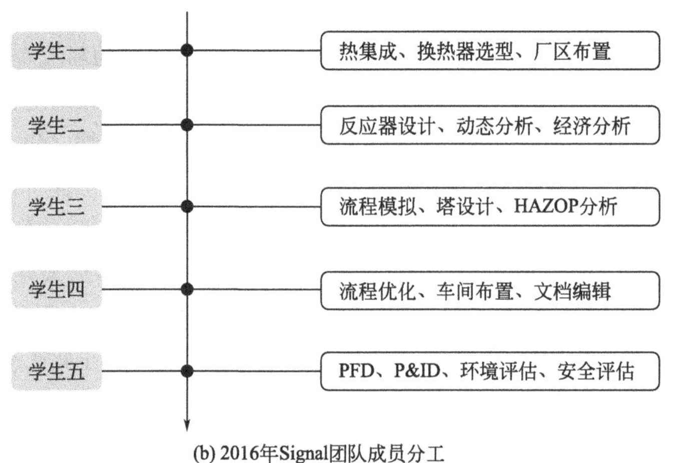

(b) 2016年Signal团队成员分工

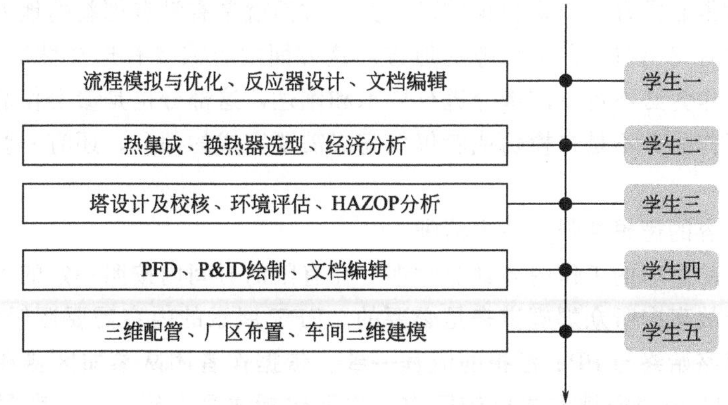

(c) 2017年Sweetening 5S团队成员分工

图 2.2　中国矿业大学（北京）部分年份参赛团队成员分工

每一项主任务都有差不多同等的难度，每个任务的难点各不相同，体现方式也不同，要做好都不容易，每个同学都要根据各自内容的评分标准掌握负责部分要达到的深度。在任务刚起步时，觉得自己做不来可以和队友商量一下，微调一下任务。

2.3 竞赛过程中的准备

2.3.1　PPT 的制作

区赛和国赛现场答辩都需要准备一个 15～20 分钟的 PowerPoint 演示文稿（PPT），用以展示和汇报参赛作品，供现场评委进行评判和打分。一份好的 PPT 仿佛是在讲一个故事，不仅能够充分展示参赛作品水平，还可以吸引听众的注意力，让听众的思维跟着演讲者走。在制作 PPT 时，首先要明确展示哪些内容给听众，扬长避短，把作品的亮点部分和创新部分作为关键部分，把设计粗略的部分简略地介绍，不作为重点讨论。从 PPT 内容整合来讲，一般需要注意以下几点。

（1）从听众的角度准备内容

从项目调研开始到编写可行性研究报告，从确定设计方案，再到流程模拟与优化设计、设备设计选型与校核、各类图纸的绘制、非工艺方面的设计等，竞赛作品的内容是非常丰富的，几乎包括了化工厂设计的各个方面。这么多内容，如何在有限的时间内展示出来，并让听众能够快速了解自己的工作而又不觉得冗长乏味，是 PPT 内容准备的重中之重。准备 PPT 时，要站在听众的角度准备内容，他们想了解的内容才是竞赛作品的核心部分。评审老师是听众的代表，具有雄厚的专业知识储备。作者与多名区赛和国赛的评审老师交流过相关问题，绝大多数评审老师认为两方面的内容不可忽略：一方面是基础的东西有没有准确而又扎实的完成。例如流程模拟有没有打通、产品产量能否达到要求，有没有对换热网络进行优化，设备的详细设计有没有按照要求做。这些内容对于大多数参赛队伍，尤其是进入国赛的队伍来说都做得非常好，结果也很准确。另一方面就是有没有创新的地方，有没有与众不同的地方，有没有突出参赛队员思考的地方。这方面内容需要有选择性地在 PPT 中进行展示与总结，必须作为必不可少的部分进行展示和阐述，这部分也是参赛作品的加分项，让听众认识到该参赛作品并不是在模仿或者仅仅完成需要完成的部分，还有一些自己的思想和创新在其中。

（2）展示内容的逻辑性强，条理清晰

每份参赛作品对应的工作内容都非常多，在有限的时间内按照一定的思路将所有内容串联起来成为一个故事向听众娓娓道来是必要的。PPT 展示的内容需要逻辑性强，条理清晰，最好让听众的思路始终与 PPT 汇报的流程一致。依据作者团队参加区赛和国赛的现场答辩总结的经验，PPT 内容安排方式比较固定，主要包括成员介绍、项目背景、生产工艺、节能优化、设备设计、系统控制、三维设计、安全环保、经济分析、项目总结几个部分，详细内容如表 2.1 所示。

表 2.1 PPT 汇报内容的总结与说明

主要部分	内 容 概 要	作用和意义
成员介绍	简明扼要地介绍队伍组成及每位队员负责的工作内容	队员分工明确，相互合作，体现团队合作能力
项目背景	包括原材料与产品的市场情况分析、工艺路线和生产方法的确定、生产规模、建设区域或地点等跟项目背景相关的内容	展示项目前期充分的调研工作，作为项目设计可行性的判断依据
生产工艺	基于 Aspen Plus 软件对工艺流程的模拟，主要包括整个流程的工段划分、主要产品的流股走向、产品的规模与纯度、物料衡算表等信息。此外，还可介绍对流程进行的创新，例如采用特殊精馏方式、增加循环流股等	确定流程模拟的准确性与可行性。若有对流程进行改进和创新的部分，需要明确可行性
节能优化	介绍换热网络优化前后的节能效益，公用工程使用减少量，潜热的使用方法及在节能优化方面的改进与创新等	确定换热网络优化的正确性，对于潜热利用的方法的可行性以及节能创新技术的可行性
设备设计	反应器、塔、换热器等设备的详细设计与操作参数优化设计，选型与强度校核，设备创新或者设备内构件的改进与创新等	确定设备详细设计与优化设计的准确性，创新部分的可行性等
系统控制	使用的控制系统 DSC 和 SIS（注意：SIS 仅仅是安全联锁系统，不能作为控制系统，很多参赛队伍将 SIS 错认为是控制系统），P&ID 图纸，各种设备及特殊设备的控制方案，控制方案的有效性与及时性分析	确定控制方案的可操作性与准确性，对于特殊设备控制的准确性
三维设计	厂区布置方案，厂区 3D 建模设计，车间的平、立面布置，三维配管，管道轴测图等	确定厂区布置方案的可行性以及是否考虑消防、安全等因素，车间平、立面布置是否符合设计要求
安全环保	物质性质与安全分析，风险管理及采取的措施，环境风险分析与评价，水网络设计与分析，噪声污染分析，“三废”处理方案等	确定对安全与环保各个因素考虑是否周全，是否提出了准确的预防和治理措施
经济分析	投资收益分析，盈亏能力分析，盈亏平衡分析，敏感性分析等	确定工厂的收益情况
项目总结	对整个项目创新的部分再进行总结强调，并展示厂区 3D 漫游视频	增加创新部分的印象

PPT 汇报要考虑逻辑性，当然不必按照设计顺序和思路进行汇报。如图 2.3 所示的我校参赛学生准备的工艺流程创新部分的汇报 PPT。第一种方案是先介绍原有流程和存在的问题，提出改进方法和流程，然后进行流程模拟和流程的优化，在流程优化阶段比较改进前后工艺的差异；第二种方案是先介绍原有流程和存在的问题，提出改进方法，比较改进方法和原方法的差异，提出改进后的流程，然后进行流程模拟。这是相同的内容，第一种方案，已经告诉评委你所选择和改进的工艺了，但在优化阶段还在进行工艺的比较选择；第二种方案的逻辑性更好，让评委对工艺改进的合理性更加认可。两种方案的 PPT 内容相同，但是表达形式不同，效果会不同，大家可以仔细体会。当然这已经是有比较好的工艺创新，因此对不同方法进行了比较，也有同学只是进行了工艺改进，并没有进行论证，这样也就谈不到这里的方案二了。

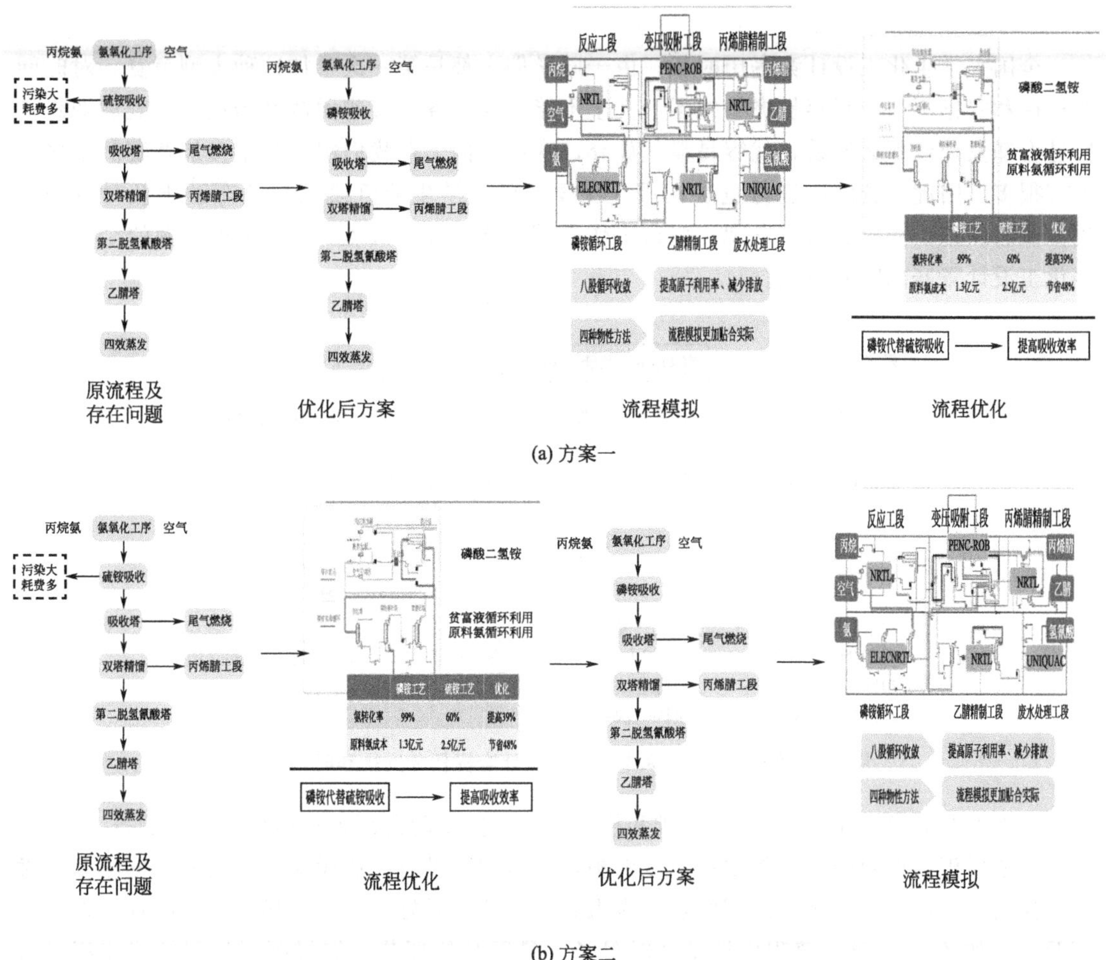

(a) 方案一

(b) 方案二

图 2.3　两种汇报方案的比较

(3) 秉持客观真实的原则

PPT 内容必须符合客观真实的原则。所有内容必须是参赛队伍独立完成的，尤其是改进和创新部分，必须经过自己的思考、判断与验证。否则，在评审老师提问环节，评审老师稍微问一两个问题，就能判断这部分内容是不是参赛队伍自己做的。切记不可急功近利，如提出很多改进和创新，然而都是引用他人的成果，这就失去了参加比赛的意义。

（4）凝练创新，突出亮点

竞赛过程的创新点分原料或产品创新、工艺创新、设备创新、方法创新等，每个团队未必要处处有创新，能够顺利完成设计并能有几点创新就很棒了。所谓的创新点是在设计过程中遇到困难后仔细考虑研究并解决的地方，就可以构成创新点。在设计过程中能够很顺利完成的部分也可能是比较成熟的，每个团队都差不多，也构不成自己团队的亮点。遇到问题的部分反而要恭喜你，认真思考和对待有可能成为创新点。在制作 PPT 的过程中一定要注意展示这个过程中你是如何解决问题的以及解决问题的思路和方法，这可能就是作品的亮点和创新点。

2.3.2 参赛过程中的分阶段汇报

全国大学生化工设计竞赛历时长，由于同学们大都是第一次参加这种大型竞赛，对时间的把握和安排不当，很容易虎头蛇尾，甚至不能完成任务。有些团队开始拖延，到后期想加快进度却发现没那么容易，就容易泄气放弃，这样的例子在我们组织学生参加竞赛的十多年里有很多。因此，分阶段进行竞赛汇报是很重要的。学生分阶段汇报还有助于及时发现问题，及时纠正，防止到最后发现，修改工作量就很大。图 2.4 是以 2019 年为例的全国大学生化工设计竞赛的时间节点。

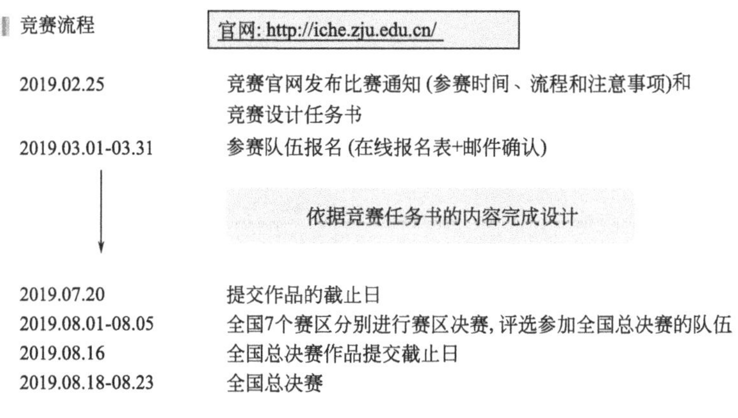

图 2.4 2019 年全国大学生化工设计竞赛任务安排和时间节点

表 2.2 是我校 2019 年的任务安排和检查时间安排，阶段汇报也根据这个来安排。

分阶段汇报时每个学生都要有进度汇报，前面同学没有完成没关系，后面的同学要先做知识储备，有的学生认为前面同学还没有做好，等他们做好了自己再做，那个时候一切都来不及了。如 Aspen Plus 流程模拟是耗时最长、最困难的环节，如果画图的同学等流程模拟结束再开始，会发现绘图时最基本的概念和原则可能你还不会，没有精力集中到如何把作品更好地表达上。再比如 P&ID 图，虽然设备的计算还没有完成，但是每一组要采用什么样的设备大概是确定的，对这样的设备需要采用怎样的控制方案必须事先学习基础知识和查阅文献资料，才有可能做出正确且可能有创新的 P&ID 图来，所以负责后期的同学一定每次汇报都要有进展。

表 2.2　我校 2019 年的设计竞赛任务安排和检查时间安排

<table>
<tr><th>序号</th><th>时间安排</th><th>任　务　安　排</th><th>检查时间</th></tr>
<tr><td>1</td><td>3.3</td><td>动员学生报名，介绍竞赛的相关情况</td><td></td></tr>
<tr><td>2</td><td>3.4～3.20</td><td>学生自己组队，写好责任保证书，交到系里，系里统一指定指导教师。然后上网站报名并打印报名信息表，学生签好字后去学院盖章，扫描并上传给竞赛组委会。报名时间截止到 3 月 20 日</td><td>3.20</td></tr>
<tr><td>3</td><td>3.4～4.8</td><td>完成组队的队伍，根据任务书，调研并搜集资料，初步制订方案（原料、产品、市场情况、厂址、规模、生产方法和技术路线等）。各队需准备好汇报的 PPT</td><td>4.8</td></tr>
<tr><td>4</td><td>4.9～5.31</td><td>汇报最终确定的设计方案和可能的创新点，Aspen 流程模拟，并要求初步打通。其他同学熟悉各自负责的部分</td><td>5.31</td></tr>
<tr><td rowspan="2">5</td><td>6.1～6.14</td><td>Aspen 程序进一步合理化（这段时间学生需要准备期末考试）</td><td rowspan="3">队长掌握，指导教师检查</td></tr>
<tr><td>6.15～7.8</td><td>完成设备设计和选型（换热器、塔、反应器、储罐、泵、压缩机及其他设备、配管），热集成，经济核算，完成车间 PFD。这个过程是反复修改的过程，要根据 Aspen 不断优化的结果进行其他计算的调节</td></tr>
<tr><td>7</td><td>7.9～7.20</td><td>完成 P&ID 图的绘制、经济分析和安全环保、厂区布置和文档的整理（注意每完成一个部分相应的文档就要写出来，到最后是整体的编辑和排版），提交作品。7 月 20 日是作品最后提交日期</td></tr>
<tr><td>8</td><td>7.21～7.22</td><td>校内答辩，准备 PPT，选出校代表队，参加区赛</td><td>7.22</td></tr>
<tr><td>9</td><td>7.23～8.5</td><td>入围区赛的代表队进一步提炼作品内容，修改 PPT，并进行校内的答辩汇报</td><td>8.5</td></tr>
</table>

阶段汇报要将设计过程中出现的困难、问题，要敢于暴露出来，指导教师才可能有针对性地给出建议和指导，要注意，同一问题不同的老师所给的建议可能会有不同，由于设计的自由度很大，老师们考虑问题的角度可能不同，所以同学们要听懂思路，最终还是要自己查阅文献、计算，从而多角度地分析比较，做出判断和选择。

2.3.3　竞赛与课程设计、生产实习等实践环节的结合

全国大学生化工设计竞赛最大的特点是综合性强，是对化工专业知识综合性的应用。因此，最好将参加竞赛和学生的实践教学相结合。不论列入教学大纲与否，指导教师都可以叮嘱参赛学生将这些环节衔接起来——这是一个很自然的过程（图 2.5）。比如化工原理课程设计，我们通过让学生手算、手写的方式强化学生对最基本的化工单元设计步骤、单元设备

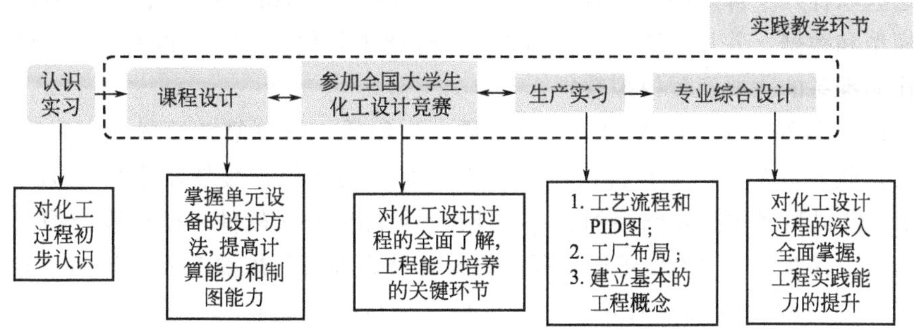

图 2.5　竞赛和专业课程的衔接关系

的设计方法的掌握，同时在化工设计竞赛完成过程中通过软件对大量的设备进行设计、校核，从而熟悉设备的设计，在这一过程中会有些不确定的工艺数据和设备数据，对设备的结构和布置仅仅浅停于书本。学生带着这些疑惑、问题，进入生产实习环节，对工艺流程、工艺参数、设备参数以及设备的结构、控制和布置就会更加关注，反过来在进一步完成竞赛作品时就有了想法，有了灵魂。

2.4 竞赛软件

化工设计竞赛可能使用到的各类软件包括模拟仿真软件、绘图设计软件、设备强度校核软件、三维建模软件、环保安全类软件等，是完成设计竞赛作品和提升作品创新质量的主要工具。了解各类软件的功能与特点是选择软件的基础。在遇到具体问题时，选择一款合适的软件，往往可以达到“事半功倍”的效果。

2.4.1 流程模拟软件

化学化工过程计算机模拟仿真，通常简称为化工模拟，是运用计算机仿真技术作为分析和研究化学化工中涉及到的单元操作及过程的重要手段和方法。化工模拟工作的完成必须建立在三个要素之上：①具有能够准确反映模拟对象的理论模型；②运用计算机编程语言或现有的化工流程模拟软件将理论模型表达出来；③仿真实验的建立和模拟计算结果的准确性验证。在三要素具备之后，才能利用模拟仿真的结果对化学化工系统进行进一步的优化分析研究。

在化工流程模拟软件没有开发或者流行之前，主要通过计算机编程的方法将仿真对象的系统模型转化为计算机语言，利用计算机强大的计算能力，快速而准确地计算出模拟结果。随着各类化工流程模拟软件的开发运用，很多单元操作在软件中都有对应的模块，只需在软件中选择合适的模块实现想要仿真的系统对象，并输入流股信息、模块操作参数、计算方法等相关数据，即可进行模拟计算。迄今为止，可用来进行化工流程模拟的专业软件有 Chemstations 公司研发的 ChemCAD，帝国理工学院 PSE 研究中心研发的 gPROMS，SIMSCI 公司研发的 PROII，麻省理工学院牵头研发的 Aspen Plus 等。从化工设计竞赛准备角度出发，这些软件几乎都能满足流程模拟的要求，由于 Aspen Plus 被普遍认为是具有最完备的物性模型和数据，并且是适用于石油化工、煤化工等化工过程流程模拟的软件，因此被作为竞赛作品准备的主要流程模拟软件。

Aspen Plus 软件在模拟固体加工、电解质、生物质、煤等复杂原料或者过程方面具有突出的优势。此外，AspenTech 公司产品包中还有可用于模拟装置动态特性的 Aspen Dynamic 软件，模拟和优化换热网络的 Aspen Energy Analyzer 软件，模拟聚合物生产过程的 Aspen Polymer 软件，模拟油田地面工程建设设计和石油石化炼油工程设计的 Aspen Hysys 软件，模拟吸附过程的 Aspen Adsorption 软件，分析经济效益的 Aspen Economic Evaluation 软件等。这些软件可以与 Aspen Plus 软件之间实现数据直接传输和共用，因此可以丰富模拟结果，方便对仿真模拟的各个过程进行模拟分析。

Aspen Plus 软件由物性数据库、单元操作模块库与系统实现策略三部分组成。物性数据库是模拟计算的数据来源，也是模拟结果准确性的保证。AspenTech 具有目前工业上最适用、最完备的物性数据库，包括 6000 多种纯组分的物性数据，完备的热力学性质模型，25 万多套汽液平衡数据。另外，Aspen Plus 还可以直接调用美国国家标准与技术研究院（NIST）与德国化学工业协会（DECHEMA）数据库中的数据。因此，Aspen Plus 软件的物性数据库，几乎可以满足化工设计竞赛中涉及到的绝大多数仿真计算过程。而且对于二元体系物性参数缺失或者新型化学产品物性缺失的问题，可以利用 AspenTech 中物性常数估算系统，基于分子结构和实验结果对缺失的物性数据进行估算和补充。

Aspen Plus 软件中自带 50 多种单元操作模块，几乎涵盖化工流程中所有的单元操作。对于无法直接调用模块库中的模块进行模拟的化工过程，比如变压吸附过程，可以使用 AspenTech 软件包中 Aspen Adsorption 软件进行模拟。但对于膜分离等，既没有现成的模块可以调用，也没有软件可以使用的，可以通过用户自定义模型进行模拟计算。Aspen Plus 软件可以直接调用 Microsoft Excel 文档和 Fortran 语言编程的源文件，在使用用户自定义模型时，只需按照 Aspen Plus 中的变量声明原则和语言编写规则进行编程即可。

Aspen Plus 软件还可以与其他仿真模拟软件通过特定的接口相连接，例如 Aspen Plus 与 ProⅡ可以通过 ProⅡ to Aspen Plus Converter 组件连接。Aspen Plus 与 Factsage 软件连接之后，可以直接调用 Factsage 软件的数据库等。Aspen Plus 软件的开放环境，使得参赛学生在丰富参赛作品与对模拟仿真的创新方面提供了可能性与便利性。Aspen Plus 软件的系统实现策略包括模拟计算方法、计算顺序、优化设计、结果分析过程。Aspen Plus 软件是基于交互式图形接口（GUI）来选择系统实现策略的。Aspen Plus 软件的模拟计算方法采用的是序贯模块法，即对每一个单元过程建立其相应的数学模型，编成一个单独的计算子程序形成模块。将这些独立的模块按照化工流程的顺序连接起来，组成可模拟整个过程的模块流程。序贯模块法比较直观，容易理解，模拟计算时占用计算机内存少，也易于形成通用化系统，但其需要大量迭代计算，特别是对流程进行优化设计时，耗时较长。理论上 Aspen Plus 的计算顺序可以由用户自己定义，但通常情况下，由软件自己决定计算顺序，不人为干涉模拟计算的顺序。对于有循环流股的流程，尤其是循环套循环或者多个循环交叉的流程，因为模拟计算结果可能出现难以收敛或物料不守恒等问题，可以人为地改变计算方法和计算顺序。Aspen Plus 软件中可调用的数值计算方法包括直接迭代法、正割法、拟牛顿法、Broyde 法等。这些计算方法的选择需要根据具体过程来决定。对计算结果难以收敛的流程，也可以通过改变收敛精度、增加迭代计算次数或者设置撕裂（Tear）流股等方法使得模拟计算结果收敛。

Aspen Plus 软件中优化设计功能主要通过灵敏度分析等分析工具实现，确定一个目标函数，通过改变变量的数值，计算得到目标函数的最优值，例如对严格计算精馏塔（Radfrac）的塔板数和回流比进行优化设计。Aspen Plus 软件的优化设计工具是仿真模拟中非常重要的，不仅能够得到最优操作参数，还能明晰影响因素对目标函数的影响规律。在参赛作品的评审中，是否具备对仿真模拟结果的优化设计能力也是考核的重点之一，因此参赛作品最好是优化设计后的结果。Aspen Plus 软件可以将模拟计算结果，包括流程计算结果、优化设计结果等，直接以数据报告的形式导出来。

2.4.2 制图软件

在化工设计竞赛作品创作过程中，参赛队伍需要绘制多种化工工艺图、设备布置图、管道布置图和化工设备图。除了要掌握化工制图的基本要求，例如图样的绘制内容、绘制标准、主要表达方法及基本规则等，还要掌握使用计算机辅助软件设计与绘制化工图纸的技能，这是对每一位参赛选手的基本要求。化工制图是化工从业者必须掌握的技能之一，对化工厂或化工车间在初步设计阶段和施工阶段所涉及到的一系列工艺流程图和非工艺设计图必须能够识图，对于自己负责设计的部分，必须懂得与之相关的所有图纸的设计与绘制。

AutoCAD 是一款专门服务于绘图设计工作的计算机辅助设计软件，是目前应用最为广泛的绘图设计软件。AutoCAD 软件不仅可以用于二维工程图的绘制，也能够进行三维实体造型，生成三维真实感图形。另外，AutoCAD 软件可以与其他模拟仿真软件实现图形文件交互，例如在高版本的 AutoCAD 软件中可以直接导出“*.sat”文件，这种类型的文件可以直接导入到 Ansys 软件中。AutoCAD 软件具有简单易学、适用范围广、界面友好等优点，一直以来是化工设计从业人员的主要使用软件。对于化工设计竞赛的参赛队伍，使用 AutoCAD 软件可以完成工艺物料流程图（PFD）、带控制点的工艺流程图（P&ID）、车间平面与立面布置图、总厂布置图、化工设备图、管道轴测图等。

参赛队伍在作图之前，需要学习相关的国家标准及行业标准中关于制图的基本规定。作图时，必须遵守各项国家标准和行业标准，这也是能够让评审老师或者同行相互交流的基本条件。但是，结合化工设计竞赛的一些要求，有些方面也在逐步调整，并没有按照正规设计人员那样提出要求，例如图纸的颜色应该是黑白两色图，但是现在很多参赛队伍为了评审老师能够更加直观地区分图纸中的各个部分，使用多种颜色绘制，节省了评审老师的阅图时间。更多的参赛队伍同时准备了黑白两色图和多种颜色的彩色图，供评审老师评阅。

目前针对化工厂设计推出了很多专业设计软件，代表性的有中科辅龙计算机技术公司研发的 PDSOFT，思为软件公司研发的 Pdmax，INTERGRAPH 公司研发的 SmartPlant 3D，AVEVA 公司研发的 PDMS 等。PDSOFT、Pdmax、SmartPlant 3D、PDMS 这些软件都可以满足大型设计的三维建模，可以使工艺管道、化工单元操作设备、建筑、暖通设备、控制仪表、电缆架桥等多个专业人员协同操作。另外，这些软件具有完整的设备模型数据库，可以利用该数据库进行厂区或者车间的 1∶1 建模设计。用户可以借助这些软件完成车间三维结构设计、设备布置、配管设计、平立面图、轴测图等工作。在设计竞赛作品创作过程中，使用上述软件可以完成车间平面和立面布置图、三维管道轴测图、设备布置图等图形的设计与绘制。与 AutoCAD 相比，可以节省大量的建模时间。

2.4.3 厂区 3D 建模软件

3D 建模软件可以对厂区进行三维建模设计。在竞赛队伍进行现场答辩时，通常在 PPT 文件中插入使用 3D 建模软件创作的厂区漫游视频。目前，创作化工设计竞赛作品过程中比较适用的 3D 建模软件有 Google 公司研发的 SketchUp 软件和 Autodesk 公司研发的 3ds Max 软件。SketchUp 软件具有界面简洁、容易学习掌握的优点，因而被建筑、规划、工业设计等领域的设计师作为传达设计思想和三维建模设计的首选工具。此外，SketchUp 软件自带大量的组件库和建筑肌理边线需要的材质库，能够实现快速建模和快速渲染。3ds Max软件是一款三维动画渲染和制作软件，除了具备建模设计功能外，强大的角色动画制作能力使得 3ds Max 广泛应用于影视制作、建筑设计、广告设计、游戏制作等领域。3ds Max 几乎可以实现任何形状几何体的建模设计，渲染质量高。两者相比，SketchUp 更加适合 3D 建模设计的初学者，上手速度快，有现成的模型材质库可以使用，因而可以缩短建模设计时间，但是在视频制作方面不如 3ds Max 软件。3ds Max 软件渲染功能更加强大，后期制作效果优异，但是对计算机硬件要求比较高。对于参赛队伍制作厂区 3D 漫游视频时，SketchUp 足够使用，但是如果时间充足，想得到更加精美的漫游视频时，建议使用 3ds Max 软件。

除了 SketchUp 和 3ds Max 软件，还有 Act-3D 公司研发的 Lumion 软件和 Autodesk 公司的 Maya 软件等 3D 建模软件可以用于厂区三维建模设计和漫游视频的制作。

近年来，参赛队伍在制作厂区 3D 漫游视频时，不仅使用纯音乐作为背景音乐，通常还会配上解说词。这就需要参赛队员掌握视频剪辑软件，比较适用的视频剪辑软件有 Corel 公司研发的会声会影软件（Corel Video Studio）、爱剪辑团队研发的爱剪辑软件等。视频剪辑软件比较简单易学，对于有特殊需求的参赛队伍，也可以使用 Adobe 公司研发的 Premiere 软件。Premiere 软件广泛应用于广播传媒、电视节目制作，其汇集了视频剪辑、音频美化、调色、字幕添加等功能。如果配合 Adobe 公司研发的 After Effects 软件使用，更有助于提高视频质量。

另外，要注意竞赛组织委员会对于工厂三维建模设计类软件提出的使用要求，详细见表 2.3。要注意的是，虽然 B 类软件也能够实现工厂的三维设计和车间的平、立面布置设计，但是并不在竞赛组委会推荐的软件行列。如果参赛队伍使用 B 类软件对工厂进行三维设计，会被酌情扣分。因此，根据竞赛组织委员会要求，B 类软件最好仅用于工厂场景的三维建模，如厂区的三维漫游视频，不要用于三维设计和车间的平/立面布置设计。

表 2.3　组委会对于工厂三维建模设计类软件提出的使用要求

类别	作用	软　件	特　征
A	工厂设计类	PDSOFT/Pdmax/PDMS/PDS/CADWorx/Auto Plant3D/SmartPlant3D/SP3D 等	① 数据库驱动型，必须在数据库驱动的条件下才能进行立体的图形绘制； ② 平/立面图、管道轴测图及相关材料表等基础图纸可以从三维模型里生成
B	建模表观类	SketchUp，3dMax，Navisworks，SolidWorks 等	仅用于物体场景的三维建模及表观

2.4.4　换热网络优化软件

换热网络优化软件也称为热集成分析软件，是用来对整个流程的换热网络进行优化设计的。最为常用的换热网络优化软件是 AspenTech 产品包中的 Aspen Energy Analyzer。Aspen Energy Analyzer 软件的计算原则基于夹点技术，是以最小能耗为目标对换热网络进行计算优化的综合方法。利用 Aspen Energy Analyzer 软件可以计算能量和换热设备投资目标，进一步改善能量热集成方案，从而减少操作费用。Aspen Energy Analyzer 软件可以从 Aspen Hysys、Aspen Plus、Microsoft Excel 中导入数据源，在软件中直接进行换热网络的优化设计，并将优化设计后的结果在原流程中通过调整物流流向、增减换热器数量等方式反映出来。

目前，设计竞赛作品几乎都使用 Aspen Energy Analyzer 软件作为换热网络优化设计的主要软件。有些参赛队伍想在换热网络方面进行创新，可以使用 MATLAB 软件对换热网络的控制策略进行优化。此外，还可以对换热网络的灵敏度、调节变量选取和配对规则进行优化设计。这些工作需要参赛队员对过程优化控制理论、数学建模方法、计算机编程等方面有非常深刻的理解和掌握。

2.4.5 设备设计选型与强度校核相关软件

在使用软件对设备进行设计选型与强度校核时，首先要明确设备属于标准设备还是非标设备。标准设备（定型设备）是指按特定系列生产的，可以从产品目录或样本中查阅其规格及牌号的设备，例如泵、风机、离心机等。非标设备（非定型设备）是指设备的尺寸与规格需要根据具体情况而专门设计的特殊设备，例如塔器、反应器等。在设计竞赛作品创作时，主要考虑到以下几种设备的设计选型与强度校核。

（1）塔设备

在对塔设备进行设计选型与强度校核时，需要借助多种软件合作完成。通常使用 Aspen Plus 软件对板式塔和填料塔进行详细优化计算，从而获得水力学数据和塔径。可以用于塔设备的详细计算和内构件计算的软件较多，有 Koch-Glitsch 公司研发的 KG-Tower 软件、Sulzer 公司研发的 SULCOL 软件、美国精馏工程研究中心研发的 FRI 软件。目前，在高版本的 Aspen Plus 中新引入了 Column Internals 模块，可以对塔设备进行详细设计与校核。大多数参赛队伍已经开始使用 Column Internals 模块。设计封头、裙座、筒体等以及确定塔高，再使用 SW6 软件进行强度校核。

（2）换热器

换热器的详细设计选型与强度校核需要 Aspen Plus、Aspen Energy Analyzer、Aspen Exchanger Design and Rating、SW6 四种软件共同完成。流程模拟时，需要在 Aspen Plus 软件中对换热器进行建模，在使用 Aspen Energy Analyzer 软件对换热网络进行优化设计之后，需要根据优化设计结果，在 Aspen Plus 中调整换热器的数量与功能，尤其是有流股间换热时，需要增加流股间换热的换热器。基于 Aspen Exchanger Design and Rating 软件对换热器的操作参数以及机构进行详细设计，然后使用 SW6 软件对换热器的机械强度进行校核。其中，换热器选型可以参考相关的化工设备选型手册。

（3）反应器

反应器设计需要根据反应过程的具体特点确定反应器类型，例如固定床反应器还是流化床反应器，绝热式固定床反应器还是换热式固定床反应器等。基于反应的动力学方程使用 Aspen Plus 软件中相对应的动力学反应器模块对反应过程进行模拟计算，得到温度、压力、转化率等基本数据之后，再根据理论公式，对反应器结构进行设计。使用 SW6 软件对设计的反应器进行强度校核。

（4）泵与风机

泵和风机都属于标准设备，根据 Aspen Plus 软件模拟设计的结果进行选型。泵的选型软件有中联泵业公司研发的泵选型软件，英飞公司研发的英飞选型软件。其中，英飞选型软件既可以对泵进行选型，也可以对风机进行选型。

2.4.6 安全环保相关软件

安全环保相关的模拟工作包括有害大气释放定位、环境风险评价、噪声分析、事故树分析、水质评价、危险与可操作性分析、水网络优化设计等，模拟使用的软件总结如下。

(1) ALOHA

ALOHA (areal locations of hazardous atmospheres) 是一款用于分析有害大气空中定位的软件，由美国环保署（EPA）化学制品突发事件和预备办公室（CEPPO）以及美国国家海洋和大气管理（NOAA）响应和恢复办公室共同研发。ALOHA采用成熟的数学模型，主要有高斯模型，DEGADIS重气扩散模型，蒸气云爆炸、闪火等成熟的大气扩散模型，火灾模型，爆炸模型等，可以模拟危险化学品火灾、爆炸和中毒等事故后果，能够预测事故影响范围。对于特定的事故情景，即在给定的危险化学品、泄漏源的特征、事故发生的天气和环境特征等条件下，能够确定火灾、爆炸或中毒事故的影响区域和严重程度。对于特定的敏感点，例如医院、养老院、学校等一些脆弱性目标，能够根据建筑物类型，预测室内外毒气浓度的变化，预测敏感点处事故的进展。ALOHA给出两种工作模式：一种是应急模式，一种是培训模式。在培训模式下，用户可以根据不同的事故情景，改变输入参数，就可以观察事故影响范围的变化和敏感点处的浓度变化情况，从而达到培训和训练的目的。ALOHA可以用来计算危险化学品泄漏后的毒气扩散，火灾、爆炸等产生的毒性，热辐射和冲击波等，能够提高应急救援和人员疏散的安全性和准确性，为安监部门和消防部门的应急救援提供直观的科学依据。ALOHA能处理的问题包括：洒在地面的液体蒸发（不能处理洒在水面的液体）；基面向蒸气云的传热；压力容器的气体、液体及气溶胶质量通量；闪蒸；气溶胶对未闪蒸液体的夹带；不能处理的多组分混合物；气溶胶蒸发；燃烧、爆炸和化学反应副产物；散粒、岩体和危险物碎片。ALOHA模型在使用中存在以下限制：极低风速时，计算可接受最低风速为10m高处的平均风速1m/s；非常稳定的大气条件；风速变化和地形变化影响；浓度突变区域，特别是在释放源附近。ALOHA模拟结果的准确性取决于使用前的正确分析和输入信息的准确性，因此，要得到精确的模拟结果，除了进行准确的后果分析外，还需要现场工作人员的配合，以获得最精确的输入信息。ALOHA在极低风速、稳定的大气条件、风向和地形变化较大以及局部浓度不均匀等情况下的模拟结果不稳定，在实际应用时需要注意。ALOHA软件能够根据危险化学品的泄漏情形和气象条件对事故进行模拟，并用图像、文字的方式描述不同危害程度的范围和区域。主要对项目中的重大危险源物质进行ALOHA储罐泄漏模拟，模拟的内容有：蒸气云爆炸事故、BLEVE事故、池火灾、人员中毒事故、毗邻储罐的热辐射事故。预测事故发生的危险范围，为应急措施的制订提供基础。

(2) RiskSystem

RiskSystem是一款用于环境风险评价的软件，是在《建设项目环境风险评价技术导则》(HJ/T 169—2004) 的基础上，结合安全评价中与环境风险评价关系密切的部分内容编制而成的。软件将科学计算、绘图与数据库支持相结合，可用于环境风险评价与相应安全评价中，也可以用于环境及安全管理部分的日常管理。软件主要有原项分析、火灾爆炸事故模型预测和泄漏事故模型预测3个功能模块。原项分析模块主要提供了6种事故排放模型计算，火灾爆炸事故模型主要提供了3个事故预测模型，泄漏事故模型预测主要提供了2个事故泄漏扩散预测，可直接预测6种典型泄漏事故后果。同时预测不同风速、不同稳定度、不同时刻、不同下风向距离的污染物浓度及多个关心点浓度，可大幅提高工作效率。RiskSystem可进行点源、面源和体源模型模拟，有强大的绘图功能，采用图形批处理的方式，可同时绘制多个预测方案的图形。预测后的图形采用半透明填充方式，与背景图进行叠加后更加直观。背景图可自由缩放、裁剪，作图功能灵活。数据库中提供了几百种物质的物化数据，可通过程序直接调用。软件采用多窗口界面，用户可在程序中进行多个方案的预测与比较。在确定地面特征时，只能考虑到大气稳定度、环境风速、环境温度及地面特征，不能考虑其他对扩散有影响的参数，如混合层参数、地形参数或污染物的衰减沉降参数。对项目中的重大危险源物质的储罐进行模拟分析，对事故的后果进行模拟和评价，为事故的应急救援工作提供重要的理论依据，最大可能地减少事故造成的环境污染、人员伤亡及财产损失。模拟主要包括以下6个方面：泄漏量计算、池火事故模型预测、沸腾液体扩展蒸气爆炸（火球BLEVE)、蒸气云爆炸预测（TNT当量法）、在大气中的扩散预测、典型泄漏事故模拟。

（3）Fault Tree Analysis

Fault Tree Analysis是事故树分析软件，其起源于故障树分析，是应急管理与安全系统工程的重要分析手段之一。Fault Tree Analysis软件运用逻辑推理对各种系统的危险性进行辨识与评价，能够分析出事故的直接原因和潜在原因。Fault Tree Analysis软件分析可以得到直观的事故因果关系，可用于企业风险识别与衡量。但是，化工生产系统是一个复杂的系统，其涉及到的潜在危险多种多样，很难定量与定性地分析风险与事故产生的原因；并且对很复杂的系统，编出的事故树会很庞大，这给定性定量分析带来一定的困难。在竞赛作品准备过程中，利用Fault Tree Analysis软件可以得到系统中各种应有的潜在危险因素，为安全设计、制订安全技术措施和安全管理要点提供了依据。

（4）HAZOP

HAZOP（hazard and operability）是危险与可操作安全的分析方法，有相应的HAZOP分析软件。HAZOP是以系统工程为基础的一种可用于定性分析或定量评价的危险性评价方法，用于探明生产装置和工艺过程中的危险及其原因，寻求必要对策。通过分析生产运行过程中工艺状态参数的变动，操作控制中可能出现的偏差，以及这些变动与偏差对系统的影响及可能导致的后果，找出出现变动与偏差的原因，明确装置或系统内及生产过程中存在的主要危险、危害因素，并针对变动与偏差的后果提出应采取的措施。在利用HAZOP软件进行模拟分析时，其分析结果的准确性极其依赖于软件操作人员的经验，因此会降低HAZOP分析结果的质量。利用HAZOP软件可以得到风险分布图、风险矩阵图以及每个环节可能存在的偏离现象、偏离原因和偏离引起的后果，并且针对每种危险情况给出现有措施。

（5）EIAN

EIAN环评助手综合考虑预测区域内所有声源、遮蔽物、气象要素等在声传播过程中的综合效应，最终给出符合导则的计算结果，可用于机场飞机噪声预测、工业噪声预测、公路交通噪声预测、铁路交通噪声预测。EIAN软件中声源数量不限，每个声源可以有不同类型，不同发声特征，并且综合考虑各种复杂障碍物的影响。对每一个噪声数据可以分频带输入或只输入总的声功率级。利用EIAN软件进行计算、绘图非常方便，但前提条件是所获取的噪声现状值一定要准确。因此在利用EIAN软件对厂区噪声日常管理工作进行辅助管理时，重点应放在日常的厂区噪声现状值的准确采集、积累工作中。利用EIAN环评助手可以计算多个声源（如压缩机、泵等）对某一特定预测点的综合影响，直观形象地反映全厂区的噪声现状分布情况和噪声随时间的变化，为全厂噪声的分级管理提供依据。

(6) EIAW

EIAW是一款由宁波市生态环境科学研究院开发的地面水环评助手软件。EIAW中以推荐的模型和计算方法作为主要框架，内容涵盖了导则中的全部要求，包括参数估值和污染源估算。此外，EIAW还大大拓展了导则中的内容，增加了许多实用的内容，例如可用于多个污染源、多个支流、流场不均匀等复杂情况的模拟计算，动态温度数值模型的模拟计算，动态SP数值模型的模拟计算等。但由于不包括水动力模拟，因此一般仅限于简单的应用，多用于河段内的一维、二维水质预测。使用EIAW软件，可以对厂址周围的水质进行评价，并对水质达标率进行分析。

(7) WaterDesign

WaterDesign把所含杂质相同、相似或对杂质要求不严格的操作单元的用水放在一起处理，形成一个新的操作单元，再将多个不同操作单元组成一个新的用水系统，对该系统进行水夹点分析，优化出该系统水的最大复用用水网络。设计水集成网络，简化用水过程，利用水夹点技术，对用水网络进行分析设计，以达到全系统合理用水的目的。该软件只能处理单杂质用水过程，即把多杂质用水过程假设为单杂质用水过程，再利用水夹点技术对用水网络进行分析设计。而在实际工艺生产过程中一般为多杂质情况，所以该软件有一定缺陷。对项目的水资源消耗建立水集成网络，利用水夹点技术和软件模拟计算，优化用水网络，将系统某一单元操作中产生的废水或多个单元操作中产生的废水汇总，经过全部再生和部分再生后，在对其他单元无不利影响条件下，作为该单元操作的水源，从而大幅度减少新鲜水的需求和废水处理量，提高水的循环利用率，节省公用工程成本，有良好的环保和经济效益。

2.4.7 其他软件

现在化工设计竞赛队伍在完成必需的模拟设计之后，也会在如何进行创新的问题上下功夫。介绍几种常被用于创新的软件。

(1) Fluent

Fluent是一款计算机流体动力学模拟软件，用来模拟从不可压缩到高度可压缩范围内流体的复杂运动，包括流动、传热和化学反应等。Fluent具有丰富的物理模型、先进的数值方法和强大的前、后处理能力。Fluent软件现已被Ansys公司收购，属于Ansys软件包中的一个组件。作为创新的一部分，有些参赛队伍利用Fluent软件模拟反应器或者对新型设备的构件进行流体力学模拟，以获得Aspen Plus软件所不能得到的复杂的流动计算结果。但是Fluent软件难以完全掌握，网格划分、边界条件设置、求解方程的选择等因素都直接影响了模拟结果的准确性。完全掌握和熟练运用Fluent软件模拟需要扎实的基础知识和长期积累起来的经验。就目前参赛成果而言，绝大多数使用Fluent软件的参赛队伍也是浅尝辄止，得到的结果也难以经得起推敲。但是在参赛队伍备赛时间充沛的前提下，可以尝试学习和使用Fluent软件对反应器、混合器等设备进行流体力学模拟，尤其是在对设备构件进行创新时，例如采用新型的静态混合器时，Aspen Plus等软件很难模拟出创新前后的差别，使用Fluent软件模拟之后可以清晰地看出新型混合器对混合效果的影响。

（2）COMSOL

COMSOL 软件是以有限元法为基础，通过求解偏微分方程（单场）或偏微分方程组（多场）来实现真实物理现象的仿真，应用领域包括流体流动、热传导、化学反应、结构力学分析等。COMSOL 软件的突出优势在于多物理场直接耦合分析。与 Fluent 软件相比，COMSOL 软件界面友好、容易操作，比较适合用于化学反应器的模拟仿真。但是 COMSOL 计算速度慢，对计算机硬件要求高，在流体流动模拟方面不如 Fluent 软件。因为 COMSOL 软件对数学要求比较高，而且计算结果经常出现不收敛的情况，从入门到熟练运用需要相当长时间的学习与积累。有参赛队伍使用 COMSOL 软件模拟分析固定床列管式反应器的飞温情况，但是建模时忽略了反应器中布置的列管，把整个反应器当作平推流反应器模拟计算，所以模拟结果与实际结果差别甚大。参赛队伍在有余力的情况下，使用 COMSOL 软件对反应器、混合器等设备进行模拟计算，可以作为参赛作品的亮点。

（3）MATLAB

MATLAB 是一款用于算法开发、数据可视化、数据分析以及数值计算的高级技术计算语言和交互式环境，属于一款数学软件。有些化工单元操作在 Aspen Plus 软件中没有对应的模块，但是具有该单元操作的数学模型和实验数据，例如膜分离过程，就可以借助 MATLAB 进行膜分离过程的模拟分析。MATLAB 只是一款强大的数学分析软件，而对于某过程的模拟实现，必须有能够准确反映该过程的数学模型。此外，还可以利用 MATLAB 软件基于一定的数值算法对换热网络等进行优化设计，例如使用遗传算法或者粒子群算法寻求换热网络优化设计的最优解。利用 MATLAB 软件对参赛作品进行创新一方面需要扎实的数学基础和化学化工基础，另一方面需要对 MATLAB 编程语言十分熟悉。

（4）Aspen Adsorption

Aspen Adsorption 是 AspenTech 产品包中的一个软件，专门用于吸附过程的模拟，包括气相吸附和液相吸附，可用来模拟单塔的吸附过程，也可以用来模拟变压吸附、多段吸附等特殊的吸附过程。因为吸附过程在 Aspen Plus 软件中难以模拟，没有相对应的模块，因而可以使用 Aspen Adsorption 进行模拟，尤其是参赛队伍采用新型吸附剂并需要验证吸附效果的时候，Aspen Adsorption 软件便是最佳选择。但是，在使用 Aspen Adsorption 软件进行吸附过程的模拟时，需要完整的吸附剂物理参数、吸附等温模型、吸附传质系数等，需要有大量的实验数据作为支撑才能得到准确的模拟结果。参赛队伍如果想使用 Aspen Adsorption 软件进行作品创新时，必须拥有大量的实验参数，否则模拟结果的准确性难以保证。

2.4.8 经济分析与评价软件

经济分析与评价软件有 OnTrack Engineering 公司研发的 Cost Track 软件，ARES 公司研发的 PRISM Project Estimator 软件，CPR International 公司研发的 Visual Estimator 软件等。在设计竞赛作品创作过程中，项目经济分析与评价主要使用的是 AspenTech 产品包中的 Aspen Economic Evaluation 软件。Aspen Economic Evaluation 软件包含 Aspen Process Economic Analyzer、Aspen In-Plant Cost Estimator 以及 Aspen Capital Cost Estimator 三个组件，可用于设备的精确尺寸和费用估算，初步的机械设计估算，购置与安装费用、间接费用和总投资估算，完成工程设计-订货-建设的计划日程表和利润率的分析估算。

在高版本的 AspenTech 中，Aspen Economic Evaluation 已经被内置到 Aspen Plus 中，在 Aspen Plus 中可以直接调用。在使用 Aspen Economic Evaluation 软件进行经济分析与评价之前，在 Aspen Plus 中需要对模块进行详细化处理，例如将 Radfrac 单元变换为设有再沸器、冷凝器和回流罐的完整的单元设备；并且对需要进行优化设计的模块，尽量在优化设计工作完成之后进行经济分析与评价，否则在模块参数调整时，需要重新估算设备尺寸和经济分析评价。通常，Aspen Economic Evaluation 软件可以直接识别 Aspen Plus 流程模拟中的每一个模块和流股信息，但当遇到自动识别的信息不够完全时，需要手动输入和修改信息，以保证评价结果的准确性。

Aspen Economic Evaluation 软件中默认的参数和计算方法大多采用美国标准，因此很多参赛队伍发现，Aspen Economic Evaluation 评价结果与手算结果差别较大，例如原材料成本与当前市场价格差别较大，无法作为最终结果采用。迄今，大多数参赛队伍还是基于工程设计概算及技术经济分析原则进行过程成本的估算和经济分析评价。但无论如何，项目经济分析与评价应遵循效益与费用计算口径对应一致的原则，同时还应遵循产业政策导向原则、目标最优化原则、指标统一原则和价格合理原则等。

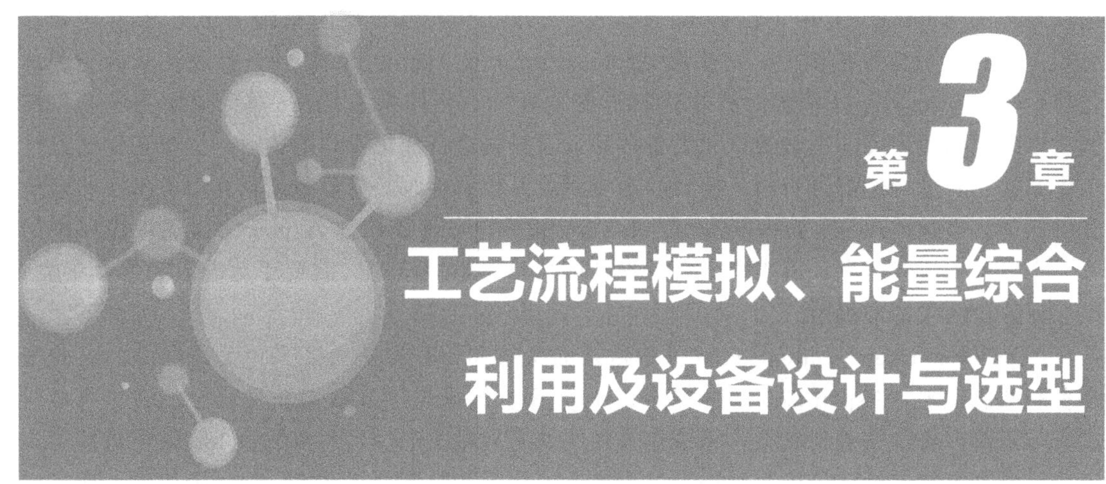

第3章
工艺流程模拟、能量综合利用及设备设计与选型

化工设计竞赛要求参赛学生完成一套完整的化工工艺流程设计，与本科生的化工原理课程设计、毕业设计不同的是，化工设计竞赛的题目是开放式的，不规定原料路线、技术方案、生产厂址和产品规格，这对学生综合运用专业基础知识和实践应用的能力提出了更高的要求。化工工艺设计如何开展，节能环保工艺如何使用，绿色催化剂和原料如何选择都是竞赛的热点内容和创新点。本章将从工艺选择与论证、工艺流程模拟、设备设计与选型等方面，结合历年竞赛的作品，指导学生如何一步一步开展工作。

3.1 工艺的选择与论证

在化工设计中，生产工艺是否合理决定了最终设计质量的优劣。本节将介绍工艺路线选择的原则和方法、工艺论证的内容，在此基础上设计工艺流程。此外，还解析了历年竞赛的部分获奖作品，为参赛学生在设计过程中的工艺创新提供案例和思考。

3.1.1 工艺的选择和论证

3.1.1.1 工艺的选择

同一种化学品的生产，可以采用不同的原料、经过不同生产路线实现；即使采用同一原料，也可以采用不同的生产路线；而同一生产路线，又可以采用不同的工艺流程。如果某产品只有一种生产工艺，那就无需选择；如果有几种不同的生产工艺，就应该逐个进行分析、比较，从中筛选出一个最适宜的生产工艺，作为工艺流程设计的依据。

(1) 工艺选择的原则

在选择生产工艺时，应该着重考虑以下三项原则。

① 先进性。先进性是指在化工设计过程中技术上的先进程度。判断一种生产工艺是否可行，不仅要看它采用的技术先进与否，同时还要看它在建成投产后是否能够创造利润和能创造多大的利润。技术上非常先进而经济上无利润，或者经济上有利润但技术非常落后即将被淘汰，都是不可取的。

在选择工艺时，我们应当首先考虑转化率高和选择性好的工艺，同时注意转化率和选择性的平衡。高转化率和高选择性能将原料尽可能多地转化为目标产品，从而创造效益。高转化率和低选择性会导致产品分离困难，增加回收工艺的成本；高选择性和低转化率，则会导致需要大量循环，增加设备费用和操作费用。

其次，考虑能耗少、物料损耗少的工艺。能耗是操作费用中较为重要的一部分，降低能耗不仅能够降低操作费用，也符合国家所倡导的清洁生产、高效生产精神。

再次，考虑设备投资和操作费用少的工艺，设备投资直接关系到建厂时的固定资产投资费用，影响装置的经济性。

② 可靠性。可靠性主要是指所选择的生产方法和工艺流程是否成熟可靠。如果采用的技术不成熟，可能会导致装置不能正常运行，达不到预期技术指标，甚至无法投产，从而造成极大的浪费。因此对于尚处在试验阶段的新技术、新工艺、新方法，应该慎重对待，如果贸然采用过新的工艺进行设计，会导致大量设备、控制等方面的问题，甚至导致装置无法正常运行。

在选择工艺时，首先应当考虑有一定应用先例的技术，或是中试已经完成的工艺流程。其次，要考虑原料供给的可靠性，对于一个建设项目，必须保证在其服务期限内有足够的、稳定的原料来源。

③ 合理性。合理性是指在进行化工厂设计时，应该结合我国的国情，从实际情况出发，考虑各种问题，即宏观上的合理性。由于我国目前还是一个发展中国家，应该认真考虑国家资源的合理利用、建厂地区的发展规划、“三废”处理是否可行等，而不能单纯从技术、经济观点考虑问题。根据以往设计工作的经验，在工艺流程设计中，应该着重从以下几个方面进行考虑：a. 国内人民的消费水平及各种化工产品的消费趋势；b. 国内化工生产所用的化工原材料及设备制造所需各种材料的供应情况；c. 国内化工机械设备、电气仪表与自控设备的技术水平和制造能力；d. 国家（或建厂地区）环境保护、清洁生产的有关规定和化工生产中“三废”排放情况；e. 劳动就业与化工生产自动化水平的关系；f. 资金筹措和外汇储备情况。

在选择生产工艺时，必须综合考虑上述三项原则，即从“技术上先进可靠、经济上合理”的角度进行全局考虑。无论哪一种技术，在实际应用过程中都会存在一定的优缺点。我们应该采取全面分析对比的方法，深究建设项目的具体要求，选择的工艺不仅对现在有利，而且对将来也有利，同时应竭力发挥其有利一面，设法减少其不利的因素。

对于参加比赛的队伍而言，在进行全面分析对比时，要仔细领会设计任务书提出的各项原则和要求，对收集到的资料进行系统的加工整理，提炼出能够反映本质、突出主要优缺点的数据材料，作为比较的依据。经过全面分析、反复对比后选出优点较多、符合国情、切实可行的技术路线和工艺流程。

需要特别指出的是，除了遵从上述三个原则，还有一个需要注意的重要因素，即能否获得所选工艺关键化学反应的动力学方程，这是反应条件优化和反应器设计的前提。动力学方程的来源可以是期刊论文、专利、专著、互联网资料，也可以跟工艺开发人员或单位索取。

在无法获取动力学方程的时候，应尽快考虑更换工艺，否则会影响整个作品完成的进度，导致后期没有足够时间对作品进行提高和完善，影响比赛成绩。

（2）工艺选择的方法

工艺路线通常指生产方法，生产同一产品可采用不同的原材料、经过不同的生产方法得到，也说明同一产品，存在不同的工艺路线。同时，同一工艺路线，又存在不同的工艺流程。如 2011 年竞赛题目“为一煤化工企业设计一座 MTO/MTP 分厂”，甲醇制烯烃（methanol to olefins，MTO）和甲醇制丙烯（methanol to propylene，MTP）是指以煤或天然气合成的甲醇为原料，借助类似催化裂化装置的流化床反应装置，生产低碳烯烃的两种工艺路线（即生产方法）。其中的 MTO 工艺路线，国内外开发的具有代表性的有 UOP/Hydro、ExxonMobil 和 DMTO 工艺流程。

全国大学生化工设计竞赛的任务书通常给出一个开放式的设计题目。根据这个题目，我们应该如何开展工艺路线的选择呢？

① 选择产品，确定规模。

通过分析历年的竞赛题目（见 1.2.2 节），可以发现，有些年份的竞赛题目是明确原料但不规定产品，如 2016 年以丙烷为原料，2018 年以异丁烯为原料；有些年份是明确产品但不限定原料，如 2015 年制取乙二醇，2019 年制取醋酸乙烯酯；还有些年份是规定一个生产过程，如 2011 年的 MTO/MTP 设计，2017 年的烟气脱硫设计。

当获取竞赛题目后，首先分析题目对产品、原料和生产过程的要求，根据要求选择原料和产品，确定生产规模。

a. 如果规定了原料和产品，根据市场需求和国家产业政策即可确定生产规模。这类设计比较简单，近年来的化工设计竞赛的题目不再涉及。

b. 如果规定了产品，可首先从产品出发根据市场需求和国家产业政策确定生产规模，然后查询该产品的主要生产方法，选择符合要求的生产工艺，最后分析生产工艺确定合适的原料。

c. 如果规定了原料，这类设计难度最大，因为一种原料可能会有成千上万种产品，从中选择出目标产品无异于大海捞针。就产品的初步种类选择来说，不存在哪个产品比另一个产品更优的说法，只要保证产品有市场需求、较好的市场前景、非国家产业政策限制的产品都可以选，产品的规格根据下游客户的需求确定。以 2013 年为某一石化/煤化总厂设计一座丙烯制基本有机化工原料的合成分厂为例。首先了解丙烯能够制备哪些基本化工原料，查阅文献发现可以制备丙烯腈、异丙醇、丙酮和环氧丙烷等产品，下一步就是了解这些产品的市场行情如何，哪些是国际和国内市场亟需，换而言之也就是选择的产品一定是能够有收益的。通过一步一步筛选，确定最终的产品结构。生产规模通过国际、国内丙烯的精细化工利用率的差异及国际丙烯基本化工原料利用数据确定。

生产规模指一套装置或一个工厂在单位时间内生产的产品量，或指在单位时间内处理的原料量。生产规模的确定根据资源规划和市场规划以及国家的有关政策确定。单套装置规模对投资和产品成本影响较大，一般来说规模越大，单位产品成本越低。当规模达到一定程度后，投资回收期会加长，经济效益优势就不再明显。表 3.1 是 2017 年中国矿业大学（北京）Sweetening 5S 团队作品《辽宁新城热电 100MW 锅炉烟气镁法脱硫项目》的建设规模和产品方案比较。从表中可以看出，2 万吨/年规模的七水硫酸镁脱硫副产物的投资适中，规模适宜，符合市场需求，产品数量较为合理，同时技术成熟，工艺系统稳定。

表 3.1　项目建设规模和产品方案比较

建设规模	1.5 万吨/年	2 万吨/年	3 万吨/年
总投资/万元	8845	10232	15000
占地面积/m^2	12000	15600	20000
原料耗量	原料耗量小，但达不到脱硫标准	原料耗量恰好，达到脱硫标准	烟气量达不到相应要求
产品规格	低浓度硫酸镁溶液 0.5 万吨/年，七水硫酸镁 1.5 万吨/年	七水硫酸镁 2 万吨/年	七水硫酸镁 3 万吨/年
产品市场	低浓度硫酸镁市场需求不大	七水硫酸镁市场可完全消费	七水硫酸镁市场可完全消费
可行性	规模较小，投资较大，产品市场不乐观	规模正好，具有充足的可行性，投资较少	规模较大，单位投资过大

② 搜集资料，调查研究。

在化工设计竞赛过程中，文献的搜集整理是非常重要的环节。对于工程设计，收集到最新、最接地气的工程技术资料（工艺包、设备图、技术经济指导）是最有价值的。此外，硕士论文参考价值比较好，博士论文内容更全面深入，但是博士论文一般是研究催化剂、反应机理之类的基础理论，工程的应用比较少见。还有行业大咖的综述文章，行业研究报告等，也有参考价值。

需至少找到一篇与题目关联程度较大的硕士论文仔细进行阅读，对项目有一个比较整体的了解，特别是硕士论文在综述里会介绍一些项目背景、现状、传统工艺及优缺点。我们需要查阅出硕士论文中所列出传统工艺的所有原始期刊文献，深入了解每一个工艺，将所有工艺的优缺点进行归纳并列表。这个步骤非常重要，考查学生分析问题、归纳总结问题的能力。值得注意的是，硕士论文一般都会选择前沿的工艺，在阅读一些文献后，需要有自己的看法和判断，不要被文献带偏。

生产工艺方案可以从以下几个方面归纳总结：a. 几种工艺路线在国内外的采用情况及发展趋势；b. 产品的质量情况；c. 生产能力及产品规格；d. 原材料、能量消耗情况；e. 建设费用及产品成本；f. “三废”的产生及治理情况；g. 其他特殊情况。表 3.2 是 2019 年中国矿业大学（北京）Next 团队作品《金陵石化分厂年产 40 万吨醋酸乙烯项目》的工艺技术优缺点比较。

表 3.2　工艺技术优缺点比较

内容	电石乙炔法	天然气乙炔法	乙烯法
装置投资	较低	最高	较高
生产成本	较高	较高	较低
原料种类	电石、醋酸	天然气、醋酸	乙烯、醋酸、氧气
总转化率	较低	较高	较高
选择性	92%～96%（以乙炔计）	91%～95%（以乙炔计）	92%～95%（以乙烯计）
能耗	较高	一般	较低
先进性	较低	一般	较高
环保程度	不环保	较环保	环保
工艺流程	流程较长、工艺简单	流程较长、工艺复杂	工艺复杂，流程较短

③ 全面对比，筛选工艺。

选择工艺路线就是选择生产方法，特别是对于存在多种生产方法的必须进行分析比较，从中筛选出最适宜的方法，并以此作为工艺流程设计的依据。通过参阅国内外的资料进行工艺路线选择时，主要考虑以下几个因素。

a. 技术可行性。首先，需要考虑技术的成熟度，选择的工艺路线应该是实验室研究项目的工程化，可以获取相关的设计参数。如果选择最新的工艺路线，要注意技术资料收集的难度，有可能会面临工艺参数缺乏，最终无法完成设计的境况。

其次，需要考虑技术的先进性和可靠性的关系。一般较多考虑技术的先进性，如果先进性和可靠性二者不可兼得，则宁可选择可靠性大而先进性稍逊的工艺技术作为流程设计的基础，这样可以保证投资的安全可靠。

最后，需要考虑工艺流程的可操作性：工艺流程中各种设备的配置是否合理，物料的运行是否畅通无阻，各种工艺条件是否容易控制和实现等。在工艺技术路线方面，应尽可能选用条件温和的工艺技术路线，避免对设备的结构和材料提出过于苛刻的要求，同时也应避免对于厂房建筑提出特殊要求。

b. 经济合理性。要兼顾经济效益、社会效益和环境效益的统一。

c. 原材料的优化。通常用原料利用率作为衡量的指标。在评价流程时，要考察原料利用是否合理，副产物和废物是否采取了合理的加工利用措施。选择价廉易得的原料路线和低能耗的技术路线，而且希望操作条件温和，生产物料无毒、无腐蚀性和无爆炸性危险等，以降低原料消耗费用和能量消耗的费用。

d. 能量的充分、有效和合理利用。在满足工艺要求的前提下，最大限度降低过程能量的消耗。主要考察工艺过程中的各种能量是否在工艺系统自身中得到充分的利用，实现了按质用能，从而提高能量的有效利用程度，降低能耗。

e. 设备的优化。通常用设备的生产强度作为衡量的指标，要考察工艺是否通过提高过程速率、改善设备结构等来提高设备的生产强度，从而实现设备的优化。在设备的选型上，尽可能选用批量生产的定型标准设备以及结构简单和造价低廉的设备。

f. 劳动生产率的提高。劳动生产率的提高除了通过提高原料利用率、降低能耗、提高设备的生产强度来实现外，还与机械化、自动化以及生产经验、管理水平和市场供需情况等因素有关，因此要考察这些因素对劳动生产率的影响。

g. 工业生产的科学性。由于化工生产一般采用连续操作，因此在工艺分析和评价时，首先要根据生产方法确定主要的化工过程及设备，然后根据连续稳定生产的工艺要求，进一步考察配合主要化工过程所需要的辅助过程及设备。

h. 操作控制的安全性。选择工艺时，必须考察在一些设备及连接各设备的管路上所需要的各种阀门、检测装置及自控仪表等。当这些装置的位置、类型及规格完全确定后，才能使工艺流程处于可控制状态。为了维修及生产上的安全，还需要考虑并分析必要的设备。应重视破坏性风险分析，这种分析通常是通过事故模拟实验的考察来进行的。

i. 环境和生态。主要考虑生产中“三废”排放对环境造成的污染和危害，考察工艺中提出治理“三废”的措施。

另外，根据化工设计竞赛任务书的规定，不一定要选择复杂的工艺路线，适当的采取简单的工艺路线，但把作品做完整、做出特色，一样能出彩。如 2016 年设计要求以丙烷为原料生产化工产品，相当多的队伍先将丙烷转化为丙烯，然后再以丙烯为原料生产丙烯酸、丙烯腈、环氧丙烷等产品，工艺复杂，工作量很大。也有队伍将丙烷转化为丙烯后生产聚丙烯，工艺相对简单，但也进入到全国总决赛。选择复杂的工艺路线，能够体现出参赛队伍的实力，也容易有更多的亮点，但需要投入极大的精力，在时间有限的情况下，不一定能把作品做完整，或者作品完整了，但没有时间进一步去做出创新与特色。选择相对简单的工艺路线，由于工作量相对较小，则能有相对多的时间去完善、充实作品。如何选择，需要各参赛队结合自身的实力与精力进行考虑。

3.1.1.2　工艺的论证

在化工设计和规划开发中，无论是首次采用的化工工艺，还是在原有生产线上进行升级改造，开发者都必须针对所选、所设计的工艺方案进行论证。工艺方案的论证通常包括项目产品市场分析，工艺技术的先进性、稳定性、安全性，环境保护与劳动安全，经济效益分析，风险分析及防范策略等多方面、广层次的可行性论证。

全国大学生化工设计竞赛着眼于多方面培养大学生的创新思维和工程技能，按照每届大赛所下达的任务指导书，尽管大赛比拼的内容仅仅相当于实际化工厂建设的设计阶段，但参赛队伍必须尽可能地从实际角度出发，对所设计的工艺方案进行论证。参赛队伍应该从技术和经济两个方面进行工艺论证。

(1) 技术的可靠性、先进性和适用性

通过国内外现有工艺的对比，从技术层面和自身需求出发，筛选出满足任务设定的最佳工艺方案。筛选出最佳工艺方案后需要对技术的可靠性、先进性和适用性进行论证。

技术的可靠性就是指生产装置开车连续正常运转，生产出符合质量要求的合格产品，各项技术经济指标达到设计要求。技术可靠性的论证首先要考察是否选择了能够满足产品性能要求的生产方法；其次，要考察技术是否成熟，过程是否稳定；再次要考察流程中的关键性技术是否有突破，操作控制手段是否有效，对一些由于原料组成或反应特性潜在易燃、易爆、有毒、对设备有较强的腐蚀性等危险因素，是否采取了必要的安全措施；最后，要考虑各项技术经济指标是否达到设计要求。

技术先进性的论证主要考察工艺流程是否开发和使用切实可行的新技术、新工艺，是否吸收了国内外先进的生产方法、装置和专门技术，是否采用了先进设备。技术上先进常常表现为劳动生产率高、资源利用充分和消耗定额低。

技术的适用性论证首先要考察被评价的流程是否符合国情，使用和管理的先进工艺与设备是否充分考虑了当地的技术发展水平和人员素质，是否考虑了当地的经济发展规划和经济承受能力等；其次要考察其可能排放的“三废”情况及其治理措施。工艺技术方案需要具有环境友好性。工艺流程中应当尽量避免产生大量废水、废渣等，至少应当有对于废物妥善处理的工段，使得其不会对环境造成影响。这不仅是企业经济效益和社会责任的体现，也符合“建设生态文明”的精神。

以 2016 年中国石油大学（华东）火炬团队《中化集团泉州石化 27 万吨/年丙烯腈项目》为例。丙烷空气氧化法分为一步法和两步法两种工艺技术，这两种工艺技术都经过实际生产装置的检验，具有很高的可靠性。通过表 3.3 可以看出由丙烷一步法制丙烯腈流程较为简单，设备投资费用较低，能耗较低，但选择性和收率与两步法工艺相比较差。而丙烷两步法制丙烯腈工艺与一步法工艺相比多了丙烷脱氢反应与脱氢产物分离的过程，因此存在高能耗、经营成本高、流程烦杂等特点。目前丙烷一步法制丙烯腈工艺的催化剂还不成熟，缺乏实际工业应用数据，反应体系非常复杂，产生杂质（如二氧化碳、一氧化碳、丙烯醛等）较多，导致丙烯腈的选择性偏低，从而使后续分离成本变高。因此该团队经过论证选择先进性和可靠性均满足要求的丙烷两步法制丙烯腈工艺的先进性和可靠性。

表 3.3　丙烷制备丙烯腈工艺路线论证

内容	丙烷一步法工艺	丙烷两步法工艺
原料要求	丙烷纯度 97%以上	丙烷纯度 95%以上
现有技术	不成熟，处于研究阶段	相对成熟，两步工艺都有实际工业应用
可靠性	工业装置少，可靠性不足	可靠性较高
先进性	较高	较高
工艺流程	流程相对简单	工艺复杂，流程长
装置投资	较低	较高
装置能耗	较低	较高
收率	60%左右	70%左右
选择性	70%左右	80%左右
催化剂	Mo-Bi 系、Mo-V 系	Pt-Sn-Ce 系、Mo-Bi 系

（2）经济的合理性

需要对每一种工艺路线的原料成本、总投资、总成本进行经济分析，得出所选择的工艺路线具有最显著的经济优势的结论，从而论证经济的合理性。

以 2016 年中国石油大学（华东）火炬团队《中化集团泉州石化 27 万吨/年丙烯腈项目》为例，丙烯腈的工艺路线有丙烯氨氧化法、丙烷氧气氧化法、丙烷空气氧化法三种，经过经济分析，论证了采用丙烷法的空气氧化法的经济合理性（表 3.4）。

表 3.4　制备丙烯腈工艺路线经济分析

	丙烯氨氧化法	丙烷法	
		氧气氧化法	空气氧化法
基础专利	BP+Asahi	BP	Mitsubishi
物料	丙烯	丙烷	丙烷
氧化剂	空气	氧气	空气
供给原料成本/(美分/kg)	43.54	18.1	18.1
总投资/(10^6 美元)	334.5	381.5	396.3
原材料成本/(美元/kg)	0.5888	0.5954	0.7298
副产品消耗/(美元/kg)	(0.0412)	(0.0780)	(0.0705)
包装费/(美元/kg)	0.0308	0.0231	0.0315
可变成本/(美元/kg)	0.5785	0.4700	0.4442
固定价/(美元/kg)	0.0769	0.0871	0.0875
现价/(美元/kg)	0.6554	0.5571	0.5002
贬值/(美元/kg)	0.1230	0.1402	0.1457
10%回收/(美元/kg)	0.1228	0.1399	0.1455
总成本/(美元/kg)	0.9012	0.8373	0.7914

3.1.2 工艺流程的设计

在确定工艺方案的基础上，工艺流程设计是使操作过程和选用设备型式具体化的过程，并以图解的形式表达生产过程中物料的流动次序和生产操作顺序。为后续的工艺模拟打下坚实的基础。

工艺流程设计应解决的问题有：①确定整个流程的组成；②确定每个过程或工序的组成；③确定操作条件；④控制方案的确定；⑤合理利用原料及能量；⑥制订“三废”的治理方法；⑦制订安全生产措施。

工艺流程设计的方法一般以反应过程为核心，根据方案比较结果做决定，一般工艺流程由四个重要部分组成，即原料预处理、反应过程、产物的后处理（分离纯化）和“三废”处理，见图3.1。

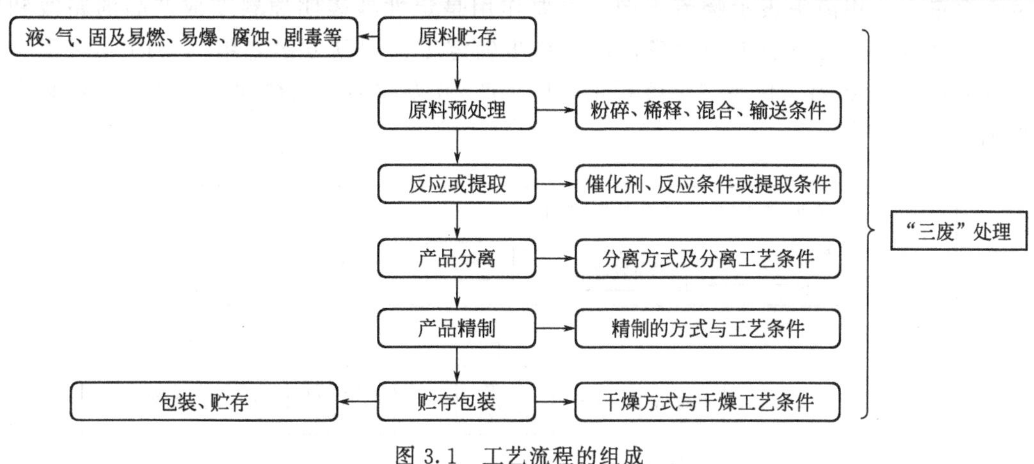

图3.1 工艺流程的组成

3.1.2.1 工艺流程设计的步骤

① 首先确定主反应过程。每一个生产工艺的反应都是独特的，化工设计遵循“洋葱模型”，所有的部分都是反应部分的附属品，所以充分了解主反应就成功了一半。反应方面需要找到反应温度、反应压力、进料比例和催化剂。反应数据是一个设计的基石，前期的文献调研工作尤为重要，搜集完整的反应数据是工艺设计顺利进行的必要条件，如果没有翔实的数据就开始模拟，模拟到一半发现这个工艺流程不好，就要花费更多的时间和精力重新设计。催化剂最好能找到温度、压力对转化率、选择性的影响数据，有动力学方程最好，但是一般比较困难，因为催化剂相关数据（转化率、选择性、动力学数据）基本只能找到实验室阶段的，已经工业化的属于商业机密，不可能轻易获取，除非一些研究非常成熟的过程，比如说合成氨，脱硫脱硝等。

② 根据反应要求，决定原料贮存方式、原料准备过程和投料方式流程。

③ 根据产品质量要求和反应过程实际，确定产物分离、精制的过程。

④ 产品的计量、包装或后处理工艺过程。

⑤ 副产物处理的工艺过程。

⑥“三废”排出物的综合治理流程。

⑦ 确定动力使用和公用工程的配套。

3.1.2.2 工艺流程图

工艺流程设计最终以流程图的形式表述，流程图分为方框流程图（block flowsheet）、工艺流程简图（simplified flowsheet）、工艺物料流程图（process flowsheet）、带控制点工艺流程图（process and control flowsheet ）和管道仪表流程图（piping and instrument diagram）。本节将介绍方框流程图和工艺流程简图，其他流程图将在 3.4 节详细介绍。

（1）方框流程图（block flowsheet）

方框流程图是根据选定的工艺路线，对工艺流程进行概念性设计时完成的流程图，不编入设计文件，多用于项目建议书、可行性研究报告等。方框流程图表示装置的主要操作单元和物流方向，它将一个化学或物理加工过程的轮廓表达出来，一般用方框、文字表示一个单元，用箭头表示物流方向。主要作用是定性地表明原料变成产品的路线和顺序，以及反应的过程及选用的设备，以供初步确定工艺原则方案之用。2019 年中国矿业大学（北京）Next 团队作品《金陵石化分厂年产 40 万吨醋酸乙烯项目》的工艺流程方框图见图 3.2。

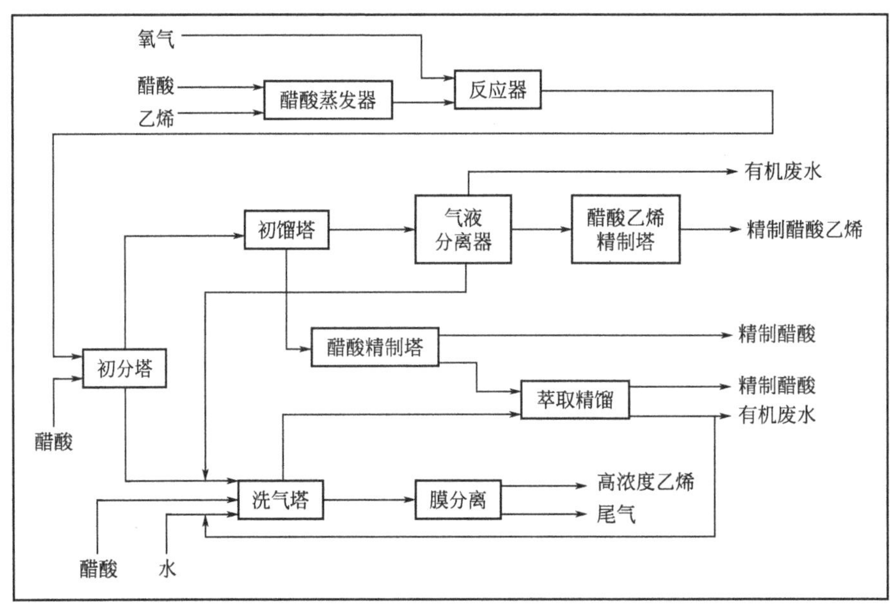

图 3.2　乙烯 Bayer 法制醋酸乙烯工艺流程方框图

（2）工艺流程简图（simplified flowsheet）

工艺流程简图是设计初始阶段用来表达整个工厂或车间生产流程的图样，不编入设计文件。定性标出由原料转化成产品的变化、流向以及所采用的各种化工单元及设备，供设计开始时工艺方案的讨论。

工艺流程简图一般由物料流程、图例、必要的文字说明三部分组成。参见图 3.3，2011 年中国矿业大学（北京）Green Dream 团队的《淮化集团年产 60 万吨甲醇转烯烃项目》工艺流程简图。

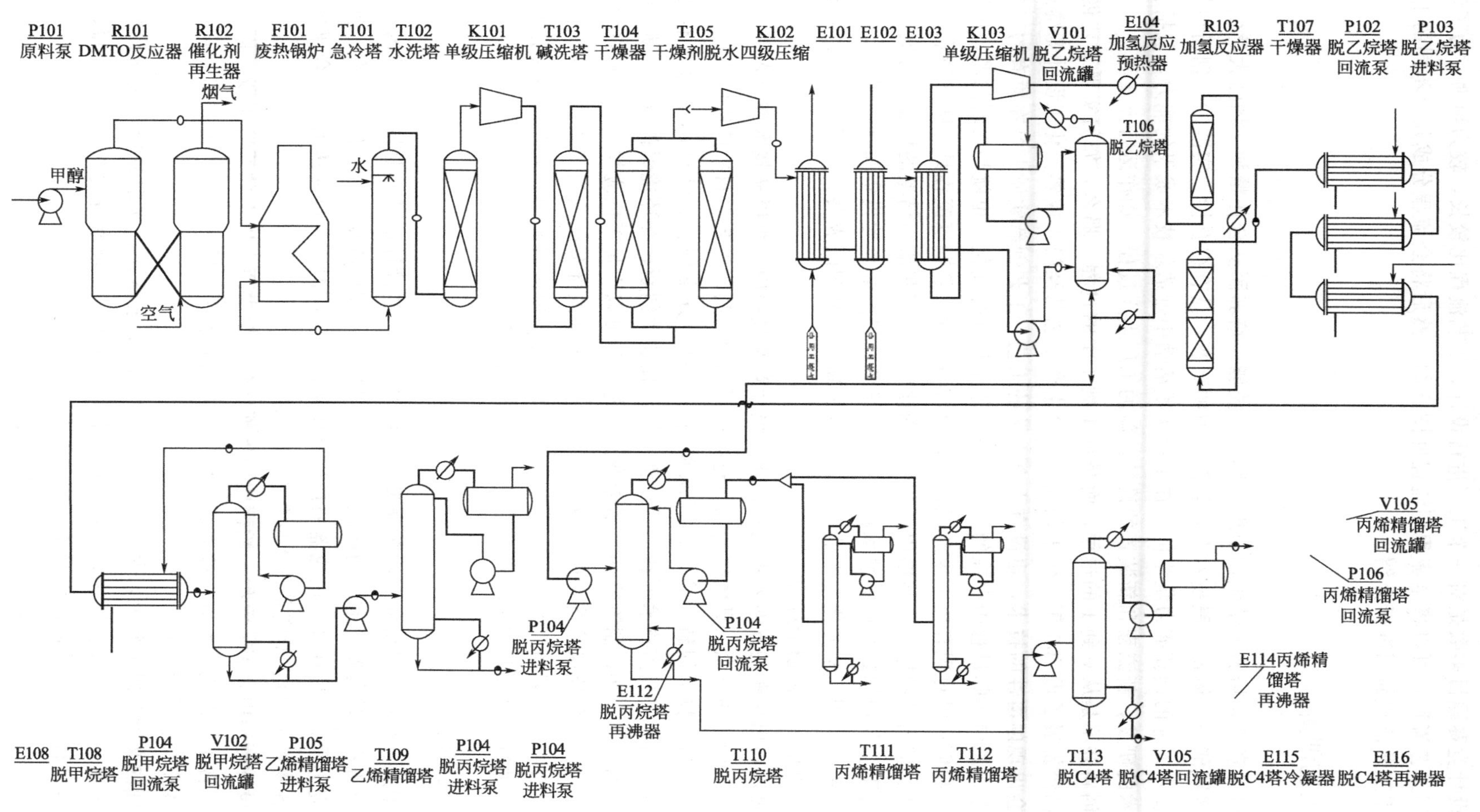
P101 原料泵
R101 DMTO反应器
R102 催化剂再生器
F101 废热锅炉
T101 急冷塔
T102 水洗塔
K101 单级压缩机
T103 碱洗塔
T104 干燥器
T105 干燥剂脱水
K102 四级压缩
E101
E102
E103
K103 单级压缩机
V101 脱乙烷塔回流罐
E104 加氢反应预热器
R103 加氢反应器
T107 干燥器
P102 脱乙烷塔回流泵
P103 脱乙烷塔进料泵
烟气
甲醇
水
空气
T106 脱乙烷塔
V105 丙烯精馏塔回流罐
P106 丙烯精馏塔回流泵
P104 脱丙烷塔进料泵
P104 脱丙烷塔回流泵
E112 脱丙烷塔再沸器
E114丙烯精馏塔再沸器
E108
T108 脱甲烷塔
P104 脱甲烷塔回流泵
V102 脱甲烷塔回流罐
P105 乙烯精馏塔进料泵
T109 乙烯精馏塔
P104 脱丙烷塔进料泵
P104 脱丙烷塔进料泵
T110 脱丙烷塔
T111 丙烯精馏塔
T112 丙烯精馏塔
T113 脱C4塔
V105 脱C4塔回流罐
E115 脱C4塔冷凝器
E116 脱C4塔再沸器

图 3.3 《淮化集团年产 60 万吨甲醇转烯烃项目》工艺流程简图

化工设计竞赛题目多数是对一个工厂进行设计，工艺流程比较长，较为烦琐，为了清晰准确地介绍工艺流程，可以将全流程用流程框图介绍，然后将全流程分成几个不同的工段，每个工段用工艺流程简图进行介绍。

3.1.3 工艺创新

化工设计竞赛是培养大学生创新思维和工程技能、培养团队合作精神、增强大学生的工程设计与实践能力、体现工程技术人才创新能力的竞赛，具有综合性、实践性、创新性等特点。工程技术人才的创新能力集中体现在工程实践活动中创造新技术成果的能力，包括新产品和新技术的研发，新流程和新装置的设计，新的工厂生产过程，操作运行方案等。

工艺创新并不是从 0 到 1 的过程，而是从 1 到 1.1 的过程。那么，如何实现工艺创新？化工行业已经发展了近 200 年，化工领域大部分生产工艺已经趋于成熟。化工设计竞赛过程中通常不会出现颠覆性的技术，也没有十全十美的工艺。工艺创新实质上是在原有的工艺流程的基础上，总结实际过程中存在的问题，对工艺流程进行优化，也就是发现问题，解决问题的过程。我们可以对现有化工生产流程进行分析与评价，掌握该流程具有哪些特点，存在哪些不合理、应改进的地方，与国内外相似流程比较，有哪些值得借鉴的措施和方案，研究在一定条件下，如何用最合适的技术路线和生产设备，以及最少的投资和操作费用，合成最佳的工艺流程。利用所学的化工专业知识，结合最新的文献调研成果，对局部工艺进行合理的完善和改进就是工艺创新过程。

工艺创新可以从哪些方面入手呢？在化工设计竞赛过程中，可以从技术创新入手，生产技术创新是一个总的概念，具体体现在所选择的工艺相对其他工艺对目标产物的生产和处理上所存在的优势。技术创新包含：①资源利用（原料）方案创新；②产品结构方案创新；③反应技术创新；④分离技术创新；⑤过程节能降耗技术创新；⑥环境保护技术创新；⑦新型过程设备的应用；⑧控制策略和方案创新。工艺创新可以立足于反应技术、分离技术、过程节能降耗技术和环境保护技术的应用，将这些技术创新的部分融入到工艺流程设计中，从而设计出具有特色的创新工艺流程。创新在设计时一定不要生搬硬套，要在理解现有工艺方案的基础上进行升级，要有理有据，不能为了创新而创新。

3.1.3.1 反应技术

从史密斯、林霍夫提供的“洋葱模型”可以看出，工艺设计的核心是反应系统的设计和开发。反应流程设计需要考虑的问题较多，且比较复杂，如反应动力学、反应收率、催化剂特性、反应历程、反应途径、反应器的最优操作条件（反应温度、反应压力、混合要求、换热要求、各物料配比）、给定条件下的生产成本等。

化工设计竞赛中，工艺流程一般都比较烦琐，包含至少两个以上的反应工段，而每个反应工段都包含不同的化学反应，如何进行反应工艺创新？下面将从三个方面提出方案。

（1）优化组合反应工艺

在详细的文献调研基础上，掌握文献中各种反应工艺路线，详细分析每条路线的优缺点，对每个单一的化工过程寻优，运用有关的化学工程理论进行优化分析，取长补短，对反应工艺路线进行整合，从而确定最优的工艺组合。

以 2014 年四川大学的稳新团队《中石化海南炼化分厂年产 55 万吨 PX 项目》作品

为例。

为了打破二甲苯热力学平衡，提高对二甲苯的选择性，目前工业上多采用“甲苯择形歧化”工艺。为解决“C_9 矛盾”，将 C_9 转化为具有更高价值的二甲苯和苯，工业上采用“甲苯择形歧化”与“C_6-C_9 芳烃烷基化”组合工艺。如图 3.4 所示。

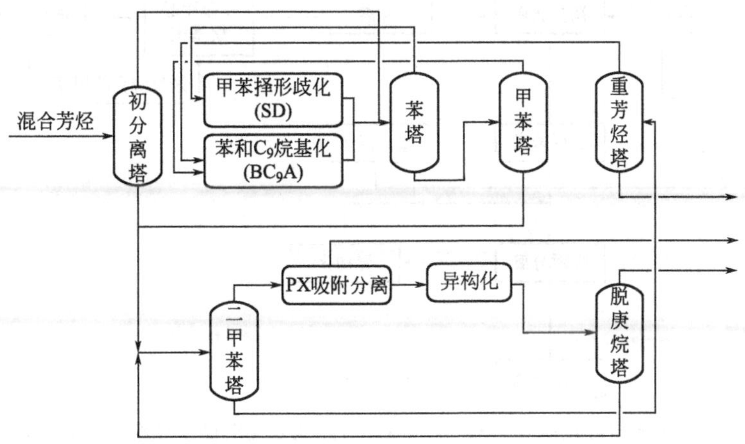

图 3.4　“甲苯择形歧化”与“C_6-C_9 芳烃烷基化”组合工艺流程简图

提出问题：由于“甲苯择形歧化”工艺只能处理纯甲苯，对原料组成限定很高，即对上游工艺过程的分离要求高。“甲苯择形歧化”能产生高 PX 选择性的二甲苯和苯，但该反应消耗甲苯量多，并产生大量的苯，而苯是整个芳烃装置中毒性最大的物质，应尽量减少苯的生成。

解决问题（创新点）：为实现当今化工“绿色、环保、安全”的新型理念，不宜选择“甲苯择形歧化”工艺。项目利用绿色环保的“甲苯甲醇烷基化”工艺代替传统的“甲苯择形歧化”工艺。甲苯甲醇烷基化是近年来兴起的一项极具竞争力的对二甲苯（PX）生产技术。该工艺最具吸引力的特点是 PX 收率比传统的“甲苯择形歧化”工艺高一倍。且具有许多优点：每生产 1 吨 PX 产品，所需的甲苯可由“甲苯择形歧化”工艺的 2.8 吨下降到 1.1 吨，同时原料甲醇价格比较便宜。本项目对芳烃组合工艺加以改进，形成“甲苯甲醇烷基化”和“C_6+C_9 芳烃烷基化”的新型组合工艺，如图 3.5 所示。

(2) 改进反应新工艺

在搜集完整数据的基础上，挑战对最新工艺进行改进设计。化工设计竞赛鼓励学生进行创新，虽然学生设计的工艺与实际生产有着较大的差距，但是能够开拓学生的思维，激发学生探索新的化工领域。

下面以 2012 年中国矿业大学（北京）Crazy Coal 团队的《DMTO 工艺 C_4 馏分年产 9 万吨 2-丙基庚醇项目》为例，介绍反应工艺创新中对现有专利工艺的改进。

较为成熟的 2-丙基庚醇生产工艺主要有两种：一种是 BASF 公司的两段羰基化工艺，目前这种生产工艺没有公开；另一种是 DOW/Davy 联合公司的低压羰基合成技术，这种技术将混合丁烯一步羰基化得到的戊醛进行缩合加氢得到 2-丙基庚醇，由于这种工艺生成的戊醛正异比不高（约为 25∶1），使得最终得到的 2-丙基庚醇产品纯度不高。通过专利查询，发现中国石油化工股份有限公司北京化工研究院郭浩然等提出了一种两段羰基化技术制备 2-丙基庚醇的新工艺，见图 3.6。根据专利介绍得知其戊醛产物的正异比较高，可达到 50∶1，

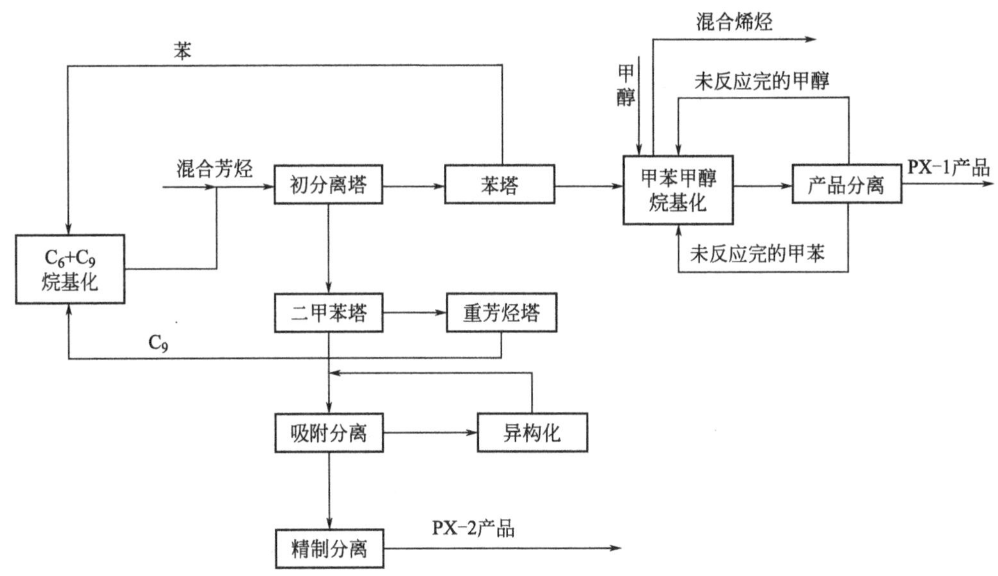

图 3.5 “甲苯甲醇烷基化”和“C_6+C_9 芳烃烷基化”的新型组合工艺流程简图

并且两段羰基化反应使用同种催化剂，只需通过温度控制就可改变反应选择性，实现正丁烯和 2-丁烯的分别羰基化。

在专利的基础上，团队增加了异戊醛作为副产品，并且利用固有设计条件（变压吸附车间）设置水蒸气转化反应，利用丁烯以外的其余碳四组分及生产过程中的废弃有机物在高温下和水蒸气反应转化为羰基化反应的合成气原料，见图 3.7。这不仅较大程度地利用了碳四组分，也“变废为宝”，实现了生产过程的绿色化。

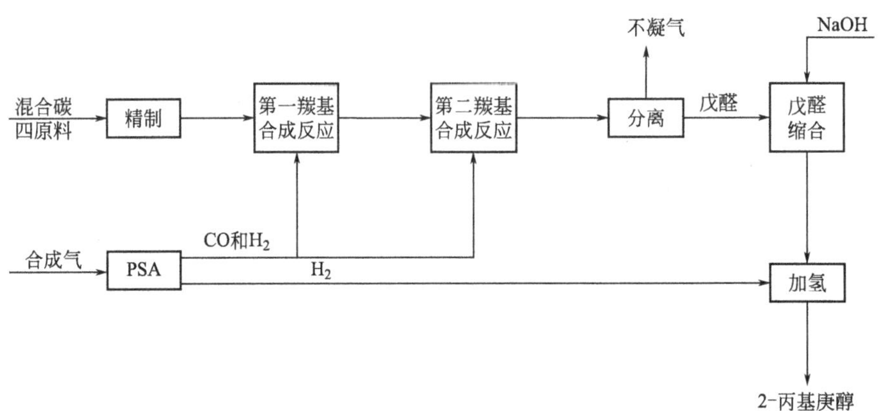

图 3.6 中石化 2-丙基庚醇工艺流程框图

（3）反应工艺的耦合

参考同系列产品的反应工艺路线，从同系列产品的反应工艺路线中得到借鉴，实现对工艺路线的创新。

以 2016 年中国石油大学（华东）火炬团队《中化集团泉州石化 27 万吨/年丙烯腈项目》为例。工艺流程采用 Oleflex 工艺与 Star 工艺的耦合工艺。

提出问题： 丙烷脱氢工段采用 Oleflex 工艺，此工艺加入 H_2 作为结焦抑制剂，但 H_2

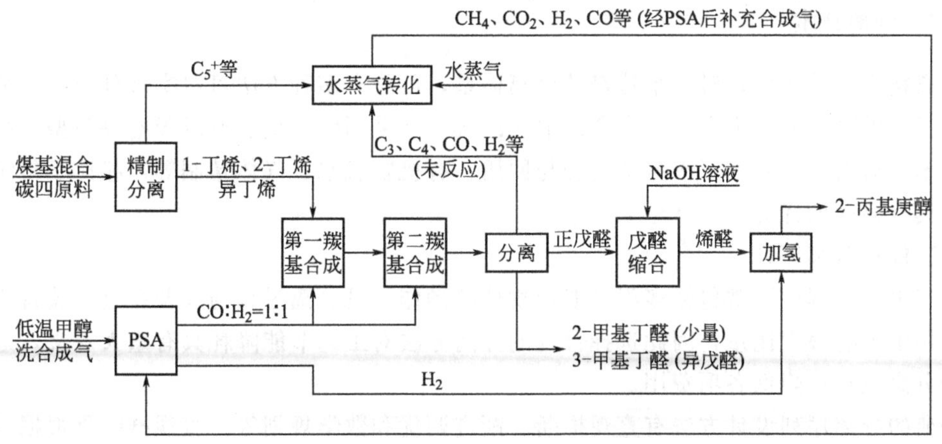

图 3.7　改进后的 2-丙基庚醇工艺流程框图

是反应产物，该反应受热力学限制，出现平衡转化率低的问题。

解决问题（创新点）：参考 Star 工艺采用水蒸气作结焦抑制剂，能有效抑制高温反应过程中催化剂的积碳，并能及时将积碳氧化为 CO_2 带出体系。另外水蒸气还能作为载热体，减少反应器的温降，维持反应器中温度的均匀分布，避免了 H_2 对降低反应产率的不利影响。

新的问题：水蒸气的加入量对催化剂性能有什么影响？

解决问题（创新点）：通过对脱氢反应器做灵敏度分析（图 3.8 和图 3.9）发现，随着水蒸气进料量的增加，丙烯收率提高，且反应器的温降也降低，有利于反应的平稳进行。但水蒸气量太大会导致反应器尺寸过大，且公用工程消耗量增加，优化水烃比，当水烃比为 3 时，其转化率和产率达到较高值，故采用水烃比为 3。

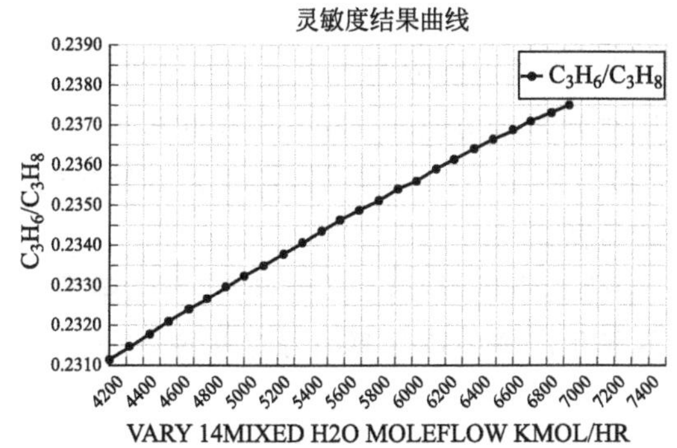

图 3.8　丙烯收率与水蒸气进料量灵敏度分析

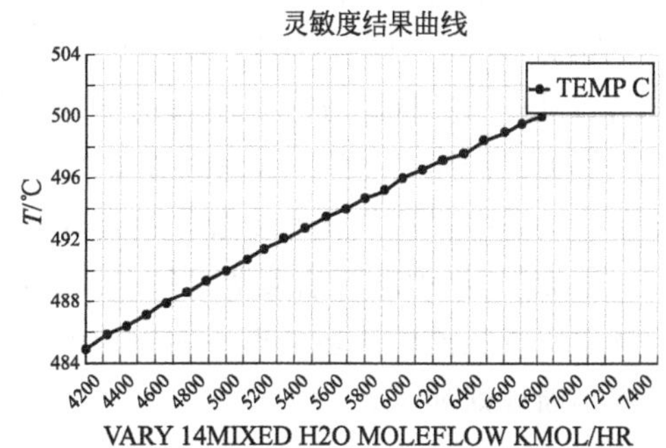

图 3.9　反应器出口温度与水蒸气进料量灵敏度分析

新的问题：如何保证催化剂的稳定性？

解决问题（创新点）：催化剂载体中加入 Ce 元素，通过 Ce 元素在其中对 Pt 和 Sn 的分散度以及接触方式的改变，从而增加催化剂的稳定度。Ce 可以通过与活性中心的强相互作用提高铂粒子在水蒸气气氛下的抗烧结能力。CeO 中的活泼 O 与活泼 H 反应产生 OH 基团，OH 基团参与了 C_3H_8 中 β-H 的消除反应，提高了 C_3H_8 的脱氢速率。

3.1.3.2 分离技术

分离技术多种多样，对一个特定的分离体系，可能有多种方法可以实现分离。对分离方法的选择，以高效分离为主，结合考虑节能减排。如采用膜分离、变压吸附等新型、高效的分离技术，对有些体系如污水深度处理与回用、有机物脱水、气体精制等，相比于传统分离工艺，具有显著的优势。

(1) 优化分离序列

化工生产过程中通常包括多组分混合物分离操作，且分离过程与设备在整个装置投资和设备费用中占有很大比重，因此选择合理的分离方法对工艺节能降耗具有重大意义，通过合理安排分离流程以降低各项费用。

经典的分离序列设计方法有直观推断、渐进调优和数学规划等。直观推断是根据经验规则进行系统综合的方法。这些规则虽然没有坚实的数学基础，但大多含有一定的理论依据。直观推断规则对问题空间进行约束划分，能显著缩小搜索范围，具有简洁高效的特点。

直观推断规则如下。

① M1 规则。在所有分离方法中，优先使用能量分离剂分离方法（如精馏），避免使用质量分离剂分离方法（如萃取）。当关键组分间的相对挥发度小于 1.05～1.10 时，采用质量分离剂分离方法。

② M2 规则。精馏分离过程尽量避免真空和制冷操作。如需采用真空操作，则可考虑采用萃取方案代替。如需采用制冷操作，则可考虑采用吸收方案代替。由于真空和制冷操作能耗较大，有时在较高温度和压力下操作也会更便宜。

③ D1 规则。当产品元素集中包括多个多元产品时，倾向于选择得到最少产品种类的分离序列，相同的产品不要在几处分出。

④ S1 规则。首先安排除去腐蚀性组分和有毒有害组分，从而避免对后续设备的苛刻要求，提高安全操作保证，减少环境污染。

⑤ S2 规则。最后处理分离要求高的组分，特别是当关键组分间的相对挥发度接近 1 时，应当在没有非关键组分存在的情况下进行分离，这时分离净功耗可以保持在较低水平。

⑥ C1 规则。进料中含量最多的组分应该首先被分离出去，这样可以避免含量最多的组分在后续塔中多次气化和冷凝，从而降低后续塔的负荷。

以 2016 年中国石油大学（华东）火炬团队《中化集团泉州石化 27 万吨/年丙烯腈项目》为例说明直观推断法在分离序列设计中的应用。氨氧化产物中待分离组分有 9 种（表 3.5），直观推断规则如下。

表 3.5 待分离产物组成

组分	流率/(mol/h)	标准沸点/℃	相邻组分沸点差/℃	CES
氮气(A)	5726.96	−195.8	—	—
一氧化碳(B)	54.58	−191.5	4.3	2.41
氧气(C)	126.73	−183.0	8.5	4.44
二氧化碳(D)	89.22	−78.5	104.5	52.19
丙烷(E)	16.39	−42.1	36.4	17.98
氢氰酸(F)	133.70	25.0	67.1	30.97
丙烯腈(G)	645.49	77.3	52.3	16.89

续表

组分	流率/(mol/h)	标准沸点/℃	相邻组分沸点差/℃	CES
乙腈(H)	63.51	81.5	4.2	1.31
水(I)	2136.06	100.0	18.5	5.75

常采用分离易度系数（CES）作为分离费用的评价指标：

$$CES = f \times \Delta \tag{3-1}$$

式中，f 为塔顶与塔底产品的摩尔流量比；Δ 为相邻组分间沸点差的绝对值。

$$f = \begin{cases} D/W & D \leqslant W \\ W/D & D > W \end{cases} \tag{3-2}$$

式中，D 表示塔顶出料摩尔流量；W 表示塔底出料摩尔流量。

$$\Delta = |\Delta T_b| \text{ 或 } \Delta = (\alpha - 1) \times 100\% \tag{3-3}$$

α 分离易度系数越大，表明轻重关键组分越易被分离；对于特定的分离序列，其中独立分离单元分离易度系数总和越大，该分离序列就更优。

以一氧化碳为例计算分离易度系数：

$$CES = \frac{126.73 + 89.22 + 16.39 + 133.7 + 645.49 + 63.51 + 2136.06 + 54.58}{5726.96} \times 4.3 = 2.45 \tag{3-4}$$

式中，分母表示塔顶产品的摩尔流量 D，分子表示塔底产品的摩尔流量 W，4.3 表示相邻组分的沸点差。

由 CES 数据分析可知，水、乙腈、丙烯腈以及低沸点气体较难分离。接下来运用有序直观推断法则进行分离序列设计。

① 丙烯腈、乙腈沸点差只有 4.2℃，分离易度系数较低，属于难分离物系。根据 M1 规则，应采取萃取精馏的方法进行分离，水可作萃取剂。

② 氮气、一氧化碳、氧气、二氧化碳、丙烷沸点均低于 0℃，如果采用普通精馏方法，需要制冷操作。根据 M2 规则，采用吸收的方法代替。因此本项目设计水洗塔，通过加压吸收，从而避免低温操作。

③ 根据 D1 规则，氮气、一氧化碳、氧气、二氧化碳、丙烷不用分开。

④ 氢氰酸具有腐蚀性，且在体系中毒性最大，根据 S1 规则，应先进行分离。且根据 S2 规则，最难分离的水、乙腈、丙烯腈组分最后处理，也应先分离氢氰酸。最终的分离序列如图 3.10 所示。

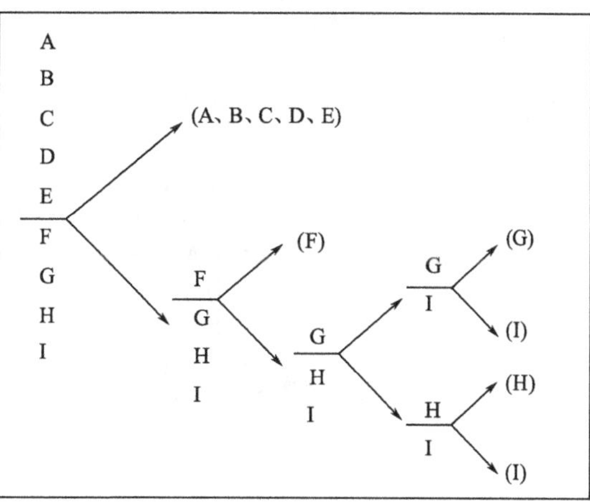

图 3.10　丙烯氨氧化产物分离序列

(2) Aspen Plus 模拟筛选最优精馏流程

在确定精馏工艺流程的过程中，有时达到目的的方法有多种，可以提出多种方案，在大量查阅文献的基础上通过 Aspen Plus 模拟操作，将不同方案的物耗和能耗对比，得出最优的分离操作方案。现以 2015 年中国矿业大学（北京）疯狂一夏团队《扬子石化年产30万吨乙二醇联产碳酸二甲酯项目》为例进行说明。

提出问题：环氧乙烷通过以下三种方案都能得到浓度为99.1%的产品，哪种方案最佳？方案一：环氧乙烷吸收液经脱轻组分塔、脱重组分塔后得到高浓度环氧乙烷；方案二：环氧乙烷吸收液经解吸、再吸收、精馏后得到高浓度环氧乙烷；方案三：环氧乙烷吸收液只经精馏后从侧线得到高浓度环氧乙烷。见图3.11～图3.13。

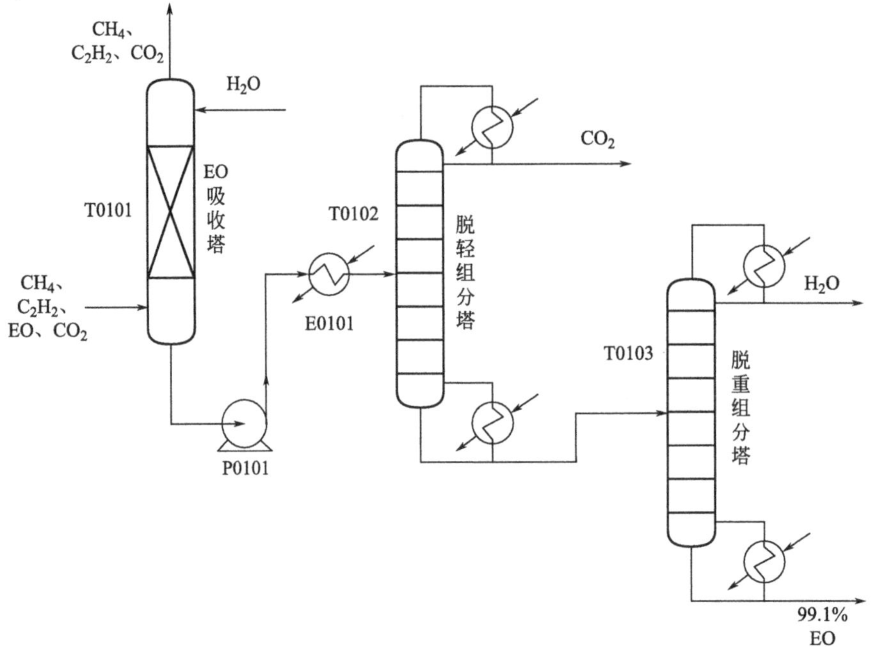

图3.11　方案一

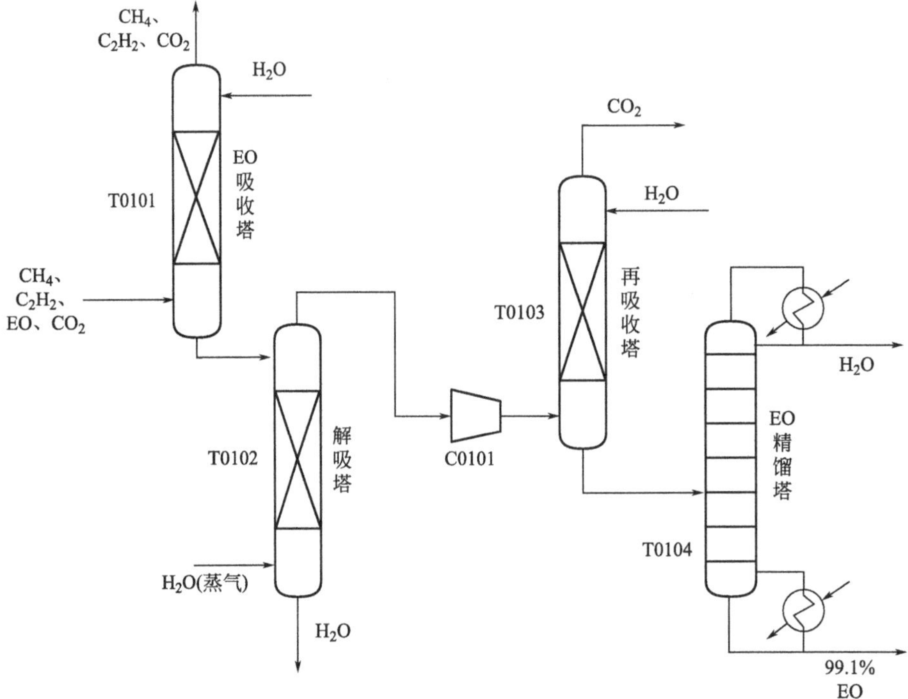

图3.12　方案二

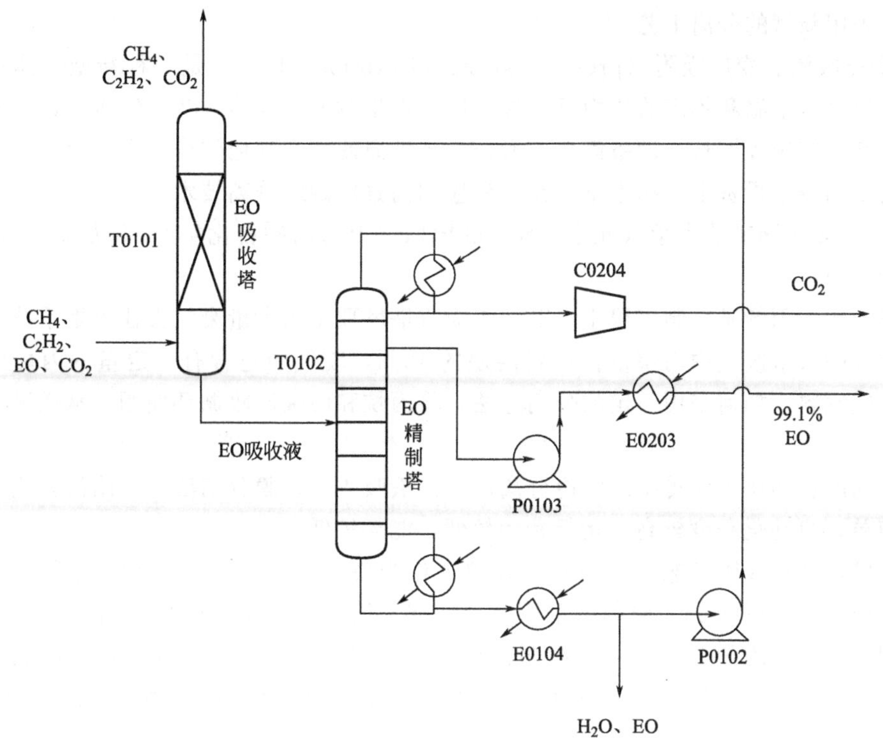

图 3.13　方案三

解决问题（创新点）： 采用 Aspen Plus 模拟三个不同方案的工艺流程，根据模拟计算的物耗和能耗结果，分析对比筛选出最佳方案。

表 3.6　三种方案物耗和能耗综合对比

项目	方案一	方案二	方案三
塔数量/个	3	4	1
中间泵数量/个	1	1	0
中间压缩机数量/个	0	1	0
水用量/(t/h)	438.2	603.6	438.2
解吸蒸汽用量/h	0	18	0
能耗/kW	27687	45352	27230
相对能耗	1.10	1.67	1.00
能耗节省	59.83%	0%	66.56%

三种方案经 Aspen Plus 模拟都能达到环氧乙烷浓度 99.1%以上。从表 3.6 可以看出，方案一和方案二设备的建设费用较高；方案二解吸塔与再吸收塔间还需加压缩机（防腐蚀、防泄漏），操作费用也最高；方案三将两塔减为一塔，从物耗角度看，塔数量明显小于其他方案，并且用水量较小，没有中间动力设备。从三种方案的能耗看，方案三的能耗最低，因此侧线采出方案除了能够从侧线上得到纯度较高的目标产品外，同时还能节省设备投资费用与能耗费用，项目收益较多塔串联大。

(3) 采用新型的分离工艺

① 变压吸附。变压吸附（pressure swing adsorption，PSA）是一种新型气体吸附分离技术，一般可在室温和不高的压力下工作，床层再生时不用加热，节能经济。该技术安全性高，吸附剂的使用周期长，设备简单，操作、维护简便，与其他的净化方法相比，变压吸附工艺在初始的设备投资上不相上下，是一种应用前景广阔的分离技术。

以 2016 年中国矿业大学（北京）Signal 团队《上海高桥石化年产 15 万吨丙烯腈项目》为例进行说明。

提出问题：丙烯腈精制工段中，T0301 吸收塔塔顶排出大量废气去往火炬系统进行焚烧处理。排放的大量废气中丙烷量占原料丙烷的 10%，废气中还含有一定量的丙烯可作为丙烯腈的反应原料。如何采用一定的分离方法，将丙烷和丙烯回收循环使用，从而避免原料的浪费呢？

解决问题：相比于较传统的深冷分离法、溶液吸收法、膜分离法、吸附法，变压吸附工艺流程简单，自动化程度较高，运行费用较低，能耗较低。

为了验证变压吸附工艺的可行性，以单塔作为模型，采用 Aspen 软件中的 Adsorption 模块进行模拟，见图 3.14。吸附床采用复合床层，第一层选用了四川省达科特公司开发的脱碳专用活性炭吸附剂 DKT-511，吸附混合气中的二氧化碳气体和水；第二层选用葡萄牙波尔图大学的 Simone Cavenati 教授研究改进的 3K 碳分子筛吸附剂，吸附混合气中的氮气、氧气和一氧化碳气体。

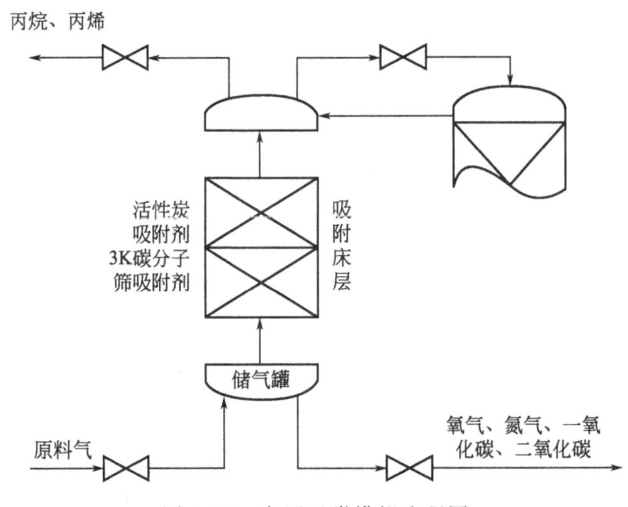

图 3.14　变压吸附模拟流程图

从图 3.15 可以看出随着吸附床层高度的增加，二氧化碳气体、氧气、水在活性炭吸附层中逐渐被吸附，而丙烷、丙烯、氮气和一氧化碳气体难被吸附，浓度随床层底部沿着塔轴向上逐渐增大。从图 3.16 中看出，随着吸附层高度的增加，氮气和一氧化碳气体在分子筛层中逐渐被吸附，丙烷、丙烯气体随着时间、床层高度的增加，浓度不断增加。因此变压吸附工艺分离出了丙烷和丙烯气体。

② 膜分离。膜分离技术是一种高效、实用、经济的新型分离技术，已成为解决当代能源、资源和环境污染问题的重要新技术之一。

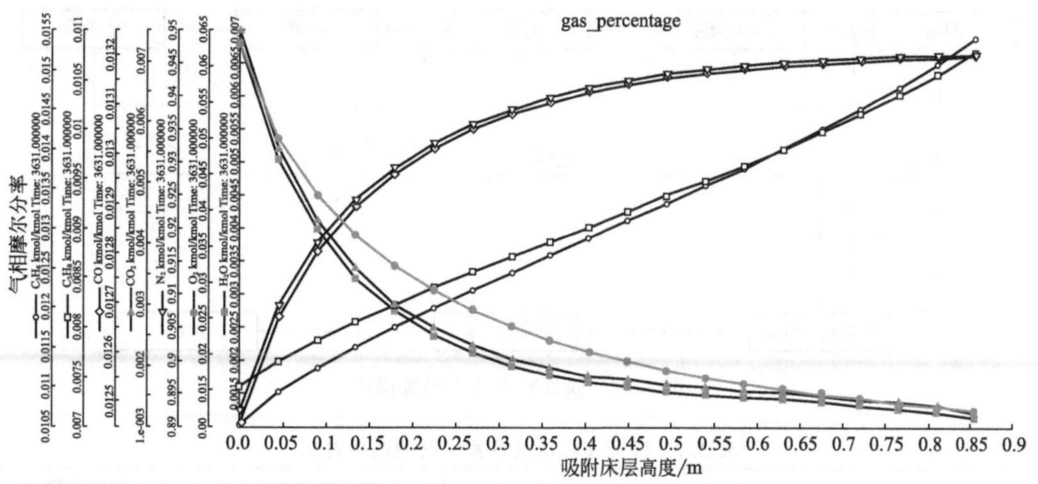

图 3.15　吸附床下层中 7 种气体浓度随吸附床层高度变化曲线

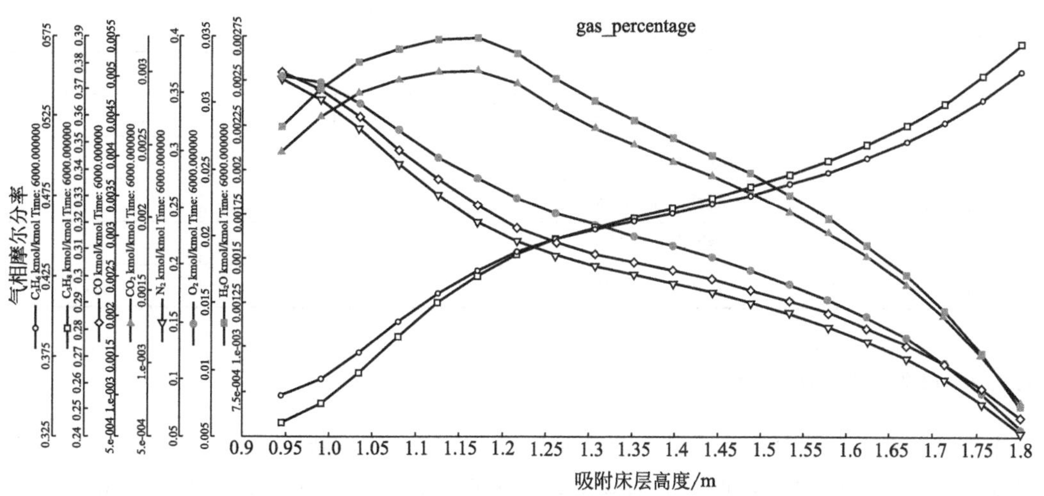

图 3.16　吸附床上层中 7 种气体浓度随吸附床层高度变化曲线

以 2016 年中国矿业大学（北京）Signal 团队《上海高桥石化年产 15 万吨丙烯腈项目》为例进行说明。

提出问题：丙烯腈生产过程产生大量工业废水，其具有水量大、组成复杂、污染严重、难以处理等问题。目前处理工业废水的方法有：焚烧法、蒸发精馏法、复合处理法（焚烧法+生化法等）。但这些在实际应用过程中产生大量问题，如能耗高、设备投资大、二次污染、操作费用大等。

解决问题：采用膜分离方法，使用超滤-纳滤-反渗透工艺。整个工艺分为四个部分：第一部分是高效过滤去除杂质与悬浮物；第二部分是超滤，进一步去除悬浮物和杂质，降低浊度与色度；第三部分是纳滤，去除废水中较大分子或低聚物杂质，脱色；第四部分是反渗透，进一步净化污水使之达标。工艺方框流程图见图 3.17。

从表 3.7 可以看出，膜分离的总成本比四效蒸发的低。

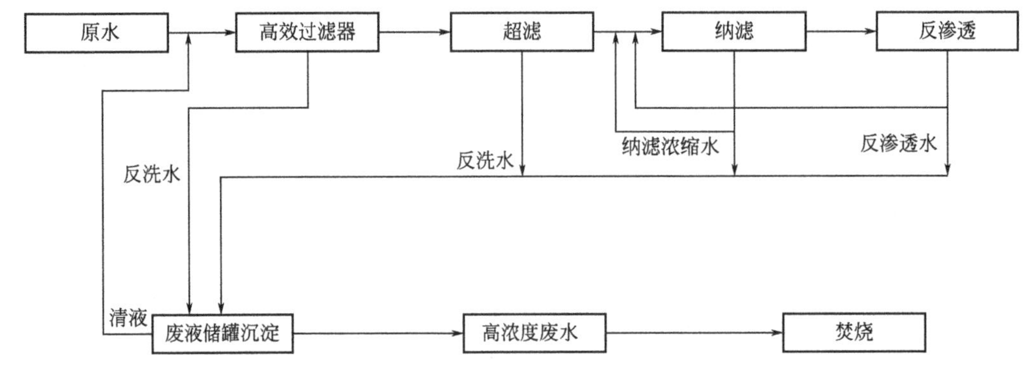

图 3.17 膜分离工艺方框流程图

表 3.7 膜分离与四效蒸发工艺的成本对比

		膜分离(5组)	四效蒸发
处理量/(kg/h)		46658	46658
能耗	蒸汽/(吨/吨)		0.177
	电耗/(千瓦/吨)	10	
	经济折算/(元/吨)	6.5	32.7
材料	试剂/(元/吨)	1.9	
冷却工程	冷却用水/(吨/吨)	10	
	能耗/(千瓦/吨)	2	
	费用/(元/吨)	1.4	
合计	总费用/(元/吨)	9.8	32.7

3.1.3.3 过程节能降耗技术

节能减排是化工设计竞赛中的一个重要考核点，在工艺创新中也是一个亮点方向。降低能耗对于实际化工生产具有很现实的意义，可采用节能设备与工艺，比如应用节能工艺流程，优化工艺参数等；减少生产过程中的动力消耗，如采用变频控制代替阀门来控制泵和压缩机的流量；生产中有不少低品位的热能，由于温度较低，不能得到利用而无效排放，通过热泵、吸收制冷和低压蒸汽透平等技术，可以回收这部分热能。

(1) 能量的循环与利用

工艺流程涉及大量热交换，单纯用公用工程换热势必造成能量的不合理利用以及能量的部分损失，因此通过必要手段实现能量有效利用、减少公用工程用量、减少成本显得特别重要。

能量的循环能够提升能量的利用效率，从而达到降低能耗的目的。我们可以利用热集成分析公用工程、工艺物流之间的能量匹配，考虑厂区布置、工段耦合、工艺技术要求，实现了多股工艺物流换热，并用 HEATX 软件在全流程上模拟。

以 2016 年中国矿业大学（北京）Signal 团队《上海高桥石化年产 15 万吨丙烯腈项目》为例进行说明。丙烯腈精制工段吸收循环系统通过工艺物流换热替代公用工程换热，见图 3.18，节省了 42.29%的能耗，见表 3.8。

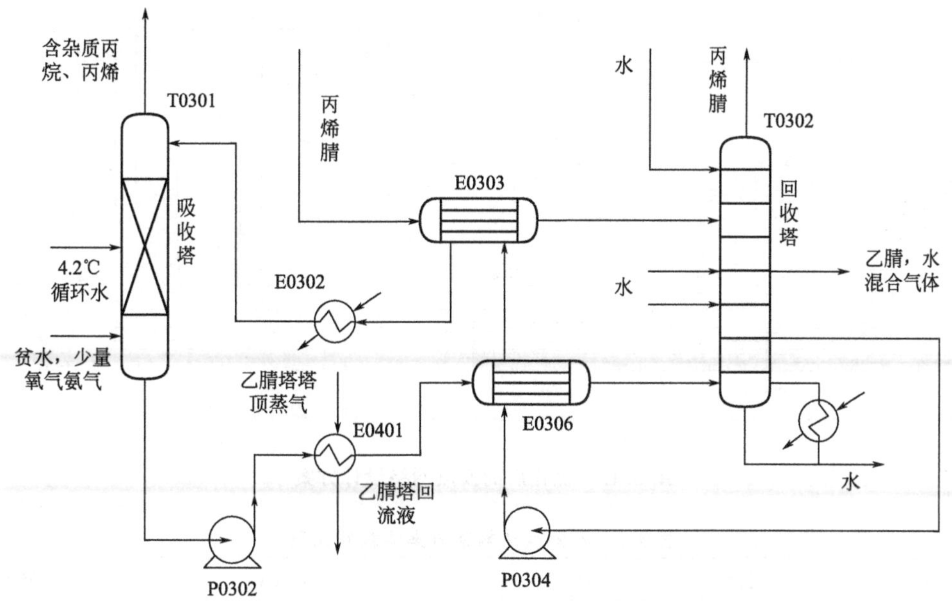

图 3.18　工艺物流换热改进图

表 3.8　丙烯腈精制工段吸收循环系统换热情况

项目	工艺物流换热能量		换热总能量 （工艺换热＋公用工程）
换热能量/kW	E0401	22951.29	155612.6
	E0306	13714.25	
	E0302	53141.41	
	总换热量	89806.95	
节约能耗	采用工艺物流换热节省能量 42.29%		

（2）换热网络的优化

利用夹点分析和热集成节能技术，运用 Aspen Energy Analyzer V11.0 软件，可以设计选择工艺流程的换热网络方案。为了实现工艺流程中冷热物流在合理范围内换热，达到节能降耗的目的，需要针对相同的换热目标，设计出不同的换热方案。在设计合理的前提下，为了减少有效能的损失，合成最大热回收量，以最小设备数、最小换热面积、最小操作费用为目标，进行不同方案的筛选和优化，从而确定出最佳的换热方案。根据最佳的换热方案，再次对原有工艺流程进行修改，从而实现工艺流程的创新。其中夹点分析和热集成的具体方法见 3.3 节。

以 2020 年中国矿业大学（北京）RUN 团队作品《中金石化分厂 120kt/a 异戊二烯项目》为例进行说明。从图 3.19 可以看出优化后的换热网络无跨工段换热，流股无分支，公用工程无分段，用热集成技术节能效果显著，能量回收率较大，提高了生产过程的经济性，见表 3.9，能量回收率（节能率）达 43.15%。

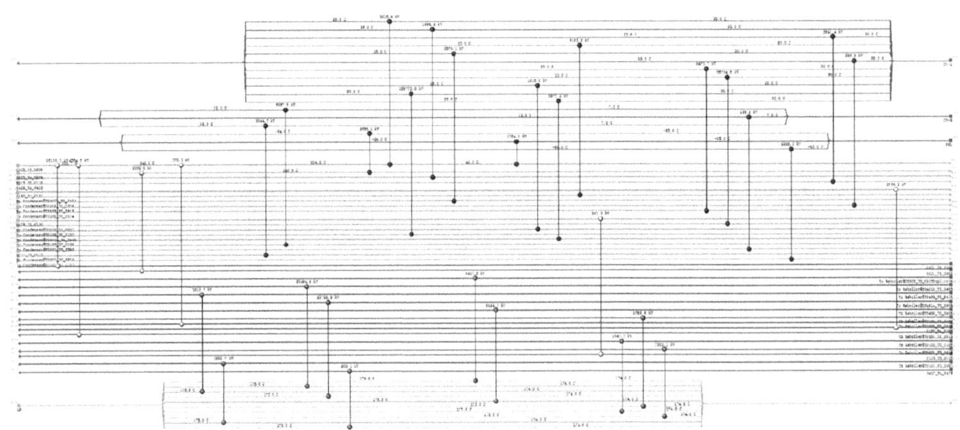

图 3.19 优化后的换热网络设计方案

表 3.9 不同换热网络方案能耗对比表

项目	冷公用工程/(×10^4MW)	热公用工程/(×10^4MW)	总计/(×10^4MW)
直接公用工程	11.30	10.30	21.60
换热网络设计	6.70	5.58	12.28
能量减少率/%	40.71	45.83	43.15

(3) 多效蒸发

在蒸发生产中，二次蒸汽的产量较大，且含大量的潜热，故应将其回收加以利用。若将二次蒸气通入另一蒸发器的加热室，只要后者的操作压强和溶液沸点低于原蒸发器中的操作压强和沸点，则通入的二次蒸气仍能起到加热作用，这种操作方式即为多效蒸发。多效蒸发是将几个蒸发器串联运行的蒸发操作，使蒸汽热能得到多次利用，从而提高热能的利用率，一般多用于水溶液的处理。

多效蒸发多次利用蒸汽，这样对于生蒸汽的利用就会减少，随着蒸汽价格的上涨，蒸汽运行成本越来越高，会增加企业负担，但是采用多效蒸发工艺，多次利用蒸汽，将降低企业的运行成本。

多效蒸发的优势主要有以下几点。①多效蒸发的传热过程是沸腾和冷凝换热，传热系数高；②多效蒸发的动力消耗少，多效蒸发进行水分蒸发时，依赖的是含盐废水所吸收的潜热，而潜热大于显热，而且在多效蒸发系统中液体的动力消耗也很低，可以降低废水处理成本；③多效蒸发的操作弹性大，负荷范围从110%到40%，均可正常操作；④多效蒸发在真空状态下运行，操作温度低，可以避免或延缓设备的腐蚀和结垢；⑤多效蒸发的低温操作带来的另一个好处是大大降低了对含盐废水的进料要求，从而简化了含盐废水的预处理过程。综上，多效蒸发的优势多，其实在对于蒸发浓缩和蒸发结晶处理量大、水质不稳定的情况下，可以采用多效蒸发工艺。

以2017年中国矿业大学（北京）Sweetening 5S团队作品《辽宁新城热电100MW锅炉烟气镁法脱硫项目》为例进行说明。

在七水硫酸镁制取工段考虑到单效蒸发提浓硫酸镁溶液耗能太多，传统的单效蒸发模式已经不适应新形势下节能减排的要求，故在对比单效蒸发与三效蒸发的基础上选择了三效蒸发的方式，见图 3.20 和图 3.21。由表 3.10 可知，三效蒸发比单效蒸发外界输入热负荷减少了 56.166%，CO_2 排放量减少了 56.318%，能量得到多级利用，具有显著的节能减排效果。

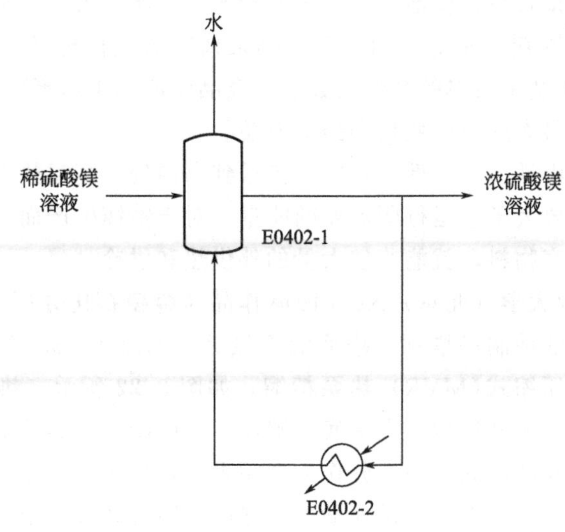

图 3.20 单效蒸发流程示意图

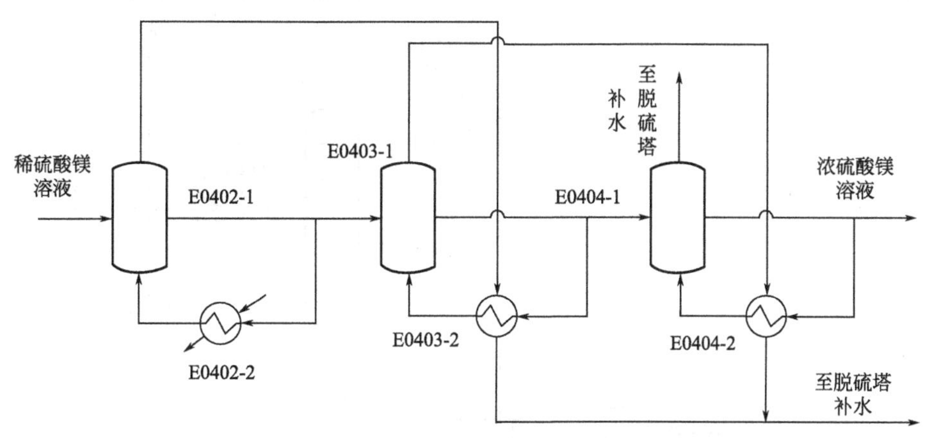

图 3.21 三效蒸发流程示意图

表 3.10 单效蒸发与三效蒸发数据对比

项目	外界输入热负荷 /MW	热公用工程加热介质	加热介质用量 /(t/h)	CO_2 排放量 /(t/h)	年投资 /元
单效蒸发	6.73	MPS	11.90	1.5979	2589702
三效蒸发	2.95	MPS	5.22	0.6980	1135697
节省百分数/%	56.166	—	56.134	56.318	56.146

注：MPS 为 medium pressure stream，进口温度 175℃，出口温度 174℃。

(4) 热泵精馏

在化学工业、石油化工生产中，精馏是一个主要的耗能领域。大工业精馏装置能源利用率虽然不到10%，但是常规精馏塔具有设备简单、初期投资低等优点，至今仍被人们广泛采用。

当精馏塔的塔顶、塔底温度跨越夹点的时候，如果进行热泵精馏可以有效回收一部分能量，从而使得冷热公用工程用量均可以明显减小，从而节约能量。热泵精馏按工质的来源可分为两大类：一类是直接式热泵精馏，以塔中的物质为工质；另一类是间接式热泵精馏，以额外的循环物质（如制冷剂、水等）为工质。热泵精馏的流程选择要密切结合具体的条件（如当地的燃料价格，所利用余热的品位及数量，高品位能的用途等），以便充分发挥各热泵精馏流程的优势，取得最大的节能效果和经济效益。

热泵是一种将能量由低温处（低温热库）传送到高温处（高温热库）的装置。且它提供给温度高的地方的能量要大于它运行所需要的能量。对于精馏生产而言，如果能把塔顶气相的热量充分用于加热塔底物料，就能节省大量的外供热和供冷。

以2019年中国矿业大学（北京）Next团队作品《金陵石化分厂年产40万吨醋酸乙烯项目》为例，项目中醋酸精制塔塔顶、塔底温度接近，温差为18.3℃，故设计其为热泵精馏，采用机械式蒸汽再压缩式(MVR)热泵精馏，如图3.22所示。热泵精馏是以塔顶蒸汽作为工质，塔顶蒸汽经压缩升温后进入塔底再沸器，在此冷凝放热使塔釜液再沸腾，塔顶蒸汽冷凝为液体并经节流阀减压后，一部分作为产品采出，另一部分作为回流。为了使回流温度能够满足塔顶温度控制的要求，增设辅助冷却器以对回流液进一步冷却。而塔底液体被加热后进入闪蒸模块，严格控制其汽化分率，气体回流到塔内，液体作为产品采出。从表3.11中可以看出，使用热泵精馏虽然将增加部分设备的投资费用，但是同时也将大大节约能耗，费用大大降低，综合考虑，使用热泵精馏技术可以使本流程更为经济节能。

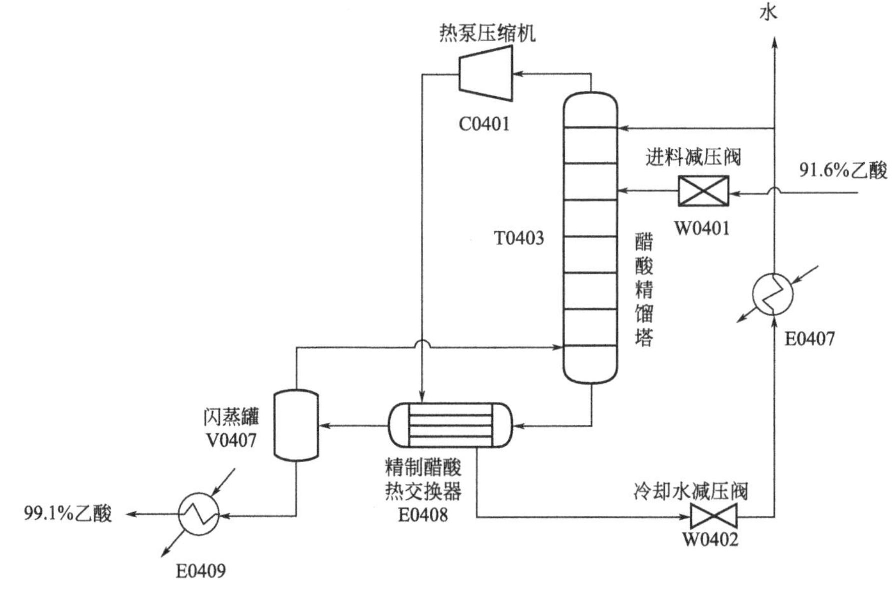

图3.22　醋酸精制塔热泵精馏 Aspen Plus 模拟

表3.11　热泵精馏与普通精馏能耗对比

项目	冷却能耗/kW	加热能耗/kW
热泵精馏	−17637.32	45818.7
常规精馏	−146241	143126
节能效果/%	87.94	67.99

（5）多效精馏

多效精馏作为一个新兴发展的节能工艺，主要因为其低能耗、低品位热量利用率和高热力学效率的特点引起了人们的高度重视。

多效精馏的节能效果 η 与效数 N 的关系为：$\eta=N/(N-1)$。由此可知，效数越多则节能效果越明显，单效改为双效可节能 50%，双效到三效 η 增加 17%，三效到四效 η 仅增加了 8%。效数越多，节能效果提高得越不明显，故一般选择 2～3 效。

以 2020 年中国矿业大学（北京）RUN 团队作品《中金石化分厂 120kt/a 异戊二烯项目》为例进行说明。本项目若采用常规的精馏塔（图 3.23）分离正戊烷和碳六重组分，能耗较大。正戊烷与碳六重组分的相对挥发度对压力变化并不敏感，为了节能降耗适合采用多效精馏技术。考虑到正戊烷在工艺体系中作为反应物存在，分离正戊烷的目的是异构化制异戊烷，故对正戊烷的纯度要求较高，但被分离的正戊烷量不大，采用三效及以上精馏方案并无明显优势，反而增加设备投资费用，降低经济效益，故选择双效精馏来分离正戊烷。双效精馏流程图见图 3.24。双效精馏分离正戊烷以二塔代替单塔，且根据塔压由高到低的顺序排列，充分利用能源，以高压塔的塔顶蒸汽作为常压塔再沸器的热源，从而使整个精馏过程的能耗大大降低。从表 3.12 可以看出采用双效精馏工艺与常规单塔精馏相比，节能效果显著。

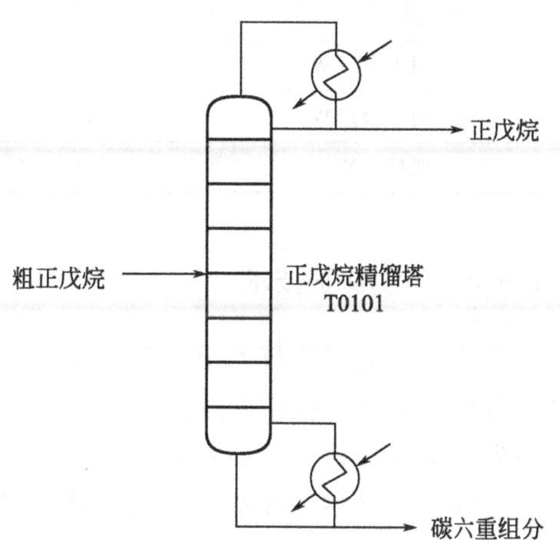

图 3.23　常规的精馏流程图

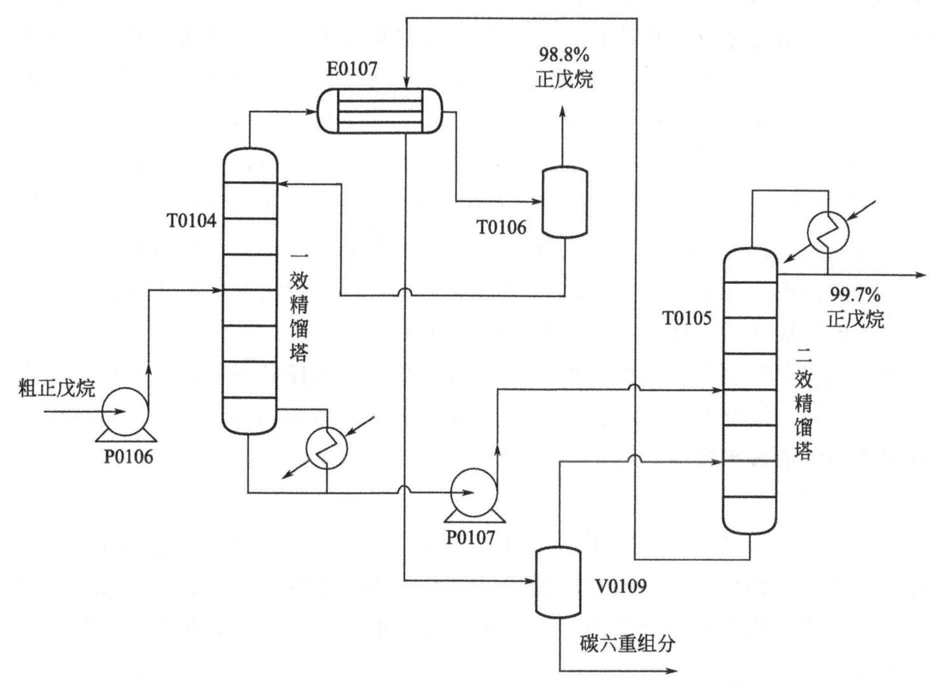

图 3.24　双效精馏流程图

表 3.12 普通精馏与双效精馏对比表

项目	普通精馏工艺	双效精馏工艺	
		高压塔	低压塔
塔压/bar	1.00	4.00	1.00
所需塔板数 NT/块	63	54	48
塔顶温度/℃	35.9	83.5	35.9
塔底温度/℃	73.6	95.4	61.2
冷公用工程/kW	6578.67	0	3965.45
热公用工程/kW	7732.20	5250.96	0
总能耗/kW	14310.86	9216.41	

3.1.3.4 环境保护技术

现代的环境保护技术不再是对废气、废水和废渣采用最新的治理技术进行治理，而是要将现有化工生产的技术路线从“先污染、后治理”改变为“从源头上根除污染”。从化学工业的发展来看，化学工业早就告别了过去粗放型的发展模式，21 世纪要求从传统的线形经济转变到循环经济的变革，即可持续发展。通向可持续发展的道路则要经过以下几个阶段：末端治理—清洁生产—生态工业—低碳经济—可持续发展。这个理念在这几年全国化工设计竞赛的任务书中一直都有体现。比如 2019 年的设计任务书就明确提出：“我国经济发展进入新常态，作为立国之本、兴国之器、强国之基的制造业发展面临新挑战，尤其是对于化学工业这一传统制造业，资源和环境约束不断强化，主要依靠资源要素投入、规模扩张的粗放发展模式已经难以为继，唯有遵循‘中国制造 2025’指出的方针，坚持绿色发展，以创新驱动，加强节能环保技术、工艺、装备推广应用，全面推行清洁生产，发展循环经济，提高资源回收利用效率，构建绿色制造体系，走生态文明的发展道路，才能实现我国化学工业的转型升级，为所有其他产业的进步，为我国的科技、经济和社会发展提供必需的物质基础。”

绿色化学是当今国际化学科学研究的前沿，是 21 世纪化学工业可持续发展的科学基础，其目的是绿色化学的理想：一方面是实现反应的“原子经济”性，要求原料中的每一原子进入产品，不产生任何废物和副产品，实现废物的“零排放”，并采用无毒无害的原料、催化剂和溶剂；另一方面是生产环境友好的绿色产品，不产生环境污染。绿色化工技术还包括采用无毒无害原料、催化剂和容器，替代有毒有害化学物质、清洗剂，减少和消除危害健康和污染环境的技术。加强对环境友好的清洁产品的开发。

绿色化工的采用取决于技术的发展，根据化工设计竞赛任务书的要求，没有能直接采用的绿色化工技术时，部分采取绿色化工技术，也能够为作品增光添彩。对参赛队伍来说，具体可从以下几个方面着手考虑。

（1）清洁生产

化工设计竞赛 2014 年和 2015 年的题目中都明确提出了清洁生产工艺的要求。什么是清洁生产呢？清洁生产是指不断采取改进设计、使用清洁的能源和原料、采用先进的工艺技术和设备、改善管理、综合利用等措施，从源头削减污染，提高资源利用效率，减少或者避免生产、服务和产品使用过程中污染物的产生和排放，以减轻或消除对人类健康和环境的危害。要建立清洁生产工艺首先应判明废物产生的部位，进而分析废物产生的原因，最终提出和实施减少或消除废物的方案。工艺的创新在清洁生产方面可以从以下几个方面入手。

首先，应选用少废、无废的新工艺和新技术。先进而有效的技术可以对原材料进行充分利用；反之，落后的工艺，未充分利用的原材料则作为废物产生，故生产过程的技术工艺水平决定了废弃物的产生量和状态。

其次，开发、采用新的催化剂和各种化学助剂，使之有利于提高物料收率、降低消耗、减少和防止污染。开发和利用各种节能技术，合理利用常规能源，尽量做到高效率、低消耗。

再次，开发和利用可再生的能源和新能源，节约能源，提高其有效利用率。开发和采用闭路循环技术，其核心在于将生产工艺过程中产生的污染物最大限度地加以回收和循环利用，以最大限度地减少生产过程中排出的“三废”数量。

最后，废弃物的有效处理和综合利用。废弃物本身所具有的特性和所处的状态直接关系到它是否可现场再用和循环使用。“废弃物”只有当其离开生产过程时才称其为废弃物，否则仍为生产过程中的有用材料和物质。对于不得不产生的废物，要优先采用回收和循环使用措施，剩余部分才向外界环境排放，使之减少或消除对人类和环境的危害。研究开发和利用低耗、节能、高效的“三废”治理技术，强化管理，使最后必须排放的污染物对环境的污染及对人类的危害达到许可范围或最低限度。这方面的工作，需要参赛队伍多查各类文献和资料，跟踪最新“三废”处理技术，以对工艺过程中产生的废弃物进行有效处理和利用。如2017年烟气脱硫中，脱硫石膏以前属于难以利用固废，现有技术将其用于水泥生产，已经能够完全替代石膏矿，消除固废的同时还减少了大量石膏矿的开采。

下面以2020年中国矿业大学（北京）RUN团队作品《中金石化分厂120kt/a异戊二烯项目》为例，对清洁生产技术的应用进行说明。

提出问题：①正戊烷发生异构化反应生成异戊烷，反应转化率只有60%左右；②异戊烷作为原料发生脱氢反应生成异戊二烯，该反应的转化率为20%左右，低转化率使大量的异戊烷得不到利用；③萃取剂DMF具有较大毒性，产生的有机废液对环境造成较大危害；④常规催化剂需要添加助剂，催化剂再生过程中会产生含盐废水。

解决方法：①设置正戊烷循环，见图3.25，充分回收异构化反应中未反应的正戊烷，提高原子利用率，其循环回收率达到了100%，远大于一般的80%循环标准。②设置异戊烷循环，见图3.26。减少了废液的排放量，降低了产品的生产成本，提高了原料的利用率。设置异戊烯循环中（图3.27），在循环内部包含两股循环，外部还有两股嵌套循环流股，循环收敛难度大，通过优化调试，最终使其收敛，有效地提高了原子利用率，减小废液排出。③设置萃取剂DMF循环物流，见图3.26和图3.27，通过调节收敛参数、萃取精馏塔参数和萃取剂再生塔的参数，充分回收萃取过程中的萃取剂，达到了萃取剂几乎100%回收。④采用绿色催化剂Pt-ZrO_2/HM，选择性高达96%，使用过程中无需添加催化助剂，无含盐废水产生，从源头上减少“三废”排放。

（2）循环经济及原子经济性

原子经济性是绿色化学以及化学反应的一个专有名词。绿色化学的“原子经济性”是指在化学品合成过程中，合成方法和工艺应被设计成能把反应过程中所用的所有原材料尽可能多的转化到最终产物中。理想的原子经济性的反应是原料分子中的原子百分之百地转变成产物，不需要附加，或仅仅需要无损耗的促进剂（催化剂），达到零排放。原子利用率达到100%的反应有两个最大的特点：①最大限度地利用了反应原料，最大限度地节约了资源；

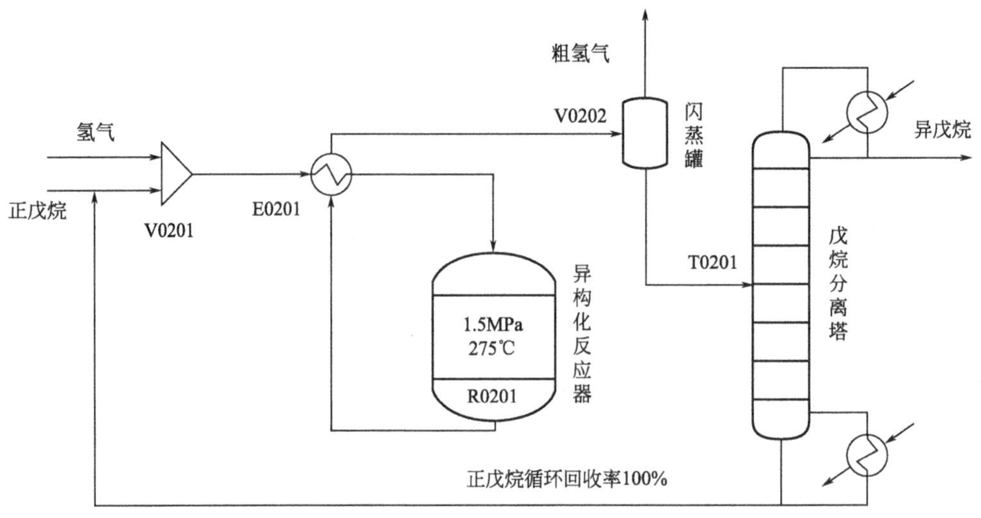

图 3.25 正戊烷循环流程图

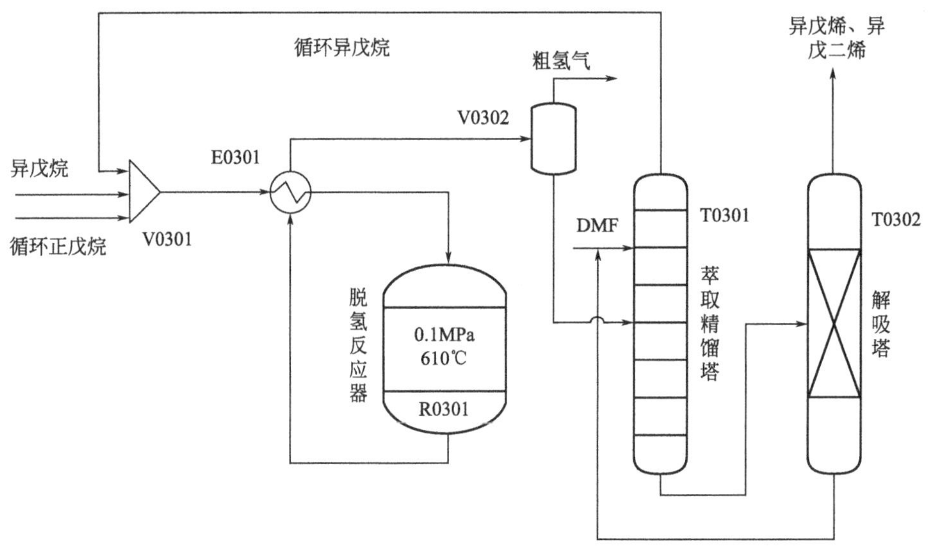

图 3.26 异戊烷循环和 DMF 循环流程图

②最大限度地减少了废物排放（零废物排放），因而最大限度地减少了环境污染，或者说从源头上消除了由化学反应副产物引起的污染。

在工艺流程上，设计者应当力求达到原料的最大利用率，尽量使原料利用率接近百分之百，实现绿色、环保、清洁的生产要求。在尽可能少的损失原料的情况下进行操作，尽可能将未反应的反应物循环回去，尽可能降低物料损失率，实现循环经济。

下面以 2016 年中国矿业大学（北京）Signal 团队作品《上海高桥石化年产 15 万吨丙烯腈项目》为例进行说明。

提出问题：丙烯腈反应工段反应气体中含有大量未反应氨气，工业上一般采用硫酸吸收生成硫酸铵除去。硫酸对设备的腐蚀性很大，产生大量硫酸铵需精制，工艺复杂，严重时造成环境污染。如何对氨气实现有效利用，避免资源浪费，降低原料成本呢？

解决问题：将硫酸吸收工艺改进为磷铵循环工艺，工艺流程见图 3.28。

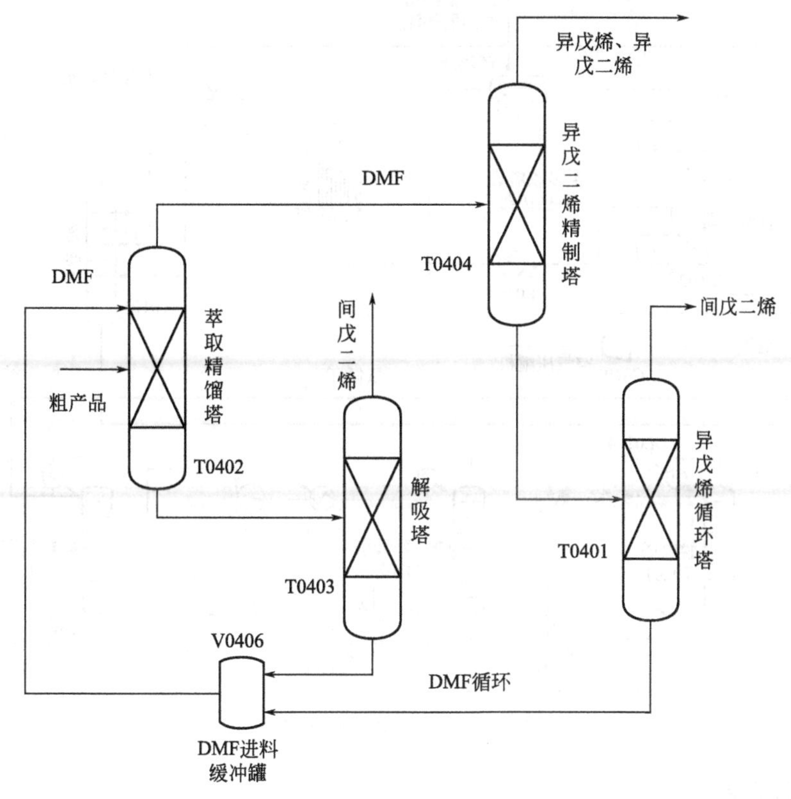

图 3.27　DMF 循环和异戊烯循环流程图

磷铵循环优点如下。①提高氨的原子利用率。丙烯腈反应工段，反应物氨的单程转化率只有 60.35%，反应物中约 40%的未反应氨采用硫酸进行吸收生成硫酸铵，表明氨的原子利用率仅有 60%，极大增加了氨原料供应成本、运输成本。虽然生成的硫酸铵可作为产品，但其收入成本远不能抵消其操作成本以及氨的原料成本。若采用图 3.28 的磷铵循环工艺，可实现未反应氨接近 100%循环，原料氨的转化率接近 100%，实现了原子经济性。②磷铵吸收液吸收-解吸可逆反应实现了吸收液的循环利用，磷铵循环工艺与硫酸铵工艺通过原料经济对比，该工艺有着很大的过程成本优势。

(3) 绿色度模型

绿色度模型提供了非常有效和简洁的定量评价各类物质环境影响的有效办法。

① 过程绿色度。包括向自然索取资源和向其排放废弃物两个方面，因此过程绿色度的计算必须考虑物质和能量两个方面：

$$\Delta I_{\rm p}=\Delta I_{\rm p}^{\rm s}+\Delta I_{\rm p}^{\rm e}=\sum_{i=1}^{n}I_{i,\rm out}^{\rm s}-\sum_{i=1}^{n}I_{i,\rm in}^{\rm s}+\sum_{i=1}^{n}I_{i,\rm out}^{\rm e}-\sum_{i=1}^{n}I_{i,\rm in}^{\rm e} \tag{3-5}$$

式中，$\Delta I_{\rm p}$ 为过程绿色度：$\Delta I_{\rm p}^{\rm s}$ 为过程物流绿色度的变化；$\Delta I_{\rm p}^{\rm e}$ 为过程能流绿色度的变化。$I_{i,\rm out}^{\rm s}$、$I_{i,\rm in}^{\rm s}$ 分别为 n 股物流中第 i 股物流输出、输入的物流绿色度；$I_{i,\rm out}^{\rm e}$、$I_{i,\rm in}^{\rm e}$ 分别为 n 股能流中第 i 股能流输出、输入的能流绿色度。

$\Delta I_{\rm p}>0$ 表示过程对环境产生正影响，即该过程将会增强环境的绿色化程度；$\Delta I_{\rm p}<0$ 表示过程对环境产生负影响，即该过程会降低环境的绿色化程度。

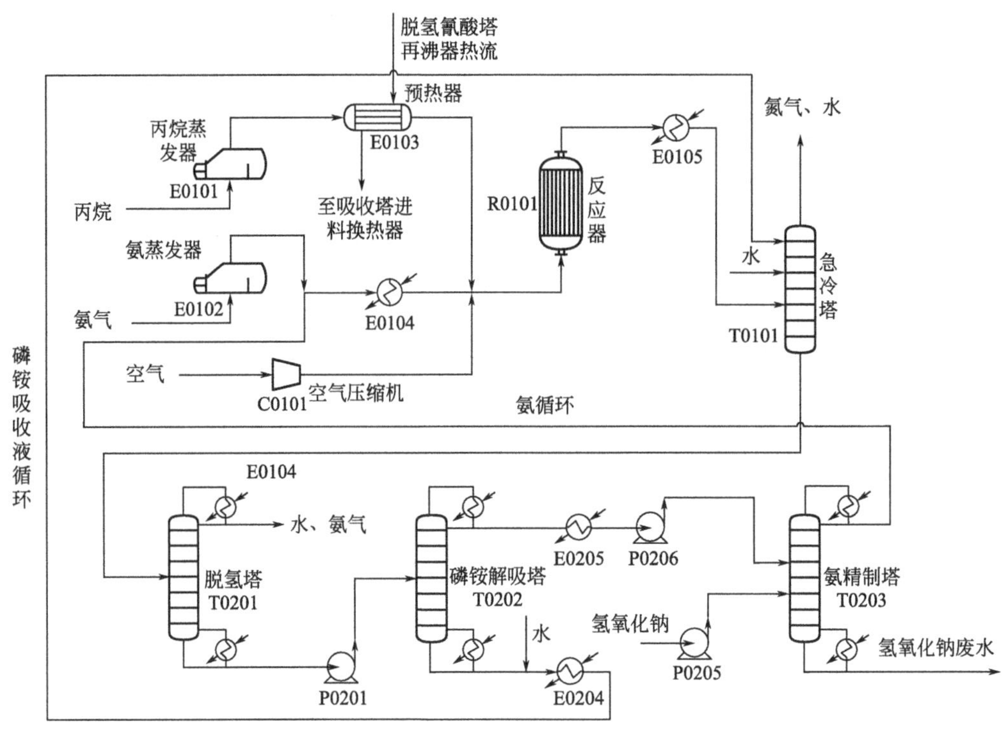

图 3.28　磷铵大循环示意图

② 物流绿色度

$$I_k^s = m\sum_k x_k GD_k^m \tag{3-6}$$

式中，GD_k^m 为物质 k 的绿色度；x_k 为物质 k 的质量组成；m 为质量流率。

③ 能流绿色度。根据绿色度定义，可持续能源（太阳能、地热、水能）的绿色度为零，不可再生能源（煤、石油、天然气）的绿色度主要取决于在能量转化过程中对环境的影响，体现在废弃污染物的排放。

下面以 2015 年中国矿业大学（北京）疯狂一夏《扬子石化年产 30 万吨乙二醇联产碳酸二甲酯项目》为例，说明绿色度在工艺评价中的应用。

基于绿色度的分析理论，将此理论用于分析乙二醇合成的直接水合、催化水解和催化醇解工艺。具体结果如表 3.13 所示。

表 3.13　乙二醇合成工艺的物流绿色度对比

物质	方向	直接水合工艺		催化水解		催化醇解	
		质量 /(×10^5t/a)	绿色度 /(×10^8)	质量 /(×10^5t/a)	绿色度 /(×10^8)	质量 /(×10^5t/a)	绿色度 /(×10^8)
EO	输入	2.1462	−0.5322	2.1462	−0.5323	2.1462	−0.5323
CO_2	输入	—	—	—	—	1999.2	−396023
EG	输出	2.6944	−8.0832	2.3037	−6.9110	0.73021	−2.1906
DMC	输出	—	—	—	—	1048.3	−4.3206
ΔI_P^s	—	—	−8.0230	—	−6.3788	—	−3.7550

注：绿色度为生产单位合格产品的天然资源理论消耗量与生产单位合格产品的实际材料使用量之间的比值。

表 3.13 结果表明，仅从能流的输入和输出看，三种工艺均对环境产生不利影响。相比较而言，催化醇解更为环境友好，对环境影响小，催化水解次之，直接水合对环境的不利影响最大。

乙二醇合成工艺的能流绿色度对比见表 3.14。

表 3.14　乙二醇合成工艺的能流绿色度对比

设备名称	能耗类型	直接水合工艺		催化水解工艺		催化醇解工艺	
		能耗 /(GJ/a)	绿色度	能耗 /(GJ/a)	绿色度	能耗 /(GJ/a)	绿色度
CO_2 多级压缩机	电	—	—	7.71×10^4	-1.00×10^6	7.71×10^4	-1.00×10^6
环加成反应器	加热	—	—	4.75×10^5	-2.38×10^6	4.75×10^5	-2.38×10^6
水解反应器	加热	—	—	1.29×10^5	-6.43×10^5	—	—
醇解反应精馏塔	加热	—	—	—	—	1.78×10^5	-8.71×10^6
五效蒸发	加热	9.06×10^5	-5.14×10^5	—	—	—	—
二乙二醇塔	加热	4.85×10^4	-1.41×10^5	—	—	—	—
乙二醇塔	加热	3.06×10^5	-1.73×10^6	3.54×10^5	-2.24×10^6	3.54×10^5	-2.24×10^6
ΔI_P^e	—	—	-7.08×10^6	—	-6.48×10^6	—	-1.48×10^7

由表 3.14 可见，仅从能流方面考虑三种工艺的绿色度，催化水解对环境的不利影响最小，直接水合法次之，反而催化醇解对环境的不利影响最大。虽然醇解反应消耗了 CO_2，减缓了温室效应，但从能耗值看出，反应精馏塔的能耗问题是关键，供热原料燃烧产生的有害气体对环境影响很大。

三种乙二醇合成工艺的总绿色度分析结果见表 3.15。由绿色度分析可知，直接水合对环境的影响最大，并且实际生产中五效蒸发的能耗巨大，该工艺不具备发展潜力；催化水解和催化醇解对环境影响小，并且催化醇解法的原子利用率为 100%，水解能耗小，醇解吸收 CO_2 减缓温室效应，兼产的 DMC 也是重要的化工原料。因此，选择工艺路线为催化醇解法。

表 3.15　乙二醇合成工艺的总绿色度对比

工艺	直接水合工艺	催化水解工艺	催化醇解工艺
ΔI_P	-8.09×10^8	-6.44×10^8	-3.40×10^8

3.2 工艺流程模拟

3.2.1　工艺流程的文献调研

全国大学生化工设计竞赛的题目通常是定好原料或者定好产品，也有原料和产品都没有规定的，总体来说竞赛题目比较开放，尤其在工艺流程选择方面，参赛队伍的自主选择性比较强。以 2019 年化工设计竞赛的题目为例，可用于生产醋酸乙烯酯的工艺方法有乙烯法和乙炔法，并且都已实现工业化应用。其中，乙烯法还包括使用不同催化剂的方法。从工艺流程来看，这些方法都是可以选择的。但是从能否顺利地实现工艺流程的模拟来看，制约参赛队伍在有限的时间内完成竞赛作品的是能够搜集到多少有关该工艺过程的数据，包括实验数据、中试数据、生产数据等。数据的完整性也是建立流程模拟和验证流程模拟准确性的重要依据。其中，最为重要的是反应动力学参数。若没有反应动力学参数作为支撑，反应模块的模拟就无法进行，而使用计量反应器模块或者收率反应器模块去模拟反应过程，在竞赛作品评审时肯定要被扣分。

在对工艺流程进行文献调研之前，参赛队伍要深入分析和理解题目的内涵和要求。2019 年化工设计竞赛的题目不仅给出了设计任务的方向，而且也明确地提出了设计需要达到的目标，设计任务的方向有两个。

① 为某大型化工企业设计一座醋酸乙烯酯生产分厂，这就需要调研合成醋酸乙烯酯的反应路线，确定出技术与经济都合理的反应路线，在此基础上进行后续的设计工作。

② 为现有的醋酸乙烯酯生产分厂设计技术改造方案，这就要求对现有的醋酸乙烯酯生产技术和工艺要有完整、清晰的认识，明确其技术上的薄弱环节，有针对性地提出技术改造方案，再在此基础上进行后续的设计工作。

此外，竞赛任务书还给出了明确的设计要求。不管是新技术路线、新工艺流程，还是现有工厂的技术改造方案，都需要有明确的醋酸乙烯酯生产的物耗、能耗数据，使得通过技术提升达到“中国制造 2025”中提出的绿色发展 2020 年指标。

在理解题目的内涵和要求之后，要大范围地查阅文献。根据查阅文献所掌握的数据情况，明确选取的工艺流程。例如 2019 年的竞赛题目，是设计新的醋酸乙烯酯生产分厂，还是改造现有醋酸乙烯酯生产的分厂，这是完成设计比赛任务的首要关键点，需要参赛队伍的所有队员基于查阅文献的结果做出决定。在确定初始的工艺流程之后，接下来需要围绕确定的工艺过程尽可能地搜集数据，譬如：①对醋酸乙烯酯的国内、外市场进行调研，了解醋酸乙烯酯的生产和市场需求状况，制成图表来说明；②国内醋酸乙烯酯生产企业名单、投资、物耗、能耗和环保等情况；③调研醋酸乙烯酯的生产工艺路线；④比较各个生产醋酸乙烯酯工艺路线的优缺点，选择工艺数据比较齐全的工艺路线；⑤确定了工艺路线也就确定了生产醋酸乙烯酯的原料，这就需要调研原料的来源及组成，进一步支撑技术路线的选择。

在文献调研过程中，有些数据难以获得，尤其是跟生产相关的数据，例如产品的纯度、市场的需求状况等，参赛队伍可以向专业人士求助，还可以直接咨询相关企业的工程师，他们往往对工艺的优缺点和未来的发展趋势预测有着更多经验，可以给予很多帮助，通常在表明数据采集是用作准备竞赛作品之后，专业人士以及生产一线的工程师很乐意提供帮助。此外，确定好工艺路线后，要广泛查阅相关工艺的文献，一般优先选择硕、博士的学位论文。国内使用较少的工艺流程应该积极地查阅英文文献。由于催化剂往往是一个工艺路线的核心，它决定了反应物进料比、转化率、选择性和副产物种类，因此查文献时应注意催化剂的对比，确定催化剂的种类，然后针对对应的催化剂进行工艺流程的调研，调研目标有原料进料比、反应动力学参数、进料温度、反应温度、反应物进口流量和催化剂质量之比等。总之，在查阅文献时，本着尽可能多地搜集跟工艺流程相关的数据为目标，搜集到的数据越多，在后续流程模拟过程中，遇到的不确定因素就越少，完成流程模拟的速度也就越快。

在准备竞赛作品时，流程模拟是最消耗时间的步骤。俗话说："磨刀不误砍柴工。"建议在流程模拟开展之前，参赛队伍一起讨论，对整个流程有个比较好的规划，找到工段划分依据，并对工艺流程进行工段划分。同时，这个工段的划分也为后续厂区建模时车间的分配与设计提供了参照依据。结合所学的专业知识，可以把工艺流程分为原料处理工段、反应工段、产品分离工段和尾气处理工段。该种划分方法是目前最常用的划分方式，当然参赛队伍可以根据工艺方案的特点，进行自由发挥。划分工段的目的是让工艺流程表达起来更为明确，也让流程模拟进行得更加有逻辑和有顺序。根据往年备赛经验来看，笔者不建议参赛队伍在工艺流程模拟时也以分工段的形式进行模拟，因为在分工段模拟结束后，进行工段合并时会出现大量报错，并且若涉及跨工段循环流股的话，就有可能出现更多的问题。在此情况下，队员又需要花费时间去熟悉其他工段模拟过程，才能相互合作，打通跨工段循环流股。对于需要反复调试的工段模拟，可以单独进行。因此，是否需要分工段模拟应视具体情况而定，笔者建议先进行全流程模拟，当出现需要反复调试的情况可对修改工段进行单独模拟，并在调试完毕之后再整合到全流程中。

3.2.2 工艺流程初步模拟

在确定工段之后，可以开始对整个流程进行建模尝试。在建模过程中，有以下几个注意点和细节需要多加考虑。

① 在对流程进行试建模阶段，需要输入原料及主要产品和主要副产物，尤其是动力学方程涉及到的物质，需要全部输入。其他物质可以在之后的模拟过程中添加。

② 针对整个流程首先确定一个全局的物性方法，可以根据文献来确定，但要理解所选全局物性方法的适用范围。一方面是因为有些操作单元不能使用全局的物性方法，例如全局物性方法为 NRTL 时，在涉及电解质的操作单元中，需要把该模块的物性方法调整为适用于电解质的物性方法；另一方面，物性方法的选择是区赛和国赛现场答辩时，评委老师经常提问的问题。物性方法的选择可以参考化工热力学教材和 Aspen 指导用书内相关知识来确定，往往一个流程会采用不同的物性方法，这可以通过后续更改各个设备的物性方法来实现。

③ 大多数的流程模拟都涉及不凝气体的设置。在模拟过程中，需要根据具体情况设置不凝气体，对于特定工艺条件下的一些气体设置成亨利组分，以避免对分离单元模拟时产生的负面影响。

④ 确定原料比和原料流量。原料比往往是根据文献中对应的催化剂类型来确定的，值得注意的是，文献中给出的原料比通常是有循环条件下的新鲜原料进料比，可能并非反应器的原料进料比。在这种情况下，可以首先通过粗略计算，确定一个大致的进料比。进料量的设置可以根据不循环原料的转化率和所设定的产量来粗略计算。等设置循环后还需对新鲜原料的进料比进行调整，直至规定值，并根据最后的产品量来调整进口原料流量。原料比和原料流量的确定在整个模拟过程中需要不断调整。文献值和工业生产数据通常只能作为模拟初始值和参考值，与通过模拟计算得到的数据会有一定的差距。

模拟过程中的流股流量从模拟的初始阶段就要按照生产规模进行。笔者不建议按照一定比例缩小生产规模进行试模拟，在模拟流程完成之后，再按照设计的生产规模扩大流股的流量。在模拟时，即使一些被认为不太重要的参数发生了变化，可能就会导致流程报警或者出错。此外，缩小生产规模的试模拟之后仍需要按照比例放大，相当于又重新构建了流程，看似节约了时间，其实耗费了大量的时间用于调试和优化。

⑤ 原料在进入反应器前需要考虑预处理与混合过程。一般情况下，原料进入反应器前需要调整到合适的温度和压力。此外，最好在进入反应器前使用混合模块对原料先进行混合，对于易燃易爆的原料，混合的速度和均匀程度至关重要，有些情况下还需要通入一定量的保护气体。

⑥ 关于反应器设置，在 2019 年的评分标准中有这样的规定：

a. 要求至少完成一个反应器的模拟。主要反应工序都用速率模型反应器模拟，其中的主反应都用化学动力学（反应速率）模型、化学平衡模型或快速反应模型（动力学模型的极端形式）。如果用化学平衡模型或快速反应模型，则反应器模型中包含了传质速率对反应结果的影响，从而确定必需的反应器停留时间（或空速）。

b. 要求速率模型来源合理。所有的速率模型及其中的模型参数都有正式发表的文献来源，以正确的格式和单位应用；部分速率模型和模型参数通过正式发表的文献资料用化学反应工程方法或传递过程方法间接估算获取，以正确的格式和单位应用，并有正确的原理说明。以上两种来源均符合要求。

查阅文献时，通常仅能查到主反应和主要副反应的动力学参数，为了增加模拟的准确性，需要考虑多个副反应，这可以采用转化率反应器来模拟其他的副反应，转化率也通常以原料中少量的、不循环的原料作为基准。转化率的确定可以查阅文献获得，也可根据文献中实验数据的推算获得。

⑦ 需要确定从反应器出来的流股是否需要做换热、降压等处理。例如放热反应的模拟，反应生成的产物都具有很高的温度，需要将温度降低便于输送和热量回收，可使用简单的冷却器进行冷却，降至后续工段的规定温度。在有些情况下，在对反应产物进行降温的同时也可实现气液分离的功能。

⑧ 反应产物与过量原料需要分离。如果气态原料过量，可以通过液化和吸收等操作对从反应器出来的混合物进行初步分离。分离后的原料可以进行循环，与新鲜原料进行混合，而少量且不具备再利用价值的原料进行除杂后送至火炬或排空。随着环保要求的提高，优先选择循环利用。

⑨ 产品精制过程就是分离与提纯。粗产品中除主要产品外还含有原料和副产品。首先应该根据化工原理和化工分离技术所学知识来确定分离顺序。要了解粗产品中各个主要组分之间的物性关系，相对挥发度的差异，是否形成恒沸物，共沸点的温度是多少，是否对这一阶段的分离有影响。在这些问题都确定的基础上，选择合理的分离与提纯方法。近年来，许多参赛队伍都采用特殊精馏作为作品的创新或者改进部分。若选择萃取精馏或共沸精馏等特殊精馏，一定要理解特殊精馏使用的条件，例如能够分离体系的要求、所选萃取剂和共沸剂的类型。对于特殊精馏的模拟，可以先单独模拟，在得到较好结果之后，再整合至全流程中。

另外，模拟精馏时，一般先使用 DSTWU 模块进行简捷计算。建议把每一个塔都先在一个新文件中进行简捷计算，严格计算运行无错后放入原流程，原流程中各塔尽量避免采用设计规定和灵敏度分析，需要做设计规定和灵敏度分析的地方建议在新文件中进行，然后把结果带回至原流程。分离的最终要求是产品达到相应纯度指标，废液、废气中的产品含量低至一定指标。

⑩ 2019 年评分标准中规定须用夹点技术对整个流程的热集成进行分析，要完整展示夹点技术分析设计换热网络的计算过程及比较方案，绘制实施热集成技术前后的过程组合曲线图，分析夹点温度与节能综合经济效益（能耗成本和装置成本）的关系，以此为依据选定合理的夹点温度。根据夹点分析的结果，运用热泵、多效精馏/蒸发等热集成技术优化工艺流程，降低相变过程（组合曲线上的平台区）的公用工程需求，并以节能综合经济效益为目标进行换热网络优化设计（应去除回路、不经济的小换热器、距离太远管路、成本过高的换热关系）。

⑪ 将优化换热网络方案应用到工艺流程设计中。由于存在物流间的换热，会存在很多循环，直接将换热器放入流程会出现大量报错情况。当出现错误时，可以根据控制面板的运行结果找到第一个错误，有时解决了第一个错误就能解决全部错误，因此优先根据第一个错误的提示内容进行修改。经常出现的错误有质量不守恒、电荷不守恒等，可以采用对循环的第一个物流进行赋初值的方法进行调试，以及对电荷不守恒流股赋初值并删掉流股中的离子组分（此种情况仅限于离子含量很低的情况）。建议换热器要逐个地加入，流程很复杂可以考虑随着换热器的加入重新运行，调试流程，保证前一个换热器加入后无错误、无警告后再加入下一个换热器。

⑫ 对于任何需要加热、冷却、提供压力的设备均需设置公用工程，Aspen 软件内自带有公用工程选项，也可自行设置。建议根据厂址所在地的气候变化和热集成的计算结果来设置公用工程。设置公用工程要注意使用对象是什么，工业上是否可行，要尽可能地贴近实际，降低成本。

⑬ 大多数化工设计竞赛的流程模拟中，都会涉及流股循环的情况。循环越多，流程越难收敛。关于如何设置和调试循环已然成为参赛队伍在流程模拟过程中最为棘手的问题。一般情况下，常用的方法有手动计算进行调试和使用 Aspen Plus 软件中的 Calculator 功能。两种方法各有优缺点，需要具体情况具体分析。添加循环流股之后，非常容易出现质量不守恒、电荷不守恒、循环不收敛等警告和错误，可以通过改变收敛次数、收敛方法、赋初值等方法来进行调整。笔者认为，调试循环流股没有捷径，需要静下心不断尝试，建议在进行循环操作之前将收敛次数调大。对于两个及两个以上循环流股叠加的问题，也就是通常所说的循环套循环的问题，建议先保留一个循环流股，断开其他循环流股，逐个解决添加循环流股之后出现的警告和错误的问题。

鼓励对参赛作品进行创新是全国大学生化工设计竞赛的一个主旨，因此笔者认为在流程模拟时，不必完全按照文献中的或者实际生产的工艺过程进行模拟。以它们作为参照的依据，在工艺过程主要环节不改变的情况下，结合所学知识，对工艺流程进行创新，体现参赛选手的思考问题和解决问题的能力更为重要。

在流程模拟打通的同时，可以编写可行性报告和初步设计说明书等文档，对厂区进行平面布置设计，学习 3D 建模软件，PFD 和 P&ID 图画法等。通常需要两个同学同时完成流程模拟，如果流程模拟较难，为了加快模拟进度，可以三个同学同时做。因为模拟流程是后续设备设计与选型、车间平立面布置设计等工作的基础，流程模拟打通之后才能开展后续工作，所以流程模拟投入更多的人力也值得。

3.2.3 工艺流程模拟注意事项

现代设计方法评审工作按照全国大学生化工设计竞赛现代设计方法专项评审的评分实施细则展开。每一项的得分与扣分都是与评分细则一一对应的。所以同学们在准备竞赛作品时，要认真研读评分实施细则。一是要对照评分细则检查作品有没有尚未完成的地方，有没有尚未达到要求的地方。比如模拟是否还有报错，收敛精度是否符合要求。强调以下几点。

① 能够采用全流程模拟就尽量采用全流程模拟，使用分区或者分工段流程模拟有可能会让评审老师误认为全流程模拟没法进行才进行分区或者分工段进行流程模拟，会影响作品在评审老师心中的整体印象。

② 有循环物流或者循环物流越多，流程收敛就越难，当然也体现了参赛队伍在流程模拟方面的基本能力，但是以牺牲收敛精度或者准确性而增加的循环流股通常来说不太值得。评审老师在打分时，通常首先检查有没有报错，而不会考虑是否因为循环流股太多而导致收敛报错，不会得到评审老师的同情分。

③ 尽量使用比较流行版本的 Aspen 软件去做。笔者在评审现代方法的时候发现，负责检查全流程准确与否的老师，经常会满教室问："有没有老师有 8.8 版本的？有没有老师有 8.0 版本的？请您帮我试一下，这个流程能不能打开，能不能运行？"因此，建议参赛队伍选择当前最流行的版本去做；那些网上流行的汉化版 Aspen Plus 软件就更不可取。此外，在提交作品之前，一定要使用最新版本的 Aspen Plus 软件运行一下，检查是否存在因为软件版本的差异而存在的问题。如果有些版本可行，有些版本不可行，一定要在作品文件夹里利用 txt 文件写明哪些版本运行时有警告或者有错误，请评审老师用哪一个版本的 Aspen Plus 软件检查。另一方面，参赛队伍最好选择使用大赛推荐的软件进行模拟。比如笔者在评审换热器详细设计时发现，仍然有参赛队伍使用 HTIR 对换热器进行详细设计，而大赛组委会推荐使用 EDR 进行设计。评审老师的电脑里也没有安装 HTIR 软件，导致无法对 HTIR 软件的结果进行检查，只能看设备设计的文档里表达的一些参数正确与否。这些不必要的问题和麻烦都是在准备参赛作品的时候可以避免的。

④ 很多模拟原始数据的来源文献或者资料需要提供并添加在作品文件夹中，比如动力学参数的来源，换热器污垢热阻系数的来源等。这些参数的来源往往是评审老师快速判断模拟是否全面的依据，同时当你的模拟程序出现问题时，评审老师可以从另一方面判断是哪里出现了问题，可酌情给分。有同学在申诉的时候说我们在初步设计说明书里面有，或者设备设计说明书里面有这些参数。但是同学们忽略了一个地方，就是在现代方法评审时，评审老师拿到的不一定是所有的文件，可能只是作品中跟现代设计方法相关的部分，尤其在区赛会评时，作品多，一个 64G 的 U 盘都将就放下所有的作品的现代设计方法的部分。因此建议同学们在对换热器模拟的 EDR 文件夹中，加入污垢热阻系数的文件，不要让老师再去设计说明书中找相关的数据，时间也不允许这样做。在国赛中，因为参赛队伍有限，因此国赛的时候一般都能拿到每个队伍的所有参赛文件。但是同样建议同学们按照上述方法去做。

⑤ 保留源文件和创作作品的过程。很多评分细则中，需要保留比较方案以展现设计思路。例如在现代方法评审细则中第 4.1.2 "仅给出最后的换热网络，没有保留计算过程及比较方案，扣 0.4 分"。在评审过程中，有些队伍把原来的方案给删掉了，因为这些方案有些是设计软件自己给出的方案，但是这些由换热网络软件自动生成的方案，参赛队员是基于哪

个方案进行修改的，这个很重要。在经过你们设计之后，与原来的方案相比有没有进一步的提高，是换热面积小了？还是总费用降低了？等等。如果因为删掉源文件而导致被扣分就很可惜了。

⑥ 对于一些设计细节的要求，例如换热器的雷诺数要大于 6000，否则扣 0.15 分/台。因为整个流程中涉及到使用换热器的地方很多，包括再沸器与冷凝器，因此如果选择一个换热器后，设计不通，那么可以选择另外的一个换热器进行设计，只要满足条件即可，只需要展示同学们掌握了 EDR 软件的使用方法和换热器的设计方法，没必要在同一个地方浪费太多时间。此外，塔的水力学校核也一样，某一塔的操作点调整不好了，可以换一个塔设计，最好不要把不符合要求的设计结果提交上去。有些参赛队伍，对所有的换热器或者所有的塔都进行了详细设计，考虑到评审老师的时间有限，不会打开所有的 EDR 文件检查是否正确，通常是随意选取两个文件进行检查。如果这些设计都符合要求也罢，如果被评审老师挑中不合理的设计结果的文件，不但不加分，反而会被扣分，得不偿失。按照要求，选择正确设计结果的文件提交作品即可。

现代设计方法的评审要体现模拟仿真软件的运用能力、合理的设计思路和准确的设计结果。以评审细则为参考依据，使用大赛组委会推荐的软件，并将一切跟设计过程相关的信息体现在设计的最终文件中，才能得到一份较为完整的设计作品，让评审老师挑不出扣分点。

3.3 能量综合利用设计

全国大学生化工设计竞赛鼓励学生创新，竞赛的评分细则中对过程节能技术创新也有明确要求，对换热网络集成优化和相变潜热的多效及热泵利用技术的应用有创新方面的要求。结合化工发展来看，化工企业进行旧工艺的改进和新技术的应用，以实现提高产品质量、减少“三废”排放、绿色清洁生产、节能降耗等目的，本节将以 2019 年中国矿业大学（北京）的 Next 团队《金陵石化分厂年产 40 万吨醋酸乙烯项目》作品和 2020 年中国矿业大学（北京）RUN 团队《中金石化分厂 120kt/a 异戊二烯项目》作品为例介绍能量综合利用的设计。

能量综合利用的原则：节能的尺度不是损耗越低越好，而是耗费加设备费的总费用最小为好。从节约能源的角度出发，针对工艺过程特点，对原料资源、工艺流程、操作条件、采暖、通风及空调方案等进行系统节能优化，采用节能工艺技术，从而不仅达到减少无效需求的目的，更可以减轻能源压力，降低成本，取得巨大的经济效益、社会效益和环境效益。下面结合能量综合利用的理论基础（夹点分析法）、换热网络集成优化及能耗计算来进行能耗分析。

3.3.1 理论基础

3.3.1.1 夹点分析法及其在过程能量综合中的应用

夹点分析包括两方面内容：用于换热网络合成的夹点技术；整个过程系统能量集成的夹

点分析方法。

(1) 换热网络合成的夹点技术

① 夹点温差（最小接近温差）ΔT_{min}。对单个换热台位而言，换热的冷、热流，冷端和热端温差中较小者，称为接近温差。对一个换热网络而言，所有换热设备的接近温差中的最小值称为最小接近温差，也称夹点温差。

② 复合线。一个待优化的换热网络在 T-H 图上可用冷、热流复合线来表示。所谓复合线，就是将多个热流或冷流的 T-H 线复合在一起的折线。

③ 夹点、给定夹点温差时的最小公用工程消耗。将冷、热物流的复合线画在一个 T-H 图上，热流的复合线一定要位于冷流的上方。如沿横坐标（H）左右移动两条复合线，可以发现总有一处两条线间的垂直距离（物理意义为传热温差）最短，此处即称为"夹点"，也有人称其为"窄点"。当夹点处的传热温差等于给定的夹点温差 ΔT_{min} 时，冷、热流复合线的高温段在水平方向未重叠投影于横坐标上的一段即为对应于给定 ΔT_{min} 下的最小热公用工程消耗 $Q_{hu,min}$；而两者低温段未重叠部分则为给定 ΔT_{min} 下的最小冷公用工程消耗 $Q_{cu,min}$，而两条复合线沿横轴方向的重叠部分就是最大热回收量。

④ 夹点的意义。夹点将换热网络分解为两个区域，热端，即夹点之上，它包括比夹点温度高的工艺物流及其间的热交换，只要求公用设施加热物流输入能量，可称为热阱；而冷端包含比夹点温度低的工艺物流及其间的热交换，并只需要公用设施冷却物流取出热量，可称为热源。当通过夹点的热流量为零时，公用设施加热及冷却负荷最小，即热回收最大。

夹点技术的三个基本原则：a. 不通过夹点传递热量；b. 夹点以上的热阱部分不使用冷公用工程；c. 夹点以下的热源部分不使用热公用工程。

⑤ 物流匹配夹点设计法。

a. 夹点处匹配的可行性准则。换热单元出入口两侧中至少有一侧等于最小温差，称为夹点换热单元，其他换热单元冷热端温差都大于最小温差称为非夹点换热单元。夹点换热单元的物流匹配应符合如下三条准则。

准则一：工艺物流（包括分流）数准则。

对热阱部分夹点处的匹配必须满足式(3-7)

$$N_H \leqslant N_C \tag{3-7}$$

式中，N_H 为热流及其分流数；N_C 为冷流及其分流数。

热源部分夹点处的匹配必须满足式(3-8)

$$N_H \geqslant N_C \tag{3-8}$$

本准则可指导夹点匹配物流是否需要分流。

准则二：匹配物流热容速率（CP）不等式约束准则。

夹点换热单元温差推动力在近夹点处应逐渐增大，为满足此要求，每一夹点换热单元物流匹配必须符合以下不等式

热阱部分 $$CP_H \leqslant CP_C \tag{3-9}$$

热源部分 $$CP_H \geqslant CP_C \tag{3-10}$$

式中，CP_H 为热流及其分流的热容流率；CP_C 为冷流及其分流的热容流率。

远离夹点的换热单元由于传热温差已增大，准则二不适用。

准则三：CP 差准则。

热阱部分夹点单元 CP 差：　　$\Delta CP_j = CP_C - CP_H$　　(3-11)

热源部分夹点单元 CP 差：　　$\Delta CP_j = CP_H - CP_C$　　(3-12)

热阱部分夹点处总 CP 差：　　$\Delta CP_t = \sum CP_C - \sum CP_H$　　(3-13)

热源部分夹点处总 CP 差：　　$\Delta CP_t = \sum CP_H - \sum CP_C$　　(3-14)

本准则规定　　$\Delta CP_j \leqslant \Delta CP_t$　　(3-15)

b. 最小换热设备数。计算换热网络的最小换热单元公式，如式(3-16) 所示

$$U_{min} = N + L - S \quad (3\text{-}16)$$

式中，N 为工艺物流数；S 为独立子集数；L 为环路数。

一般情况下希望避免增加换热设备数，所以设计成 $L=0$，同理，如果碰巧网络中存在独立的子集（即两个冷、热流刚好能换热达到各自的目标温度），则还可以减少换热设备的台数。

c. 消去试探法。当夹点匹配完成后，可用“消去试探法”来减少匹配数，以使换热器设备数最少。

夹点设计法包括四个主要步骤：ⓐ将换热网络由夹点分成两个分离的网络；ⓑ这两个网络均由夹点处开始往离开夹点换热单元方向，按夹点设计法的物流数准则进行设计；ⓒ当夹点处有可挑选方案时，设计者可根据自己的经验决定；ⓓ用“消去试探法”确定夹点换热单元的热负荷。

⑥ 总费用目标预优化。从 T-H 图上可以看出，随着 ΔT_{min} 的减小，能耗费用逐渐降低，而投资费用则增大。两者之和即总费用曲线有一最小值。显然，总费用最小对应的夹点温差就是最优夹点温差 $\Delta T_{min,opt}$。

使用夹点技术合成换热网络的步骤如下：a. 用总费用目标预优化预测最优夹点温差 $\Delta T_{min,opt}$；b. 以 $\Delta T_{min,opt}$ 为夹点温差，求出夹点和对应的最小公用工程；c. 在夹点处将网络分为上、下两个子网络；d. 运用前述夹点设计法，分别进行夹点上、下两个子网络的冷、热流匹配；e. 两个子网络相加，形成总体网络。

（2）过程系统能量集成的夹点分析方法

① 总复合线。其含义为各温度段冷、热流热量相平衡后净需要（阱）或富裕（源）的热负荷。夹点处净热负荷为零。夹点之上为净热阱子系统；夹点之下为净热源子系统。图 3.29 中阴影区域表示子系统内源、阱匹配的平衡温位区域。应用总复合线可解决多水平公用工程问题。

② 适当布置原理。

a. 精馏塔。精馏塔应置于夹点一侧，即其再沸器和冷凝器要么都在夹点之上，要么都在夹点之下，这样精馏塔的引入便不会额外增加系统的公用工程消耗。

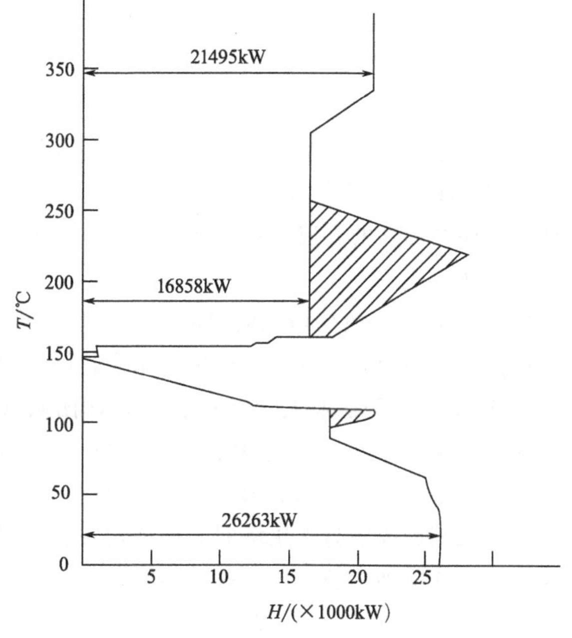

图 3.29　总复合线图

b. 热泵。热泵应该跨夹点，即从夹点以下吸收工艺过程的过剩热量，通过热泵将其温位提高到夹点以上，供夹点以上工艺物流加热用，这样便同时满足了冷、热公用工程的消耗量。

热泵的适当布置原则并非必须遵循，如某个热源的气相工艺物流冷凝温度接近或略低于环境温度而需使用制冷机时，便可考虑采用压缩式热泵将其升压，提高冷凝温度，而采用冷却水使其冷凝，这样的热泵比采用冷冻机经济，但是在夹点以下。

③ 加减规则。增加夹点之上可利用的热源，使热流复合线向右延伸；减少夹点之上的冷物流，使冷流复合线向左回缩；增加夹点之下需要加热的负荷，使冷流复合线向左延伸；减少夹点之下的热源的热负荷，使热流复合线向右回缩。

3.3.1.2 能量综合策略方法及其应用

（1）能量利用子系统的优化设计

① 反应过程的能量综合优化。

a. 改变反应工艺条件，降低工艺总用能。降低反应压力和吸热反应的温度；提高转化率和产率，减少副反应；优选反应物相态、浓度；优选反应工艺方法、工艺路线；优化原料循环量。

b. 反应供、取热方案的优化。优化传热温差；选择合适的传热方式；选择恰当的放热反应温度。

c. 减少反应过程的压降。减小床层压降是节约压缩机能耗的重要手段；改轴向流为径向流是一种有效的方法；改固定床为流化床可能效果更佳。

② 分离过程的㶲经济优化。精馏塔能量综合的内容如下。

a. 回流比-塔板数-分离程度优化权衡。

b. 降低全塔压降。

c. 传质强化-提高板效率和全塔效率。

d. 分离顺序优化。

e. 耦合塔。

f. 复合塔。某些产品从侧线抽出，避免无谓的重复冷凝汽化。

g. 中间再沸器及中间冷凝器。中间再沸器位于塔底再沸器和进料段之间，用部分低温热代替塔底再沸器的高温热；中间冷凝器位于塔顶冷凝器和进料段之间，用高温取热取代部分低温取热。

h. 改变塔压。改变塔压的目的是希望利用热工艺物流或较低品位的热公用工程作为再沸器的热源，或使其冷凝器的热量能作为其他塔的再沸器热源或有利于加热工艺冷流。

以 2019 年中国矿业大学（北京）Next 团队《金陵石化分厂年产 40 万吨醋酸乙烯项目》作品为例，由于醋酸与水的相对挥发度很小，故对醋酸废液采用萃取精馏技术进行醋酸的回收，但萃取精馏采用的萃取剂为高沸点物质，因此萃取剂回收塔的再沸器热负荷较大，温度较高。萃取剂回收塔为常压塔时，塔底温度达到 290℃，中压蒸汽无法满足使用温度要求，故需要高能耗的加热炉。针对这一问题，采用减压操作，塔顶压力降为－78kPa，经减压操作后，萃取剂回收塔的热负荷大大降低，塔底温度下降 50℃，降为 240℃，中压蒸汽可满足加热要求。能耗对比结果见表 3.16。

表 3.16 常压精馏与减压精馏能耗对比

	冷却能耗/kW	加热能耗/kW	总能耗/kW	加热介质
常压精馏	−28530.5	40742.3	69272.8	天然气
减压精馏	−31198.4	35589.9	66788.3	中压蒸汽
节能效果	−9.35%	12.65%	3.59%	

从表 3.16 中可以看出，采用减压操作后，冷负荷有所增加，热负荷有所减少，但总能耗呈下降趋势，减压精馏相比常压精馏总能耗下降 3.59%，更重要的是采用减压精馏，再沸器的加热介质发生改变，加热介质的成本大大降低。

i. 多效塔。将高压塔的塔顶冷凝潜热作为低压塔的再沸器热源。

多效精馏作为一个新兴发展的节能工艺，主要因为其低能耗、低品位热量利用和高热力学效率的特点引起了人们的高度重视。多效精馏的节能效果 η 与效数 N 的关系为：

$$\eta = \frac{N}{N-1} \tag{3-17}$$

由上式可知，效数越多则节能效果越明显，单效改为双效可节能 50%，双效到三效 η 增加 17%，三效到四效 η 仅增加了 8%。

以 2016 年中国矿业大学（北京）Signal 团队《上海高桥石化年产 15 万吨丙烯腈项目》为例，乙腈精制过程中，由于乙腈与水形成共沸体系，单塔分离难以达到精制要求。对于共沸体系，一般采用添加共沸剂或者变压精馏的方式进行分离。添加共沸剂工艺全回流分水时间长，操作复杂，还要考虑共沸剂的分离回收，使得产品分离路线变长。也有采用盐析方法，加入氟化钾或碳酸钾与氟化钾混合液使有机相跳过共沸点，但是该工艺废水污染较大。综上考虑，工艺初步拟采用双压精馏（图 3.30）。优点如下：①无第三组分参与分离，减少了共沸剂费用；②避免了第三组分污染环境；③操作简单，工艺简短，适合大规模处理。

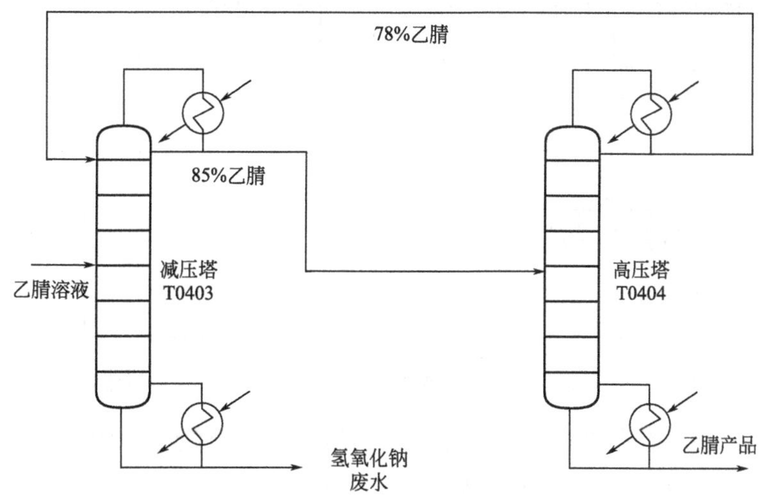

图 3.30 双压精馏流程

另外根据高压塔塔顶冷凝器与低压塔再沸器热负荷相匹配进行冷热物流换热和双效精馏设计。图 3.31 为工艺双压精馏原 Aspen Plus 模拟流程图。

项目成员对双压精馏进行优化，增加双效精馏设计，高压塔蒸汽与低压塔再沸器换热，

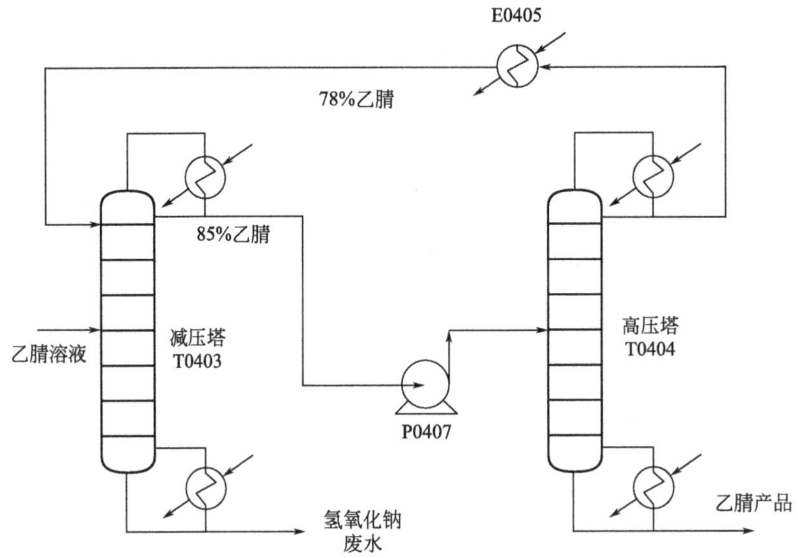

图 3.31 双压精馏原 Aspen Plus 模拟流程

以实现节能目的。图 3.32 为双效双压精馏 Aspen Plus 模拟流程图。

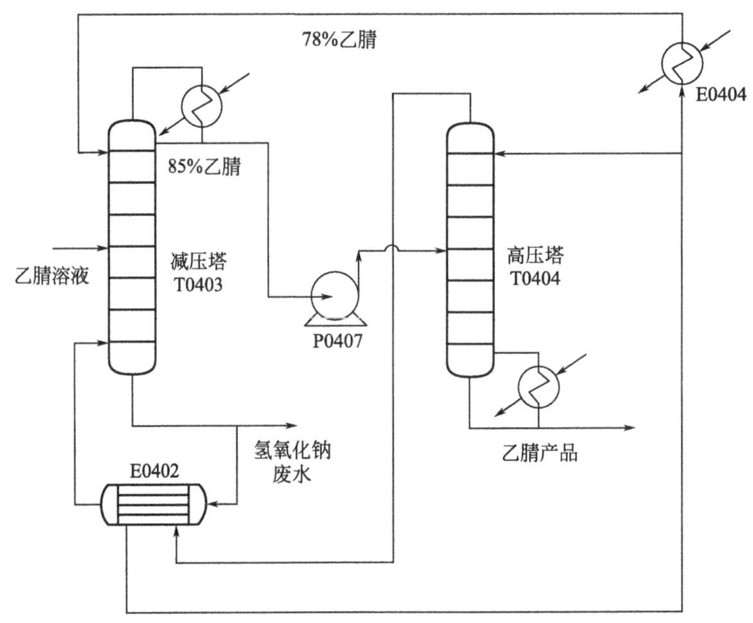

图 3.32 乙腈精制双压精馏之双效精馏 Aspen Plus 模拟流程

高压塔塔顶蒸汽经低压塔再沸器换热，热负荷达 3804.71kW，模拟结果如图 3.33。经 Aspen Plus 模拟，采用双效精馏与原工艺相比，再沸器节能效果：

$$3804.71\div(4131.81+3804.71)=47.9\%$$

j. 精馏与其他工艺的联合，如反应精馏。

(2) 能量回收子系统优化设计

① 热能回收子系统的优化设计。

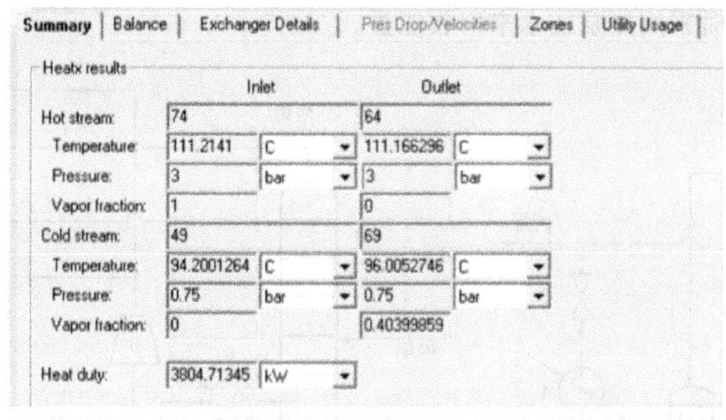

图 3.33　低压塔再沸器与高压塔蒸汽换热结果

a. 热能利用的大系统匹配。ⓐ工艺装置之间的物流换热；ⓑ装置间“热进、出料”，即上游中间产品不经冷却，而直接进入下游装置；ⓒ工艺装置与公用工程单元联合；ⓓ工艺单元与储运单元联合；ⓔ内外热阱充分利用。

b. 换热网络的优化设计。

c. 换热网络优化合成时要注意以下几个问题。ⓐ换热网络优化范围和物流的确定需考虑以下工程因素：因操作温度、压力相差悬殊和腐蚀因素，而使换热器的壳体厚度、材质的投资差别很大；因物流相态不同，膜传热系数相差很大；因距离太远，管线投资、压降等太大；因对物流要求特殊，某些匹配被禁止。ⓑ常常有必要把某些物流另列，单独考虑换热匹配，而只把一定的适宜的冷热流纳入换热网络优化系统内。ⓒ采用中间传热介质，通常为水蒸气、软化水或作为热载体的专用油品或有机物乃至熔融的无机盐，在一个换热网络合成系统中分别作为热阱和热源出现两次。

② 能量升级利用技术及其优化。能量升级利用技术，是指通过一个循环系统（完全闭路或与某工艺系统结合）把能级较低的能量转换为能级较高的热能、冷量或功的技术。

能量升级利用有以下途径。

a. 热泵（HP）。热泵是在精馏过程中通常采用的一种有效的节能技术。采用热泵工艺，不仅可使生产能耗大幅降低，而且可使冷却介质的温度在生产操作中不再具有决定性的作用。常用热泵流程有 2 种类型，即塔顶蒸汽直接压缩式(以下简称为 A 型热泵流程）和塔釜液闪蒸再沸式(以下简称为 B 型热泵流程)。

A 型热泵精馏是以塔顶蒸汽作为工质。塔顶蒸汽经压缩升温后进入塔底再沸器，在此冷凝放热使塔釜液再沸腾，塔顶蒸汽冷凝为液体再经节流阀减压后，一部分作为产品采出，另一部分回流。为了使回流温度能够满足塔顶温度控制的要求，增设辅助冷却器以对回流液进一步冷却。A 型热泵精馏流程如图 3.34 所示。

B 型热泵精馏是以塔釜液为工质。塔釜液一部分作为产品直接采出，剩余部分则经节流闪蒸，吸收塔顶气相的热量后转化为气相，气相经压缩机压缩后用作塔釜的热源。B 型热泵精馏流程如图 3.35 所示。

以 2020 年中国矿业大学（北京）RUN 团队《中金石化分厂 120kt/a 异戊二烯项目》为例，在原料预处理工段，正戊烷和异戊烷分离时正戊烷和异戊烷的相变均需要吸收较大的能量，并且在发生相变时，塔顶异戊烷的相变温度与塔釜正戊烷的相变温度差值小于 36.0℃，此时考虑采用热泵精馏技术就可以一定程度上避免压缩机做功过多从而增加能耗，故在正戊烷和异戊烷的分离时采用热泵技术来回收能量。

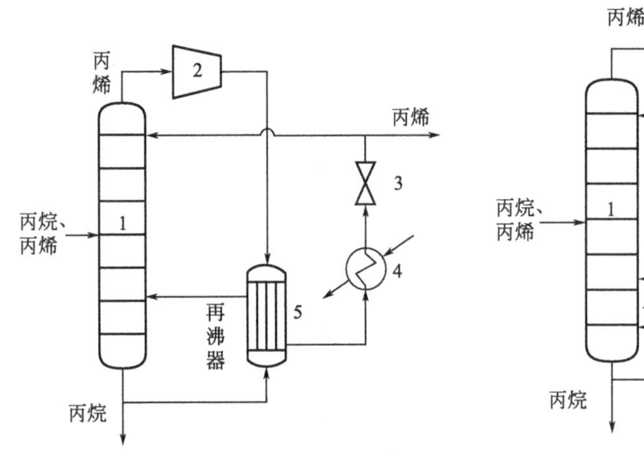

图 3.34 A 型热泵精馏流程

1—丙烯精馏塔；2—压缩机；3—节流阀；4—辅助冷却器；5—塔底再沸器；

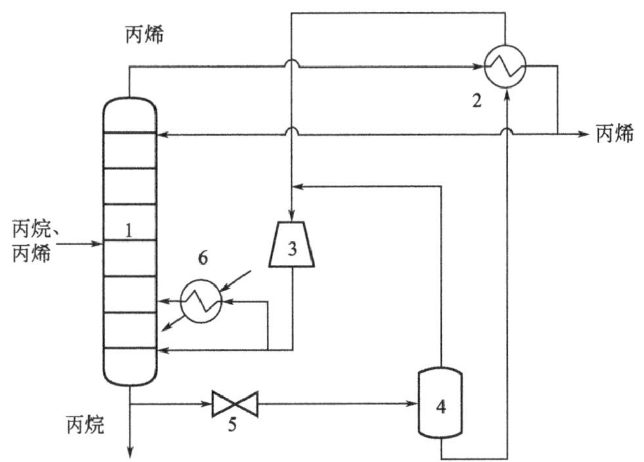

图 3.35 B 型热泵精馏流程

1—丙烯精馏塔；2—冷凝器；3—压缩机；4—闪蒸罐；5—节流阀；6—辅助冷却器；

使用的热泵精馏技术流程如图 3.36（b）所示，原始工艺流程考虑采用普通精馏塔，而考虑热泵时，首先要考虑的是如何回收塔顶蒸汽相变热来供应塔釜，可以考虑使用压缩机来为塔顶蒸汽加压提高其沸点，从而提高其相变温度，使得其潜热可以用来加热塔釜物流，之后再考虑采用减压阀为塔顶换热后的物流进行减压即可，最后需要考虑的是如何实现塔顶及塔釜汽液混合物的分离问题，这里考虑使用闪蒸罐来实现塔顶及塔釜汽液混合物的分离问题。从塔顶闪蒸罐蒸出的汽相即为异戊烷直接采出，留下的液相作为回流液回流入塔；而从塔釜闪蒸罐蒸出的汽相则作为蒸汽回流入塔，在闪蒸罐中留下的液相及正戊烷组分则作为塔釜采出进入下一工段。

热泵技术应用前后工艺流程对比见图 3.36。能量消耗对比见表 3.17。

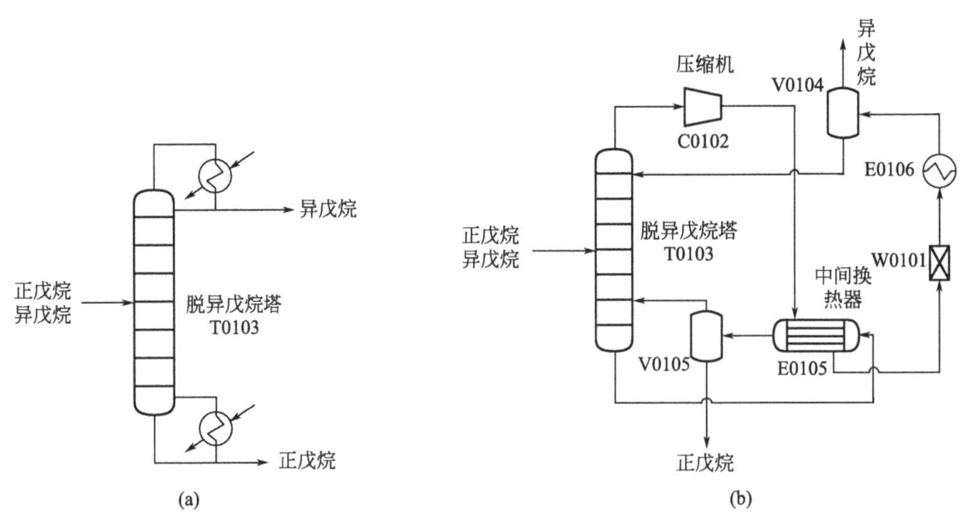

图 3.36 热泵技术应用前后流程对比

表 3.17 热泵应用前后原料预热能耗对比表（不含换热网络）

项目	无热泵	有热泵
热公用工程/kW	11196.36	0
冷公用工程/kW	10116.33	149.17
热泵压缩机能耗/kW	0	1229.2
总能耗/kW	21312.69	1378.37

由表 3.17 可知，热泵精馏技术的应用实现了对精馏塔塔顶异戊烷组分相变热的回收利用，使得原料分离能耗降低 19934.32kW，约 93.53%；同时还使 T0103 精馏塔塔顶冷凝能耗由 10116.33kW 降低至 149.17kW，节省冷公用工程能耗 9967.16kW；使 T0103 精馏塔塔釜再沸器能耗由 11196.36kW 降低至 0kW，节省热公用工程能耗 11196.36kW。

b. 功（动力）回收技术。压力较高的工艺物流需要减压送到下一设备、工段或储运系统，这样的工艺物流所携带的压力能变为可用功（动力）用回收设备（如膨胀机、水力透平等）来回收，用于驱动本装置的压缩机、泵等或发电向外输送。

3.3.2 采用 Aspen Energy Analyzer 能量集成

3.3.2.1 Aspen Energy Analyzer 介绍

Aspen 拥有自带的能量分析模块，能够轻松帮助用户实现热集成和换热网络的优化。在较早期的版本中，称为 Aspen Pinch，而在近些年的版本中改名为 Aspen Energy Analyzer。

Aspen Energy Analyzer 换热网络的合成与优化主要基于夹点技术。在用户指定的夹点温度下，它能够自动合成多套换热网络备选方案。由于换热网络的合成要考虑到设备费用与操作费用等各种复杂的情况，如果是基于换热网络合成的准则进行人工合成，那将会是一个庞大的工程，并且可能只会考虑到局部的优化而忽略整体优化，在这方面 Aspen Plus 软件是一个有利的工具。但是我们也应该看到，在实际使用过程当中，Aspen Plus 并不能生成最佳的换热网络。计算机模拟生成最优换热网络是近几年来热门的研究课题，目前有基于 Grossmann 的超结构模型的改进算法、神经网络算法、模拟退火算法等各种智能算法，但没有一个算法能够确保对于任何换热工况都能模拟出最佳的网络。另一方面我们也应该看到，Aspen Plus 模拟出的换热网络存在不符合实际的情况，如两股相隔较远的流股进行换热。在这种情况下，虽然能够实现能量的回收，但是管道铺设费用将大大增加。因此，Aspen Energy Analyzer 主要用于初步的换热网络合成。

3.3.2.2 原始工艺物流提取

提取 Aspen Plus 或 Hysys 中模拟流程中的物流数据（图 3-37），或者通过人工手动输入。

选取公用工程（图 3.38），调整公用工程的进出口温度及费用参数，确保冷、热公用工程满足系统要求，无警告。

3.3.2.3 原始工艺流股的能耗分析

点击“Range Targets”得到最小温差与总费用之间的关系曲线。可调节右下角“DT-

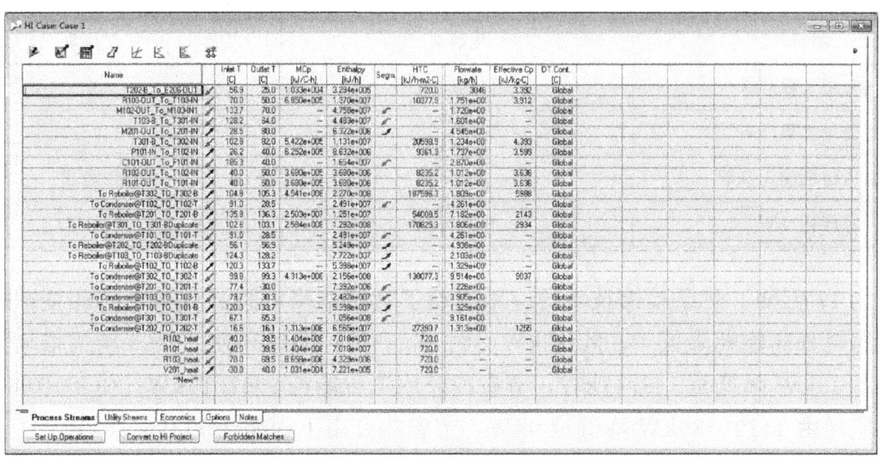

图 3.37 导入物流数据图

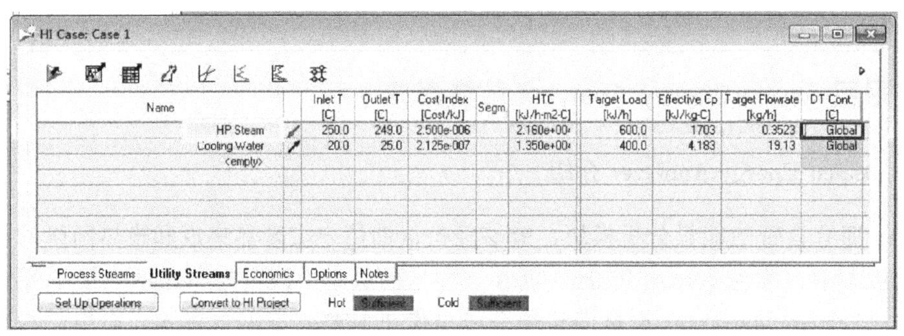

图 3.38 公用工程设置图

min Range”按钮使曲线更加明显。根据总费用与最小传热温差关系图确定最优 $\Delta T_{\min}$，即曲线最低点所对应的最小传热温差，一般为 10～20℃，不低于 5℃。

以 2020 年中国矿业大学（北京）RUN 团队作品为例，在 Aspen Energy Analyzer 中评估最小传热温差对系统经济性的影响，获得系统总费用与最小传热温差的关系曲线，如图 3.39 所示。

当最小传热温差过小时（<7℃），所需换热面积太大，换热单元数较多，换热网络操作弹性较差，因此不予考虑。考虑到在石油化工行业的最小传热温差经验值为 10.0～20.0℃，由图 3.39 可以看出，当最小传热温差在 10.0～20.0℃区间变化时，Aspen Energy Analyzer 分析得到的总费用随着最小传热温差的上升逐渐升高，因此，在最小传热温差经验值范围内 10.0℃时总费用最小，可以达到节能的目的，故选定最小传热温差为 10.0℃。

图 3.40 所示的组合曲线表明了工艺流股中所有热流股和冷流股的换热量及温位要求。过程流股 0205 到 0206 即为从反应器 R0202 出口物料的冷凝和冷却过程，过程流股 0305 到 0306 即为从反应器 R0302 出口物料的冷凝和冷却过程，这两股热流股都具有能位高、热量大的特点，具有较高的回收利用价值。此外，图 3.40 中过程组合曲线红色线在 27.0℃左右的平台区（由于本流程高温物流过高且总能耗过大，因此该平台区表现不是很明显）体现了从塔 T0103 塔顶出口蒸汽的冷凝过程，虽然其温位不高，但由于其流量和潜热均较大，因此也具有极大的回收价值；过程组合曲线在 36.0℃左右的平台区（由于本流程高温物流过

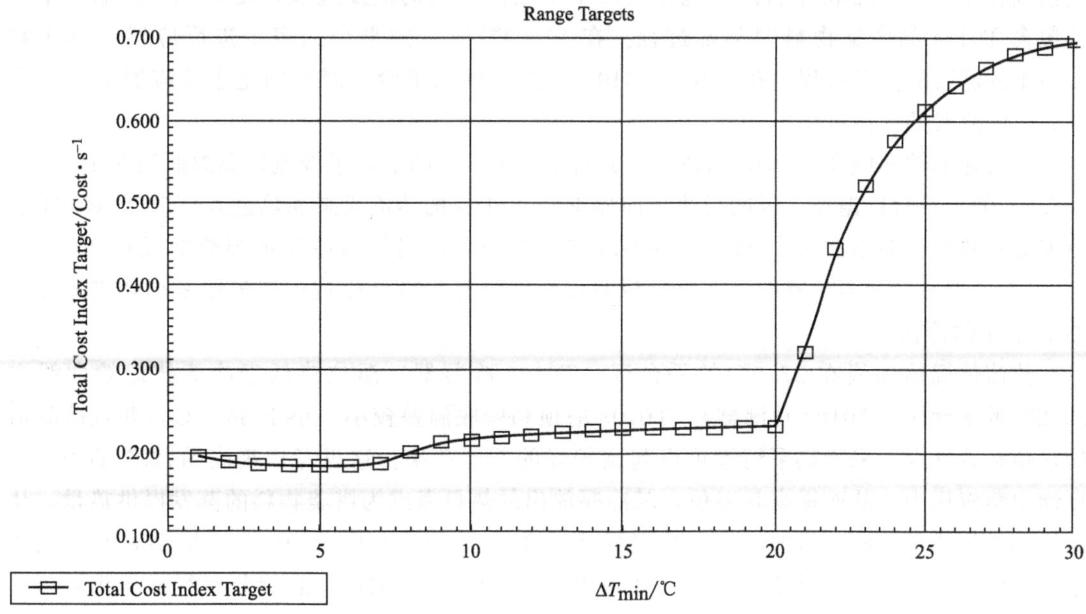

图 3.39　总费用-最小传热温差关系曲线图（原始工艺流股）

高且总能耗过大，因此该平台区表现不是很明显）体现了 T0104 塔顶蒸汽的相变热，可考虑采用双效精馏技术实现相变潜热的多级利用。

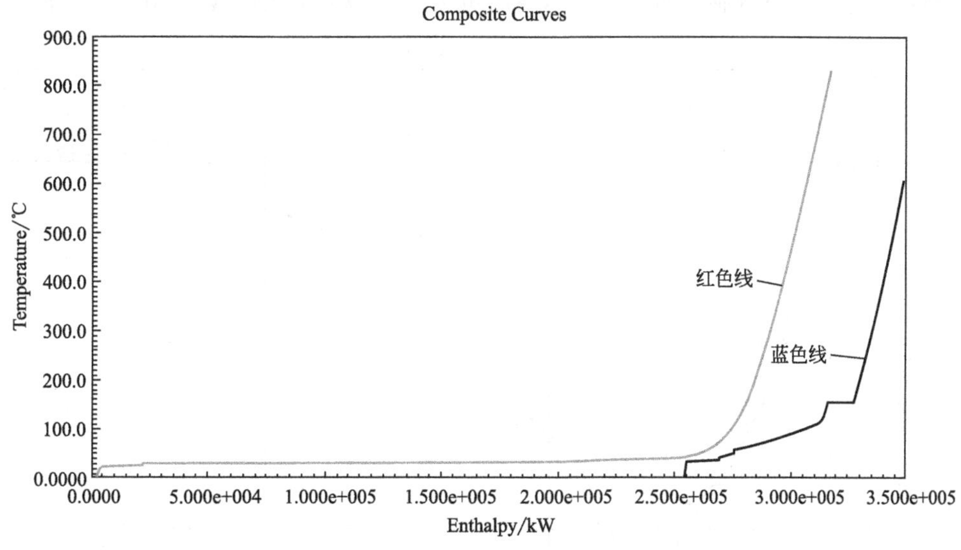

图 3.40　过程组合曲线图（原始工艺流股）

3.3.2.4　工艺流程的改进及改进后工艺流股的提取及分析

通过分析组合曲线图，进行工艺流程的改进。从图 3.40 的组合曲线可以看出，红色线表示的热流体在 27.0℃左右存在平台区，表示精馏塔 T0103 冷凝器中的相变热，在 36℃左右的平台区表示精馏塔 T0104 冷凝器中的相变热。160.0～313.6℃、313.6～831.5℃均存在较长的斜平台区，对应反应器 R0202 和 R0302 的出口物料冷凝器中的冷却热和冷凝热。

蓝色线在 40.0℃左右的平台区中包含 T0103 的塔釜物料的蒸发过程，在 74.0℃左右的平台区包含 T0104 的塔釜物料的蒸发过程。在 150.0℃左右的平台区表示进反应器 R0201 和 R0301 的流股的蒸发过程，在 150.0～610.0℃左右的斜平台区对应的是进反应器 R0201 和 R0301 的流股的升温过程。

热流体温焓曲线在 160.0～313.6℃的斜平台区温位明显高于冷流体温焓曲线在 150.0～275.0℃的斜平台区温位，说明可由反应器 R0202 生成的热流股来加热进入反应器 R0201 的冷流股；热流体温焓曲线在 313.6～831.5℃的斜平台区温位与冷流体温焓曲线在 275.0～610.0℃的斜平台区温位有较大重合，说明可由反应器 R0302 生成的热流股来加热进入反应器 R0301 的冷流股。

热流体温焓曲线在 27.0℃的平台区（T0103 冷凝器）温位略低于冷流体温焓曲线在 35.2℃的平台区（T0103 再沸器），T0103 塔顶和塔底温差较小，小于 36.0℃，并且冷凝器的热负荷足够大，采用热泵精馏可以起到较好的节能效果。这里考虑提高精馏塔 T0103 塔顶馏出蒸汽压力，从而提高其温位，其冷凝放出的热量考虑为塔釜物料的蒸发提供热量，从而达到塔顶热量回收的目的。热流体温焓曲线在 36℃的平台区（T0104 冷凝器）及冷流体温焓曲线在 74℃左右的平台区（T0104 再沸器），温位不是太高，且待分离组分的相对挥发度对压力变化不是很敏感，因此可考虑使用双效精馏技术实现相变潜热的多级利用。

由于正戊烷异构化和异戊烷脱氢反应器是整个流程中温位最高之处，并且原料预处理过程也消耗较多能量，上述优化措施大幅节省了全流程的公用工程消耗。

再按照 3.3.2.2 小节和 3.3.2.3 小节中的方法对改进后的工艺流股进行提取和分析。对最小传热温差进行经济评估，得到新的总费用-最小传热温差关系曲线，如图 3.41 所示。

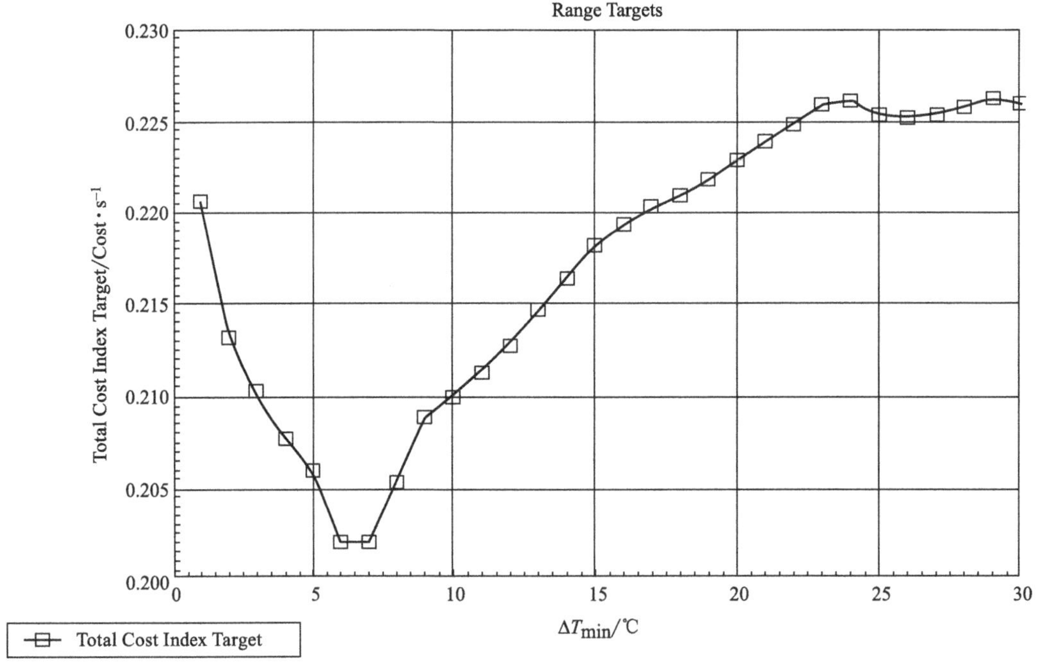

图 3.41　总费用-最小传热温差关系曲线图（改进工艺流股）

当最小传热温差过小时（<7℃），所需换热面积太大，换热单元数较多，换热网络操作弹性较差，因此不予考虑。考虑到在石油化工行业的最小传热温差经验值为 10.0～20.0℃，

由图 3.41 可以看出，当最小传热温差在 10.0～20.0℃区间变化时，Aspen Energy Analyzer 分析得到的总费用随着最小传热温差的上升逐渐升高，因此，在最小传热温差经验值范围内 10.0℃时总费用最小，可以达到节能的目的，故选定最小传热温差为 10.0℃。

将最小传热温差设为 10.0℃，可以得到热集成过程的能量目标（图 3.42）。

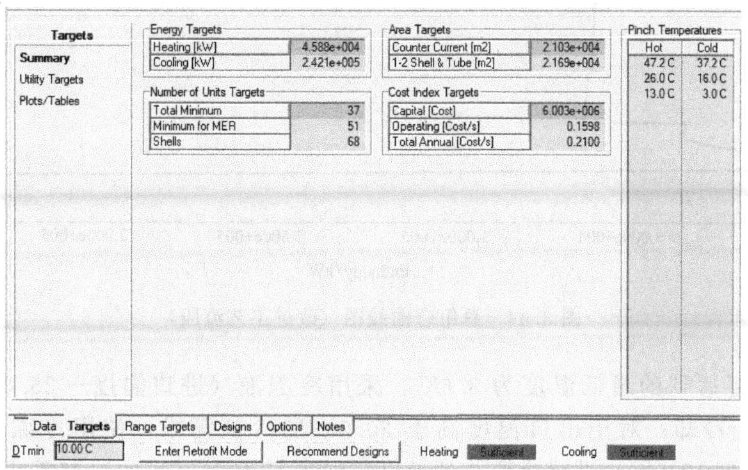

图 3.42　热集成过程的能量目标

由图 3.42 可以看出，理论上最少需要热公用工程能量 4.018×10^4kW，最少需要冷公用工程能量 5.136×10^4kW。夹点温度为：热流股 47.2℃；冷流股 37.2℃；热流股 26.0℃；冷流股 16.0℃；热流股 13.0℃；冷流股 3.0℃。

得到流程改进后的过程组合曲线图（图 3.43）及总组合曲线图（图 3.44）：

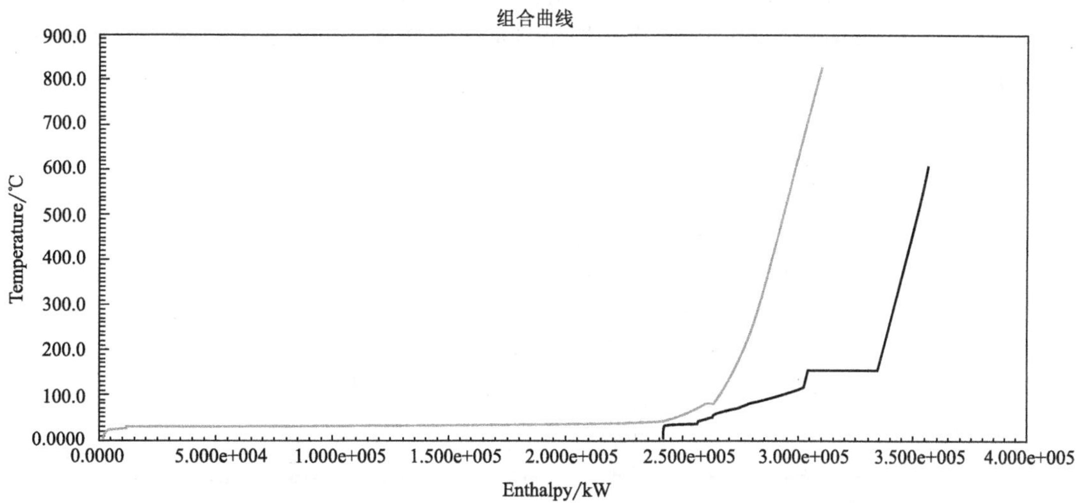

图 3.43　过程组合曲线图（改进工艺流股）

通过分析组合曲线，可以得出流程内部换热后，可以回收利用大部分能量，除此之外冷流股需要达到的最高温度为 610.0℃，可使用脱氢反应器出料供热，对其他流股加热，采用低压蒸汽加热以降低高品位蒸汽消耗，因此，根据园区公用工程供应情况，热公用工程选用 0.80MPa 低压蒸汽。

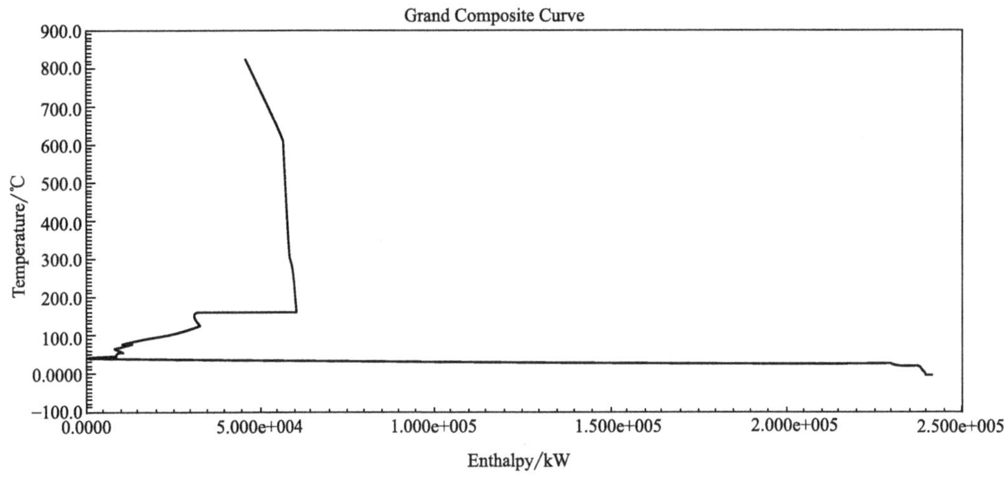

图 3.44 总组合曲线图（改进工艺流股）

热流股需要达到的最低温度为 3.6℃，采用冷冻液（进口温度－25.0℃，回水温度－24.0℃）进行冷却；对于出口温度高于 20.0℃的冷却需求，使用冷冻水（进水温度 7.0℃，回水温度 12.0℃）进行冷却；对于出口温度高于 32.0℃的冷却需求，使用冷却水（进水温度 20℃，回水温度 25℃）进行冷却。

3.3.2.5 换热网络合成

换热网络的设计自由度较大，所获得的方案数目众多，但是合理的换热网络需要经过筛选与优化。在设计换热网络时，需要考虑工艺流股换热的可能性，最好还要将设备费用等因素也考虑进去，以便获得最为合理的换热网络。

使用 Aspen Energy Analyzer 的换热网络自动生成功能，可生成一定数量的换热方案（图 3.45）。

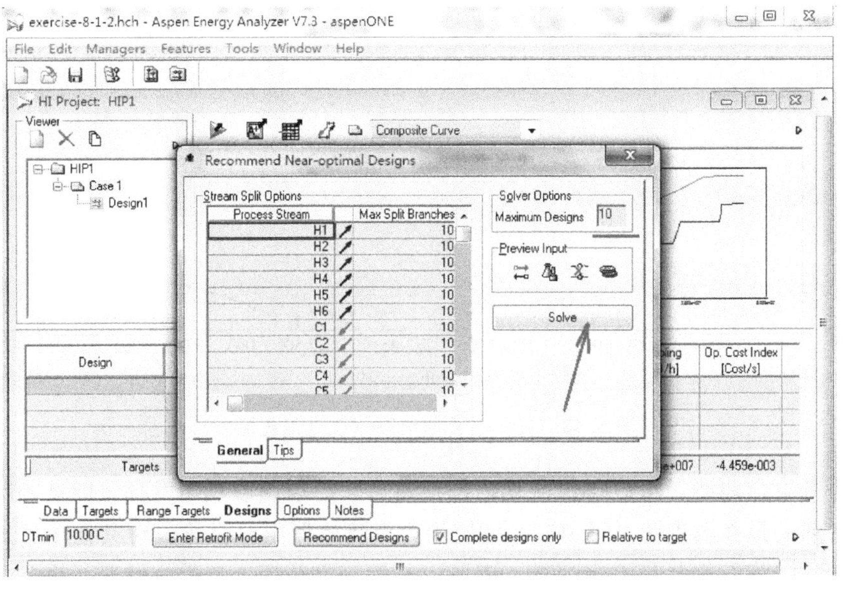

图 3.45 推荐换热网络设置

根据优化出的结果，一般选取总费用最小且跨工段换热最少的换热网络作为初步换热网络设计最优方案（图 3.46）。

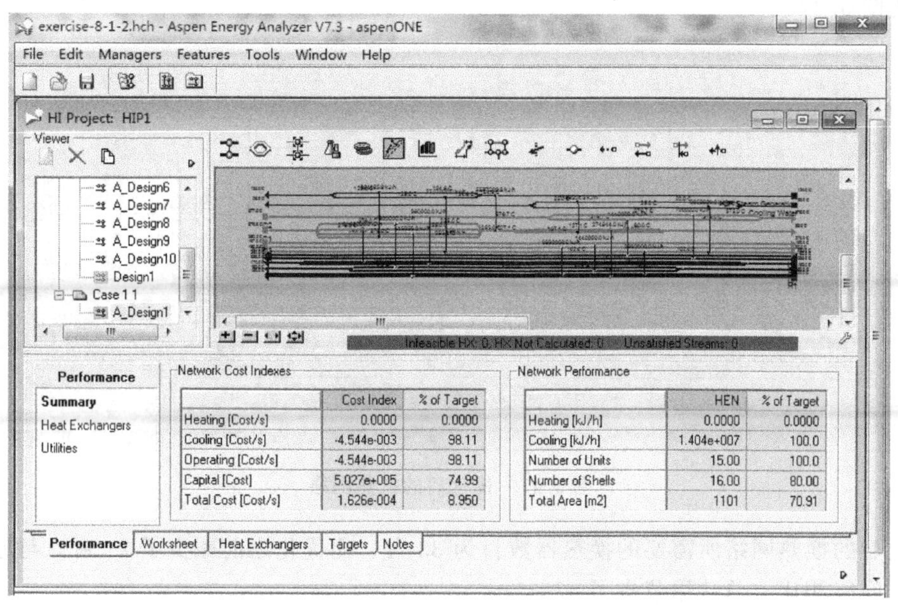

图 3.46 系统生成初步换热网络

3.3.2.6 换热网络优化

换热网络优化方法是在采用夹点设计法得到的最大能量回收换热网络的基础上，经过调优，得到换热设备个数较少的系统结构，从而得到最优或接近最优的设计方案。上述所得的较优换热网络仍有很大优化空间。

减少换热器数目的主要方法有流股分割法和切断热量回路法（能量松弛法）。但流股分割法减少了操作的灵活性，使过程操作复杂化。在可能的情况下，尽可能采用能量松弛法进行优化。

能量松弛法是通过合并相同物流间的两个换热器，将两个换热器的热负荷转移到一个换热器上，两物流间交换的总负荷不变，传热温差发生变化。但这样常常会导致穿过夹点的热量流动，导致公用工程相应增加，使得换热网络的合成偏离最大能量回收目标，因而称之为能量松弛法。

对于换热网络中存在的一些设置明显不合理的热负荷比较少的换热器，通过能量松弛法，将其与相邻换热器合并，减少换热器数目。在减少换热器的同时，去除了一些不必要的分流操作，可以使总费用下降，也使得换热网络更加便于布置。

同时合理考虑换热器进出口温差及换热面积的设计，合并换热面积较小的换热器，拆分换热面积较大的换热器，删去了实际中难以实现分离的物流，删去跨工段换热，并结合实际调整公用工程的使用方式及使用类型，这样既实现了能量集成的目标，又避免了不切实际的设计。

在实际操作中，一般不能有 Loop 回路的存在，故应该删去负荷或者换热面积较小的换热器，将其合并到其他换热器，打破回路，减少换热器数目。再通过 Path 通路来调节换热量，使换热器的热负荷得到松弛。另外，相距较远的物流间换热会使管路成本增大，增加设备投资成本，且操作不稳定，此类换热器也需要删除。RUN 团队经过以上调整，将换热网络优化为图 3.47。

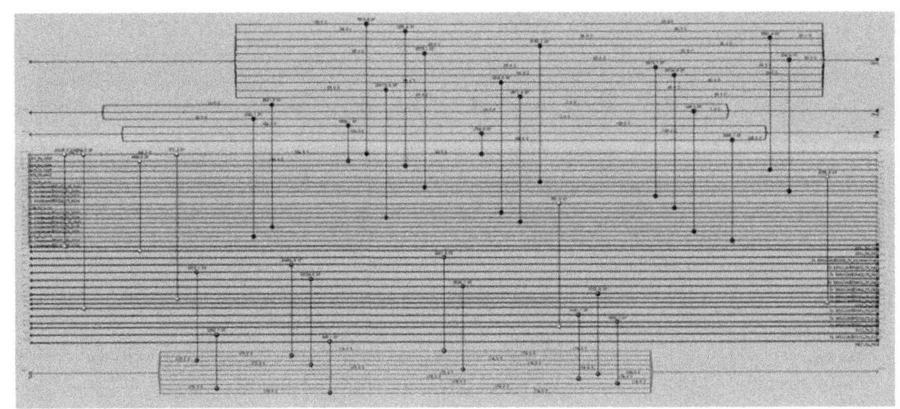

图 3.47 优化后的换热网络

优化后的换热网络所需要的换热器数目为 33 台，比优化之前减少了 21 台。与原始工艺流股换热网络相比，总费用节省了 47.81%。

3.3.3 能耗计算

能耗计算依据《综合能耗计算通则》(GB/T 2589—2020)。

3.3.3.1 术语和定义

① 耗能工质（energy-consumed medium）。在生产过程中所消耗的不作为原料使用、也不进入产品，在生产或制取时需要直接消耗能源的工作物质。耗能工质主要包括新水、软化水、压缩空气、氧气、氮气、氦气、乙炔、电石等。

② 能量的当量值（energy calorific value）。不同形式的能量相互转换时的相当量。按照能量的法定计量单位焦耳，热能、电能、机械能等不同形式的能量，相互之间的换算系数均为 1。

③ 能量的等价值（energy equivalent value）。生产单位量的二次能源或耗能工质所消耗的各种能源折算成一次能源的数量，以标准煤表示。

④ 用能单位（energy consumption unit）。具有确定边界的耗能单位。

⑤ 综合能耗（comprehensive energy consumption）。在统计报告期内生产某种产品或提供某种服务实际消耗的各种能源实物量，按规定的计算方法和单位分别折算后的总和。对生产企业，综合能耗是指统计报告期内，主要生产系统、辅助生产系统和附属生产系统的能耗总和。综合能耗的单位通常为克标准煤（gce）、千克标准煤（kgce）和吨标准煤（tce）等。

⑥ 单位产值综合能耗（comprehensive energy consumption for unit output value）。统计报告期内，综合能耗与用能单位总产值或增加值（可比价）的比值。单位产值综合能耗单位通常为千克标准煤每万元（kgce/万元）、吨标准煤每万元（tce/万元）等。

⑦ 单位产品综合能耗（comprehensive energy consumption for unit output of product）。

统计报告期内，综合能耗与合格产品产量（作业量、工作量、服务量）的比值。产品是指合格的最终产品或中间产品。对以原料加工等作业量为考核能耗对象的用能单位，其单位作业量综合能耗的概念也包括在该定义之内。单位产品综合能耗单位根据产品产量（作业量、工作量、服务量）量纲不同可包括千克标准煤每千克（kgce/kg）、千克标准煤每立方米（kgce/m^3）等。

⑧ 单位产品可比综合能耗（comparable comprehensive energy consumption for unit output of product）。为在同行业中实现相同产品的单位产品综合能耗可比，对影响产品能耗的主要因素加以修正所计算出来的单位产品综合能耗。单位产品可比综合能耗单位根据产品产量（作业量、工作量、服务量）量纲不同可包括千克标准煤每千克（kgce/kg）、千克标准煤每立方米（kgce/m^3）等。

⑨ 折标准煤系数（standard coal coefficient）。能源单位实物量或者生产单位耗能工质所消耗能源的实物量，折算为标准煤的数量。按照能源实物量不同，折标准煤系数的单位可包括千克标准煤每千克（kgce/kg）、千克标准煤每立方米（kgce/m^3）、千克标准煤每千瓦时（kgce/kW·h）、千克标准煤每兆焦（kgce/MJ）等。

3.3.3.2 折算为标准煤的要求

① 计算综合能耗时，各种能源应折算为标准煤。

② 实际消耗的燃料能源应以其收到基低位发热量为计算依据折算为标准煤量。按照GB/T3102.4—1993 国际蒸汽表卡换算，低位发热量等于 29307.6 千焦（kJ）［7000 千卡（kcal）］的燃料，称为 1 千克标准煤（1kgce）。按照 20℃卡换算，1 千克标准煤（1kgce）其低位发热量等于 29271.2 千焦（kJ）；按照 15℃卡换算，1 千克标准煤（1kgce）其低位发热量等于 298.5 千焦（kJ）。

③ 能源的低位发热量和耗能工质耗能量，应按实测值或供应单位提供的数据折标准煤。无法获得实测值的，其折标准煤系数可参照国家统计局公布的数据或参考表 3.18～表 3.20。自产的二次能源，其折标准煤系数应根据实际投入产出计算确定。

表 3.18 各种能源折标准煤系数（参考值）

能源名称	平均低位发热量	折标准煤系数
原煤	20934kJ/kg(5000kcal/kg)	0.7143kgce/kg
洗精煤	26377kJ/kg(6300kcal/kg)	0.9000kgce/kg
洗中煤	8374kJ/kg(2000kcal/kg)	0.2857kgce/kg
煤泥	8374～12560kJ/kg (2000～3000kcal/kg)	0.2857～0.4286kgce/kg
煤矸石(用作能源)	8374kJ/kg(2000kcal/kg)	0.2857kgce/kg
焦炭(干全焦)	28470kJ/kg(6800kcal/kg)	0.9714kgce/kg
煤焦油	33494kJ/kg(8000kcal/kg)	1.1429kgce/kg
原油	41868kJ/kg(10000kcal/kg)	1.4286kgce/kg
燃料油	41868kJ/kg(10000kcal/kg)	1.4286kgce/kg
汽油	43124kJ/kg(10300kcal/kg)	1.4714kgce/kg
煤油	43124kJ/kg(10300kcal/kg)	1.4714kgce/kg

能源名称	平均低位发热量	折标准煤系数
柴油	42705kJ/kg(10200kcal/kg)	1.4571kgce/kg
天然气	32238～38979kJ/m^3 (7700～9310kcal/m^3)	1.1000～1.3300kgce/m^3
液化天然气	51498kJ/kg(12300kcal/kg)	1.7572kgce/kg
液化石油气	50242kJ/kg(12000kcal/kg)	1.7143kgce/kg
炼厂干气	46055kJ/kg(11000kcal/kg)	1.5714kgce/kg
焦炉煤气	16747～18003kJ/m^3 (4000～4300kcal/m^3)	0.5714～0.6143kgce/m^3
高炉煤气	3768kJ/m^3(900kcal/m^3)	0.1286kgce/m^3
发生炉煤气	5234kJ/m^3(1250kcal/m^3)	0.1786kgce/m^3
重整催化裂解煤气	19259kJ/m^3(4600kcal/m^3)	0.6571kgce/m^3
重整热裂解煤气	35588kJ/m^3(8500kcal/m^3)	1.2143kgce/m^3
焦炭制气	16329kJ/m^3(3900kcal/m^3)	0.5571kgce/m^3
压力气化煤气	15072kJ/m^3(3600kcal/m^3)	0.5143kgce/m^3
水煤气	10467kJ/m^3(2500kcal/m^3)	0.3571kgce/m^3
粗苯	41868kJ/kg(10000kcal/kg)	1.4286kgce/kg
甲醇(用作燃料)	19913kJ/kg(4756kcal/kg)	0.6794kgce/kg
乙醇(用作燃料)	26800kJ/kg(6401kcal/kg)	0.9144kgce/kg
氢气(用作燃料,密度为0.082kg/m^3)	9756kJ/m^3(2330kcal/m^3)	0.3329kgce/m^3
沼气	20934～24283kJ/m^3 (5000～5800kcal/m^3)	0.7143～0.8286kgce/m^3

表3.19 电力和热力折标准煤系数（按能源等价值计）（参考值）

项目	折标准煤系数
电力(当量值)	0.1229kgce/(kW·h)
电力(等价值)	按上年电厂发电标准煤耗计算
热力(当量值)	0.03412kgce/MJ
热力(等价值)	按供热煤耗计算

表3.20 主要耗能工质折标准煤系数（按能源等价值计）（参考值）

耗能工质名称	单位耗能工质耗能量	折标准煤系数
新水	7.54MJ/t(1800kcal/t)	0.2571kgce/t
软化水	14.24MJ/t(3400kcal/t)	0.4857kgce/t
除氧水	28.47MJ/t(6800kcal/t)	0.9714kgce/t
压缩空气	1.17MJ/m^3(280kcal/m^3)	0.0400kgce/m^3
氧气	11.72MJ/m^3(2800kcal/m^3)	0.4000kgce/m^3
氮气(做副产品时)	11.72MJ/m^3(2800kcal/m^3)	0.4000kgce/m^3
氮气(做主产品时)	19.68MJ/m^3(4700kcal/m^3)	0.6714kgce/m^3

续表

耗能工质名称	单位耗能工质耗能量	折标准煤系数
二氧化碳气	6.28MJ/m^3(1500kcal/m^3)	0.2143kgce/m^3
乙炔	243.76MJ/m^3(58220kcal/m^3)	8.3143kgce/m^3
电石	60.92MJ/kg(14550kcal/kg)	2.0786kgce/kg

3.3.3.3 项目综合能耗及计算表

综合能耗计算范围包括实际消耗的一次能源和二次能源等各种能源，含用作原料的能源。实际消耗的各种能源可按照 GB/T 3484、GB/T 28749、GB/T 28751 等计算。

能耗工质消耗的能源应纳入综合能耗计算。能耗工质主要包括新水、软化水、压缩空气、氧气和氮气等。

能源及耗能工质在用能单位内部储存、转换及分配供应（包括外销）过程中的损耗，应计入综合能耗。

计算综合能耗可采用的原始数据包括能源计量器具读数记录、能耗在线监测系统数据记录、能源统计报表、发货单、能源费用账单等。能源计量器具配备应符合 GB 17167 的要求。

参考《综合能耗计算通则》(GB/T 2589—2020) 对项目综合能耗进行计算，计算公式如下：

$$E=\sum_{i=1}^{n}(E_i \times k_i) \tag{3-18}$$

式中，E 为综合能耗；n 为消耗的能源种类数；E_i 为生产和/或活动中实际消耗的第 i 种能源量（含耗能工质消耗的能源量）；k_i 为第 i 种能源的折标准煤系数。

注：综合能耗主要用于考察用能单位的能源消耗总量。

(1) 项目综合能量计算

例如，20℃冷却水年消耗量为 30959.48 万吨，年产量为 40 万吨，冷却水的能耗指标为 4.19MJ/kW·h，可得总能耗 30959.48×4.19=129720.22 万 MJ，单位能耗为 129720.22/40=3243.01MJ/t。

项目综合能耗计算如表 3.21 所示。

表 3.21 项目综合能耗计算表

序号	项目	年消耗量		能耗低热值或能耗指标		总能耗 (10^4MJ/a)	单位能耗 /(MJ/t)
		单位	数量	单位	数量		
1	电	10^4kW·h		MJ/kW·h	3.60		
2	循环冷却水	10^4t		MJ/t	4.19		
3	空气	10^4t		MJ/t	0.00		
4	4MPa 蒸汽	10^4t		MJ/kg	3.18		
5	仪表空气(标况)	10^4m^3		MJ/m^3	1.17		
6	氮气(标况)	10^4m^3		MJ/m^3	19.66		
…							
合计							

(2) 项目综合能耗折算当量标煤计算

例如，冷却水年消耗量为30959.48万吨，年产量为40万吨，冷却水的折算当量标煤系数为0.1429kgce/t，将二者相乘得到冷却水的折算能耗为：$30959.48\times0.1429\times10^4=4424.11\times10^4$kgce/a。

表3.22项目综合能标煤折算计算表。

表3.22　项目综合能标煤折算计算表

序号	能耗项目	年消耗量		折算当量标煤系数		折算能耗/(10^4kgce/a)	单位标煤折算能耗/(kgce/t)
		单位	数量	单位	数量		
1	电	10^4kW·h		kgce/(kW·h)	0.1229		
2	循环冷却水	10^4t		kgce/t	0.1429		
3	4MPa蒸汽	10^4t		kgce/kg	0.1086		
4	仪表空气①	10^4m^3		kgce/m^3	0.04		
5	氮气①	10^4m^3		kgce/m^3	0.671		
…							
合计							

① 标准状态，下同。

3.3.3.4　每吨产品的能耗及计算表

每吨产品的能耗即为产品单位产量综合能耗。某种产品（或服务）单位产量综合能耗按式(3-19)计算：

$$e_j=E_j/P_j \tag{3-19}$$

式中，e_j为第j种产品单位产量综合能耗；E_j为第j种产品的综合能耗；P_j为第j种产品合格产品的产量。

对同时生产多种产品的情况，应按每种产品实际耗能量计算。在无法分别对每种产品进行计算时，折算成标准产品统一计算，或按产量与能耗量的比例分摊计算。

例如，冷却水年消耗量为30959.48万吨，项目产品产量为40万吨，则冷却水单位年消耗量=30959.48/40=773.99t，冷却水的折算当量标煤系数为0.1429kgce/t，将二者相乘得到冷却水的单位折算能耗为：$773.99\times0.1429=110.60$kgce/a。

表3.23为每吨产品能耗计算表。

表3.23　每吨产品能耗计算表

序号	能耗项目	单位年消耗量		折算当量标煤系数		单位能耗/(MJ/t)	单位标煤折算能耗/(kgce/t)
		单位	数量	单位	数量		
1	电	kW·h		kgce/(kW·h)	0.1229		
2	循环冷却水	10^4t		kgce/t	0.1429		
3	4MPa蒸汽	10^4t		kgce/kg	0.1086		
4	仪表空气	10^4m^3		kgce/m^3	0.04		
5	氮气	10^4m^3		kgce/m^3	0.671		
…							
合计							

3.3.3.5 万元产值综合能耗及计算

万元产值综合能耗是统计报告期内企业综合能源消费量与期内用能单位工业总产值的比值。万元产值综合能耗实质为单位产值综合能耗。计算公式如下：

万元产值综合能耗＝综合能源消费量(吨标煤)/工业总产值(万元)

例如，当冷却水年消耗量为30959.48万吨，项目年销售收入为260000万元时，冷却水万元产值消耗量＝30959.48/26＝1190.75t/万元，冷却水的折算当量标煤系数为0.1429kgce/t，将二者相乘得到冷却水的单位折算能耗为：1190.75×0.1429＝170.16kgce/a。

单位产品能效＝1/(万元产值综合能耗/产量)

表3.24为万元产值综合能耗计算表。

表3.24 万元产值综合能耗计算表

序号	项目	年耗量		万元产值耗量		折煤系数		万元产值折煤能耗/kgce
		单位	数量	单位	数量	单位	数量	
1	电	10^4kW·h		kW·h		kgce/(kW·h)	0.12	
2	循环冷却水	10^4t		t		kgce/t	0.14	
3	4MPa蒸汽	10^4t		t		kgce/kg	0.11	
4	仪表空气	10^4m^3		m^3		kgce/m^3	0.04	
5	氮气	10^4m^3		m^3		kgce/m^3	0.67	
…								
总计(能耗)								

3.3.3.6 每吨产品CO_2排放量

消耗1千克标准煤＝排放2.493千克“CO_2”。

每吨产品CO_2排放量＝2.493×每吨产品标煤折算能耗＋每吨产品工业生产过程CO_2排放量。

3.3.3.7 能源选择合理性分析

2015年5月，国务院印发了“中国制造2025”。2016年7月，为贯彻落实“十三五”发展规划和“中国制造2025”，中国工信部制定了《“十四五”工业绿色发展规划》，《规划》中明确指出，“我国工业总体上尚未摆脱高投入、高消耗、高排放的发展方式，资源能源消耗量大，生态环境问题比较突出，形势依然十分严峻，迫切需要加快构建科技含量高、资源消耗低、环境污染少的绿色制造体系”，并提出“能源利用效率显著提升、资源利用水平明显提高、清洁生产水平大幅提升、绿色制造产业快速发展、绿色制造体系初步建立”五大工业绿色发展目标。

2019年Next团队以“中国制造2025”中的“绿色发展2020”为指导，展开年产40万吨醋酸乙烯分厂项目的设计。采用绿色生产工艺、全厂热集成设计、高效节能分离方法、先进节能设备，使得能量得以最大程度回收利用，最终项目单位产品能耗达到“绿色发展2020”指标。能耗对比分析如表3.25所示。

表 3.25 “绿色发展 2020”能耗指标比较表

分类	指标	单位	2020 年	本项目	达标与否
专项指标	能源产出率	元/吨标煤	16511	37900	Y
	建设用地产出率	万元/公顷	200.4	2044.6	Y
	一般工业固废物综合利用率	%	73	76.97	Y
	规模以上工业企业重复用水率	%	91	96	Y

对项目能耗指标、能耗分布、公用工程来源及使用进行分析评价，说明能源选择的合理性。

以 2019 年 Next 团队作品为例，装置能耗指标为 297982.52MJ/a。从装置能耗分布看，0.8MPa 的低压蒸汽消耗占比最大，占总能耗的 78.24%，低压蒸汽主要用于精馏塔再沸器的加热和原料气预热。其次为 4MPa 的中压蒸汽，主要用于精馏塔再沸器加热和原料气预热。再次是循环冷却水，主要作原料气降温、精馏塔塔顶冷却冷凝和高温产物降温用。

由于生产过程中萃取剂回收塔的最高温度在 245℃以下，而总厂提供的中压蒸汽（4MPa，250℃）足以满足生产需要加热，故本次加热热源尽可能选用低压蒸汽以及中压蒸汽，而不使用燃料气加热，避免了厂内明火热源的存在，既减少了锅炉加热产生的有毒有害气体，同时也减少了由于锅炉导致事故发生的可能性，一定程度上做到了本质安全。所使用的冷公用工程为 20℃循环冷却水，5℃低温冷水；热公用工程为 0.23MPa 的次低压蒸汽，0.8MPa 的低压蒸汽，4MPa 的中压蒸汽。公用工程所需动力均可由母厂动力部门提供。

综上，项目的能源选择具有合理性。

3.4 设备设计与选型

设备工艺设计是工程设计的重要基础之一，同时也是化工设计大赛作品的重要组成部分。从工艺设计的角度出发，化工设备设计可以分为两类：一类是非标准设备或非定型设备，即根据工艺要求，设备专业设计人员通过工艺计算和设计的特殊设备，由有资格的厂家根据图纸和要求进行制造；另一类是标准设备或定型设备，是成系列批量生产的设备，可以从厂家的产品目录或手册中查到其规格及型号，直接从生产厂家购买。设备设计最基本的要求是满足安全性与经济性，安全是核心条件，在充分保证安全的前提下尽可能提升经济性。经济性包括经济制造、安装、使用与维护，同时设备的长期安全运行本身就是最大的经济。

化工设计竞赛中的设备设计难度介于课程设计和设计院专业设计之间，在具体流程确定之后，设备设计部分的工作主要包括非标准设备的设计、标准设备的设计选型以及设备创新，学生们不仅需要对化工设备有较深了解，熟练掌握各种软件进行设备设计和选型，而且能够根据最新的研究成果拓展思路，对自己项目中涉及的设备提出改进的方向和措施。需要注意的是，设备的创新是历年来化工设计大赛创新环节的重要体现。

无论是标准设备还是非标准设备，专业的工程设备设计的流程大致相同。

① 确定单元操作所用设备的类型。这项工作应与工艺流程设计结合起来进行。

② 确定设备的设计参数。设备的设计参数是由工艺流程模拟、物料衡算、热量衡算、设备的工艺计算等多项工作得到的。对不同的设备，它们有不同的设计参数，包括进出口物料的流量、组成、温度、压力，设备尺寸等，详见本节对应部分。

③ 确定设备的材质。根据工艺操作条件（温度、压力、介质的黏度等性质）和对设备的工艺要求确定符合要求的设备材质。

④ 对非标设备，向化工设备专业设计人员提出设计条件和设备条件图，明确设备的型式、材质、基本设计参数、管口、维修安装要求、支承要求及其他要求（如防爆口、人孔、手孔、卸料口、液面计接口等）。

⑤ 确定定型设备（即标准设备）的型号或牌号以及数量。对已有标准图纸的设备，确定标准设备的图号和型号。随着中国化工设备标准化的推进，有些本来用于非标设备的化工装置，已逐步走向系列化，定型化。这些设备包括换热器系列、容器系列、搪玻璃设备系列等，相关设备已经有了国家标准。

⑥ 编制工艺设备一览表。在初步设计阶段，根据设备工艺设计的结果，编制工艺设备一览表，可按非定型工艺设备和定型工艺设备两类编制。初步设计阶段的工艺设备一览表作为设计说明书的组成部分提供给有关部门进行设计审查。

本节我们将按照非标设备设计、标准设备设计和设备创新三个方面来分别介绍化工设计竞赛中设备设计的内容。为了能够帮助读者快速掌握设计方法和技巧，以下我们将主要以中国矿业大学（北京）的参赛团队 Next 在 2019 年全国大学生化工设计竞赛中的作品《金陵石化分厂年产 40 万吨醋酸乙烯项目》为例来说明设备设计和设备创新部分。需要说明的是，在进行设备设计时，参赛者应该保持专业的设计态度，参考最权威的设计资料和国家标准，一些可以参考的资料如表 3.26 所示。

表 3.26　设备设计参考依据

参考资料名称	出版社/标准编号
《化工设备设计全书》	化学工业出版社
《化工工艺设计手册》(第 5 版)	化学工业出版社
《压力容器》	GB 150—2011
《热交换器》	GB/T 151—2014
《化工配管用无缝及焊接钢管尺寸选用系列》	HG 20553—2011
《固定式压力容器安全技术监察规程》	TSG 21—2016
《化工设备基础设计规定》	HG/T 20643—2012
《设备及管道保温设计导则》	GB 8175—2008
《钢制人孔和手孔的类型与技术条件》	HG/T 21514—2014
《钢制化工容器结构设计规定》	HG/T 20583—2020
《化工装置工艺系统工程设计规定(二)[合订本]》	HG/T 20570.1～20570.4—1995
《压力容器焊接规程》	NB/T 47015—2011
《塔器设计技术规定》	HG 20652—1998
《衬不锈钢人孔和手孔》	HG/T 21594-21604—2014,HG/T 21596～21600—2014,HG/T 21602～21604—2014

续表

参考资料名称	出版社/标准编号
《压力容器封头》	GB/T 25198—2010
《〈塔式容器〉标准释义与算例》	NB/T 47041—2014
《塔顶吊柱》	HG/T 21639—2005

3.4.1 非标设备设计

在化工设计竞赛设备设计中的非标设备主要包括：反应器设备和塔设备的设计，均为设备设计部分的难点和重点，在竞赛作品的评价、现场答辩中都占有重要的地位。下面一一进行介绍。

3.4.1.1 反应器设计

反应器是化工生产过程中的关键设备，其主要作用是将原料通过化学反应转化为目标产物，一般为整个设计大赛作品的核心环节。反应器设计涉及因素众多，温度、压力、体积和操作方式以及合理性和经济性等。反应器设计的主要任务首先是选择反应器的型式和操作方式，然后根据反应、物料的特点和生产规模，计算所需的加料速度、操作条件（温度、压力、组成等）及反应器体积，并以此确定反应器主要构件的尺寸，同时还应该考虑经济的合理性和环境保护等方面的要求。反应器的设计相对比较复杂，涉及反应和传递等多维偏微分方程求解以及反应机理的探究，但考虑到参赛的群体为大学生，只具备基础的理论知识，进行反应器设计时，可以在网上查询一些关于本设计题目的具体案例，参考实际生产过程中反应器的使用情况，同时参赛者需灵活运用所学知识进行印证、思考，利用本次参赛机会提升自身素质。

为了明确设计思路，设计团队需要首先认真理解化工设计竞赛中的反应器设计要求，虽然历年来不同赛区的要求以及总决赛的要求逐渐变化，具体可参考第五章的内容。本节根据2021年全国大学生化工设计竞赛《“现代设计方法”专项评审评分实施细则》和《“设计文档质量”专项评审评分实施细则》，给出现代设计方法反应器设计要求（表3.27）和反应器设计文档要求（表3.28）。

表3.27 现代设计方法反应器设计要求（2分/总分100分）

条目	内容	分值
	反应器设计模型：至少完成一个反应器	总2分
1	速率模型反应器	1分
1.1	主要反应工序都用速率模型反应器模拟，其中的主反应都用化学动力学（反应速率）模型、化学平衡模型或快速反应模型（动力学模型的极端形式）。如果用化学平衡模型或快速反应模型，则反应器模型中包含了传质速率对反应结果的影响，从而确定必需的反应器停留时间（或空速）	得满1分
1.2	如果部分主要反应工序未用速率模型反应器模拟	−0.2分
1.3	如果用了速率模型反应器模拟，但部分主反应未用速率模型	−0.2分
2	速率模型来源合理	1分

续表

条目	内容	分值
	反应器设计模型：至少完成一个反应器	总2分
2.1	所有的速率模型及其中的模型参数都有正式发表的文献来源，以正确的格式和单位应用	得满1分
2.2	部分速率模型和模型参数通过正式发表的文献资料用化学反应工程方法或传递过程方法间接估算获取，以正确的格式和单位应用，并有正确的原理说明	得满1分
2.3	模型参数的应用格式或单位不正确	−0.2分
2.4	部分速率模型和模型参数通过正式发表的文献资料用化学反应工程方法间接估算获取，有原理说明，但说明不充分而难以判断其正确性	−0.2分
2.5	部分速率模型和模型参数通过正式发表的文献资料用化学反应工程方法间接估算获取，但缺少原理说明	−0.4分

表3.28 反应器设计文档要求（1分/总分100分）

条目	内容	分值
	反应分离集成设备均归为反应器类。反应器设计需给出外形尺寸、内件结构及参数。所有类型的反应器都要给出接管尺寸	总1分
1	给出设计条件：给出工艺参数，如设备内筒及夹套（或盘管等）的设计压力，设计温度，进出口物料的介质名称、组成和流量，停留时间或空速等	0.2分
2	结构参数设计：反应器外形尺寸，如直径及长度的设计计算，内件结构及参数的设计	0.3分
3	计算示例：如果是搅拌釜反应器，应计算给出搅拌功率；如反应器内有催化剂床层，则核算流动阻力降；如果是塔式反应器，给出反应塔段的持液量和气液相停留时间	0.3分
4	设备条件图	0.2分

从表3.27和表3.28可以看出，反应器本身设计方法和文档占总分数的3%，且反应器作为设计作品的核心显著影响到其他部分的设计和现场答辩表现，是整个设计作品中最需要重视的一个流程，最好着重安排一两名同学共同负责。下面简要介绍化工设计竞赛中反应器设计思路。

首先，请参赛者们回顾所学的《化学反应工程》《化工设备》等内容，可以知道，按照不同的标准可以将反应器分成很多种类，但每种型式的反应器不是万能的，均有适用的反应类型和各自的优缺点。针对设计项目涉及的主反应热力学和动力学特点，如该反应是吸热反应还是放热反应，热效应如何（放热量或吸热量的大小），该反应是均相反应还是非均相反应等，再依据反应系统特点选择操作方式，如间歇式还是连续式，对于常用的连续性操作，反应器可以选择流化床、鼓泡流化床、固定床等。

其次，根据文献中的反应动力学、温度、压力以及物料衡算和能量衡算计算反应器的体积、结构尺寸等特征参数，校核换热面积、压降等参数。

再次，根据《化工设备机械基础》开展机械设计。特别说明，在设备选材过程中，需要考虑壳程、管程走的流体的性质，如腐蚀性。在反应器机械校核过程中，可使用本书2.4节中提到的SW6软件按照管板式换热器进行校核。

最后，在选择反应器时还要广泛考虑其他限制，如固定床反应器的换热问题是其“软肋”，而流化床反应器中催化剂的磨损程度较大，此时如何确定自己团队最终的选择则能够体现参赛者的知识储备、思考角度、选择权重以及对工程和创新的把握，这也能体现出参赛者的思维发散度和创新能力。

反应器设计基本完成后，参赛者应该已经对作品中选择的反应器的优缺点有一定认识。最后，参赛者应该对反应器的缺点或者能改进的地方进行调研，查阅资料，看是否能够采取相关措施进行一定的补救或者增强主反应的收率，使其成为作品的创新体现和核心竞争力。

设计工具：Aspen Plus V10 以上、AutoCAD2007 版本以上、SW6-2011 版本以上，参考本书 2.4 节。

实例分析：以中国矿业大学（北京）的参赛团队 Next2019 年的作品《金陵石化分厂年产 40 万吨醋酸乙烯项目》为例进行说明。在这个作品中，该团队选择乙烯气相 Bayer 法工艺生产醋酸乙烯。此乙烯气相反应可以选用间歇反应器和连续反应器，但为了保证生产效率，他们选择了连续性操作方式，在连续反应器中主要有流化床、鼓泡流化床和固定床等，如图 3.48 所示。其中图 3.48(a) 和 (b) 展示了流化床中的不同状态，包括散式流态化和鼓泡流态化，它们分别适合于不同的体系，流化床虽然具有增加两相间的接触面积、传热面积大以及传质速率快等特点，但是由于催化剂颗粒的剧烈运动，会导致固体颗粒与流体的严重返混，致使反应物浓度下降，转化率下降，催化剂颗粒的剧烈运动也造成了催化剂破碎率增大，增加了催化剂的损耗。同时催化剂还会与器壁发生剧烈碰撞，易造成设备与管道的腐蚀，增大设备损耗。固定床中催化剂颗粒固定不动，返混少，反应物的平均浓度高，反应速率较快，可以克服上述流化床的缺点。最重要的是 Bayer 法应用的 CTV-Ⅲ型高效催化剂价格较为昂贵，从经济角度分析本项目无法让催化剂经受流化床的磨损。图 3.48(c) 展示了装有催化剂的固定床结构，其内部的流体流动接近平推流，有利于实现较高的转化率与选择性，可用较少量的催化剂和较小的反应器容积获得较大的生产能力，操作弹性较大。

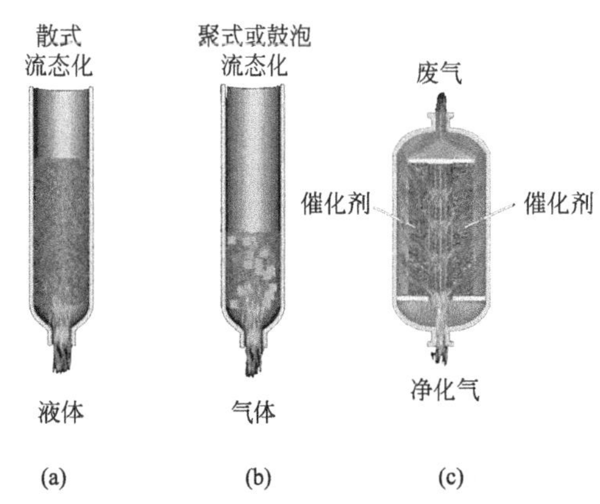

图 3.48　不同流化床和固定床反应器的结构简图

针对固定床反应器，工业中主要有两种换热操作。绝热操作，即不对反应器给予换热操作和主动换热操作。对于强放热反应系统，如果系统产生的热量不能及时排放掉，势必导致反应系统温度升高。当反应系统温度超过某限度时，对于转化率、选择性、催化剂活性和寿命等会带来不良影响。因此，强放热反应系统温度控制是固定床反应器设计和安全操作的主要问题之一。与绝热式固定床反应器相比，列管式固定床反应器能够对外换热，便于控制反应温度，使反应达到较高的转化率，因而适应性较强，应用比较广泛。

基于乙烯氧乙酰化合成反应过程中的热效应，选择列管式固定床反应器进行设计计算，管内装填固体颗粒催化剂，管外走换热介质。该反应器具有以下特点。

① 当反应热不太大或单程转化率不太高时，催化床层温度易控制，整个催化床层内温度分布均匀。另外，由于传热面积与床层体积比大，传热迅速，床层同平面温差小，有利于延长催化剂使用寿命。

② 能准确、灵敏地控制反应温度，催化剂床层的温度可通过调节汽包蒸汽压力来控制。

③ 以较高能位回收反应放出的热量，热量利用合理。

④ 设备紧凑，开停车方便。

⑤ 该类反应器的不足之处是对管壳结构机械设计要求高，设备复杂，制作困难，对材料及制造方面的要求较高。列管换热式固定床反应器，虽然可以通过管壁与壳程的换热介质换热，但是由于热量的生成速率与移走速率之间存在差异，使得反应温度存在轴向分布。在一定条件下，此分布对诸如反应器入口反应物的浓度、气速、冷却温度等操作参数均十分敏感，操作条件的微小变化，将引起反应系统温度的较大变化，反应热迅速增加，如果产生的热量不能及时移走将导致反应系统温度跳跃式增加，使反应系统失去控制，即造成“飞温”问题。

⑥ 为了增大单位床层体积所具有的传热面积，一般列管式固定床反应器有成千上万根列管并联连接。各列管的操作参数和床层的温度、浓度分布接近。因此只要根据反应条件计算出一根列管的床层温度与浓度分布，确定其所需床层高度和催化剂装填量，就可求得整个反应器所需催化剂量，并且确定其合适的操作参数，核算传热介质的流量，避免反应“飞温”现象的发生。

(1) 反应原理、催化剂及其动力学

对于反应原理建议读者们应该提前开展充分的文献调研，一方面对主反应有深入的了解，另一方面结合本科阶段所学课程，巩固提升在反应动力学上的认识和理解。催化剂结构特点和相应的非均相反应动力学在早期进行文献调研时应已经做出判断和选择，因为反应动力学参数在前期现代设计方法中的流程模拟过程中是必不可少的。

在乙烯气相合成醋酸乙烯的反应过程中，催化剂是固体，乙烯、氧气、醋酸则均以气态的形式参与反应，因而发生的是气-固相的催化反应。通过文献调研可知该反应的研究机理尚无定论，主要有以下两种不同的看法。一种是基于乙烯液相氧乙酰化反应机理的氧化-还原-表面反应机理；另一种是表面吸附反应机理。Next 团队采用了文献中的非均相动力学方程，如式(3-20) 和式(3-21) 所示：

$$r_{\mathrm{VAC}}=2.183E8\exp[-56.85(\mathrm{kJ/mol})/RT]{p_{\mathrm{O_2}}}^{0.6} \tag{3-20}$$

$$r_{\mathrm{CO_2}}=1.968E6\exp[-108.62(\mathrm{kJ/mol})/RT]{p_{\mathrm{O_2}}}^{0.5} \tag{3-21}$$

式中，r_{VAC} 代表主反应 VAC（醋酸乙烯酯）的反应速率；$r_{\mathrm{CO_2}}$ 代表主要次反应 CO_2 的反应速率；$p_{\mathrm{O_2}}$ 代表 O_2 的分压。由于受到乙烯-氧-醋酸体系爆炸极限的限制，在乙烯气相法合成醋酸乙烯酯的反应过程中，乙烯和醋酸都大量过剩，因此反应速率方程式中一般只体现氧气的浓度效应。

(2) 反应器工艺设计

原始数据的说明。在反应器设计文件中需要简要介绍催化剂的选择原因以及生产规模、反应条件（即温度、压力）、换热介质、年工作时间、催化剂空速，同时从 Aspen Plus 模拟软件中导出反应器进出口物流物性表（表 3.29）和 Aspen 设计后的模拟详细数据表（表 3.30）。一方面使评审老师明晰设计前提；另一方面参赛者在反应器设计的计算过程中，这个物性表可以提供必要的参数。需要注意的是，在用 Aspen 流程模拟反应器的过程中，可以使用 Aspen 软件中的二维优化参数功能，以反应温度和压力为变量，得到相应反应条件下的原料乙烯的转化率，并作图，如图 3.49 所示，从而得到最优反应条件。

表 3.29 反应器进出口物流信息表（例）

项目	单位	进口	出口
相态		气相	气相
温度	℃	176	180
压力	kPa	800	750
摩尔气相分率		1	1
摩尔液相分率		0	0
摩尔固相分率		0	0
质量气相分率		1	1
质量液相分率		0	0
质量固相分率		0	0
摩尔焓值	kcal/mol	14.0461	20.5538
质量焓值	kcal/kg	403.4	575.786
摩尔热容	cal/(mol·K)	15.6465	15.6571
质量热容	cal/(g·K)	0.4493	0.4386
摩尔密度	kmol/m^3	0.2599	0.2342
质量密度	kg/m^3	9.0511	8.3616
焓变	Gcal/h	188.516	269.143
平均分子质量		34.8279	35.697
体积流率	m^3/h	12910.925	13975.7

表 3.30 反应器的 Aspen Plus 模拟数据（例）

项目		进口	出口
摩尔流率/(kmol/h)		3355.32	3273.63
质量流率/(kg/h)		116858.61	116858.81
体积流率/(m^3/h)		13277.15	13975.70
温度/℃		176.25	180.01
压力/kPa		800	750
各组分质量流率(kg/h)	C_2H_4	65452.90	59553.66
	O_2	7131.57	9.40
	CH_3COOH	34970.65	25164.27
	VAC	2.48	14053.41
	H_2O	111.55	4744.92
	CO_2	9107.70	13243.74
	CH_3COOCH	6.46×10^{-5}	8.12×10^{-3}
	YSYZ	1.92×10^{-4}	7.48
	CH_3CHO	0.67	0.79
	2YSYEZ	0	0.03
	HCOOH	4.31	4.32
	C_2H_6	36.83	36.84
	CH_4	39.92	39.93

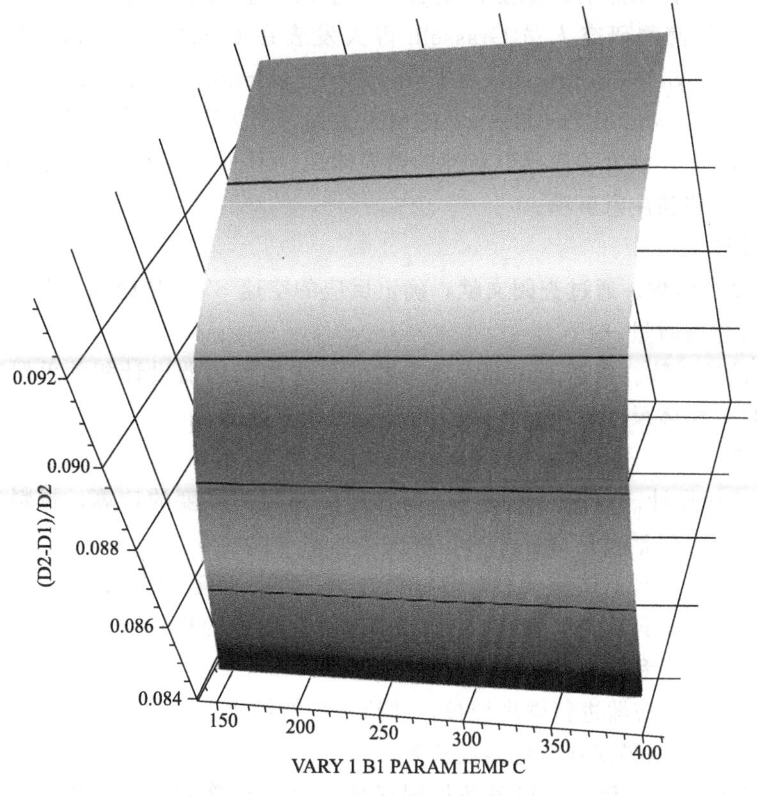

图 3.49　反应器优化示意图

在基本设计数据和动力学方程的基础上，参赛者可以进行反应器工艺设计了，需要说明的是反应器的精确计算和设计是一件相对复杂且困难的任务，涉及能量衡算和质量衡算得到的复杂微分方程组的联立求解，需要借用数学软件或者专业的建模软件开展设计研究，如中国矿业大学（北京）Chem-Coal Style 团队在 2013 年就使用了 Fluent 12.0 软件对管式反应器壳层流体的运动流程进行了模拟对比，如图 3.50 所示。基于网格对反应器流场计算域的微分方程开展了数值计算，可以得到更为均匀的螺旋盘管式反应器流体流动，在此基础上采用固定床拟均相一维模型通过数值计算得到反应器尺寸、管径、管数等设计参数。但这类设计计算对于一般的本科生而言，所欠缺的基础知识过多，难以通过短期的自学完成，相关团队基本为结合某些教师的科研项目完成的，虽然计算过程复杂，但是准确性好，说服力强，更是参赛者作品创新性的重要保证。如果设计团队能够有机会在反应器的设计和计算上有自己独特的思考，能够在整体上提高作品的创新度，有效增强作品的竞争实力。

除了上面的精确计算，大多数团队均采用本例中使用的，即通过文献中的空速数据计算反应床层体积等反应器尺寸，这种方法要求团队能够尽可能广泛对相关反应的热力学和动力学研究开展文献调研，找到确切的（空速等）计算基础数据。这种方法的创新体现在参赛学生是否能把文

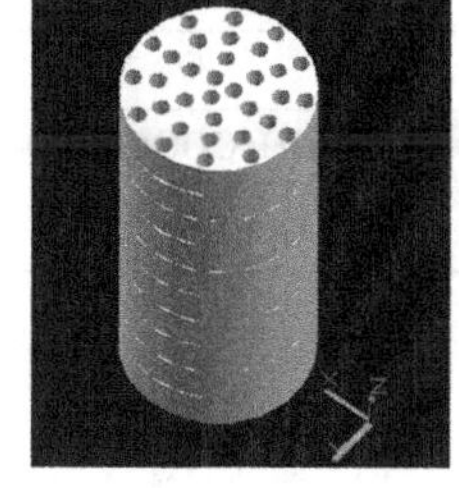

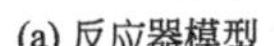

(a) 反应器模型

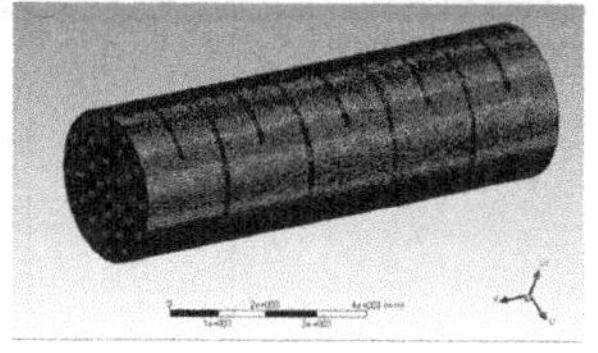

(b) 反应器计算域网格划分

图 3.50　Fluent 软件对管式反应器流场的模拟计算

献中的研究结果与设计作品很好地加以结合，如中国矿业大学（北京）Signal团队在2016年就采用了2010年德国研究人员Grasselli等人发表在*Catalysis Today*上的“Enhancement of acrylic acid yields in propane and propylene oxidation by selective P doping of MoV (Nb) TeO-based M1 and M2 catalysts”的研究工作，作为数据的来源基础，有效提升了作品的科学性和可信度，成为了作品创新性的重要体现。下面我们将以此方法为基础，简要梳理反应器设计的步骤和注意事项。

（3）工艺设计

① 催化剂设计参数。通过查阅文献，确定反应的空速SV，从而确定单个反应器催化剂床层的体积和催化剂质量。

② 反应器设计参数。根据催化剂设计参数，可参考反应器设计相关手册得到反应器的反应管径、数目，整体尺寸等设备条件图纸需要的尺寸数据。

③ 能量衡算。

④ 反应器机械设计。包括壳体壁厚、筒体厚度和封头厚度的计算，材料选择和压力试验及其强度校核，也包括换热部件等的管板设计、裙座设计等。

需要注意的是，设计队员应认真对待材料选择，而不是随意地从手册中选择一个材料，根据竞赛的经验，答辩评委经常会在PPT展示时就反应器的机械设计细节提问，考查学生对材料和工艺设计的工程思维。

⑤ 通过SW6对反应器进行强度校核，并给出校核结果。

⑥ 由以上的计算结果得到反应器设备条件图。

此处需要注意亮点问题：a. 设备条件图尽量由设计计算的学生完成，绘制过程要注意图与计算结果和文档的严格统一，以往竞赛中多次出现设备条件图的细节与计算结果不吻合的情况，此类问题对总成绩的影响较大；b. 在反应器设备条件图中需要考虑设备控制方案，比如广泛采用的串级控制系统对反应器的温度、压力和出料进行控制，或通过变比值控制系统控制反应器的温度或者压力等。

⑦ 设计作品中还需要展现反应器结构参数，见表3.31。

表3.31 反应器结构参数一览表

物流项目			参数
进口物流成分（质量分数）	管程	C_2H_4	0.56
		O_2	0.06
		CH_3COOH	0.30
		$CH_3COOCH{=}CH_2$	2.1×10^{-5}
		H_2O	9.5×10^{-4}
		CO_2	0.08
		CH_3COOCH_3	5.5×10^{-10}
		$CH_3CH_2OOCCH_3$	1.7×10^{-9}
		CH_3CHO	5.8×10^{-6}
		HCOOH	3.7×10^{-5}
		C_2H_6	3.1×10^{-4}
		CH_4	3.4×10^{-4}
	壳程		低压冷凝水

续表

<table>
<tr><th colspan="3">物流项目</th><th>参数</th></tr>
<tr><td rowspan="2">质量流量/(kg/h)</td><td colspan="2">管程</td><td>467434.5</td></tr>
<tr><td colspan="2">壳程</td><td>38829.6</td></tr>
<tr><td rowspan="2">设计压力/MPa</td><td colspan="2">管程</td><td>1</td></tr>
<tr><td colspan="2">壳程</td><td>0.4</td></tr>
<tr><td rowspan="2">设计温度/℃</td><td colspan="2">管程</td><td>200</td></tr>
<tr><td colspan="2">壳程</td><td>150</td></tr>
<tr><td colspan="3">反应器结构形式</td><td>列管式反应器</td></tr>
<tr><td colspan="3">折流板形式</td><td>弓形</td></tr>
<tr><td colspan="3">折流板间距</td><td>1500</td></tr>
<tr><td colspan="3">壳程直径/mm</td><td>5000</td></tr>
<tr><td colspan="3">反应管直径/mm</td><td>32</td></tr>
<tr><td colspan="3">反应管长度/mm</td><td>9000</td></tr>
<tr><td rowspan="4">接管尺寸/mm</td><td rowspan="2">管程</td><td>气体进料</td><td>φ450×15mm</td></tr>
<tr><td>气体出料</td><td>φ480×15mm</td></tr>
<tr><td rowspan="2">壳程</td><td>进料</td><td>φ95×4mm</td></tr>
<tr><td>出料</td><td>φ900×10mm</td></tr>
<tr><td colspan="3">接管方位</td><td>详见设备装配图</td></tr>
<tr><td colspan="3">设备筒体壁厚/mm</td><td>40</td></tr>
<tr><td colspan="3">封头壁厚/mm</td><td>40</td></tr>
<tr><td colspan="3">管板厚度/mm</td><td>110</td></tr>
<tr><td rowspan="4">设备法兰</td><td colspan="2">气体入口</td><td>WN500(B)-16 RF Q235B</td></tr>
<tr><td colspan="2">气体出口</td><td>WN500(B)-16 RF Q235B</td></tr>
<tr><td colspan="2">冷却剂入口</td><td>WN100(B)-16 RF Q235A</td></tr>
<tr><td colspan="2">冷却剂出口</td><td>WN1000(B)-16 RF Q235A</td></tr>
</table>

小结：本节在对一个实际作品分析的基础上给读者展示了一个较为完整的参赛作品中的反应器设计流程，供读者在具体完成作品时参考。

3.4.1.2 塔设备设计

石化行业是国民经济中能耗较高的行业，其能耗约占工业能耗的 1/5，占全国总能耗的 14%左右。在目前石化行业中，较大的能耗主要来源于化学原料及化学制品制造业能耗，石油天然气开采业能耗，石油加工、炼焦及核燃料加工业能耗，橡胶制品业能耗。而在化工生产中，分离能耗占主要部分，其中尤以精馏塔在分离设备中占比最大，因此，塔设计得是否合理，对于整个工厂的经济效益有着很重要的影响。塔设备的投资费用占整个工艺设备费用的四分之一左右，塔设备所耗用的钢材料重量在各类工艺设备中所占的比例也较多，例如在年产 250 万吨常压减压炼油装置中耗用的钢材重量占 62.4%，在年产 60 万～120 万吨催化裂化装置中占 48.9%。因此，塔设备的设计和研究是设计工作的重点。按塔的内件结构分为板式塔和填料塔，它们都可以用作蒸馏和吸收等气液传质过程，但两者各有优缺点，要根据具体情况选择。

(1) 塔板类型的比较

① 板式塔。是分级接触型汽液传质设备，种类繁多。在塔内有多层塔板，传热传质过程基本上在每层塔板上进行，塔板的形状、塔板结构或塔板上汽液两相的表现，就成了命名这些塔的依据，诸如筛板塔、舌形板塔、斜孔板塔、波纹形板塔、泡罩塔、浮阀塔、喷射板塔、波纹传流塔、浮动喷射塔等。表 3.32 为几种主要塔板性能优缺点以及适用场合的比较。

表 3.32 塔板性能的比较

塔盘类型	优点	缺点	适用场合
泡罩板	较成熟、操作稳定	结构复杂、造价高、塔板阻力大、处理能力小	特别容易堵塞的物系
浮阀板	效率高、操作范围宽	浮阀易脱落	分离要求高、负荷变化大
筛板	结构简单、造价低、塔板效率高	易堵塞、操作弹性较小	分离要求高、塔板数较多
舌形板	结构简单且阻力小	操作弹性窄、效率低	分离要求较低的闪蒸塔

对塔型的选择具体可以从生产能力、塔板效率、操作弹性、气体通过塔板的压力降、造价和操作是否方便等方面来考虑。表 3.33 为各类塔板性能量化的比较。

表 3.33 各类塔板性能量化比较

指标		塔盘型式											
		F形浮阀	十字架形浮阀	条形浮阀	筛板	舌形板	浮动喷射塔板	圆形泡罩	条形泡罩	S形泡罩	栅板	筛孔板	波纹板
气液负荷	高	4	4	4	4	4	4	2	1	3	4	4	4
	低	5	5	5	2	3	3	3	3	3	2	3	3
操作弹性		5	5	5	3	3	4	4	3	4	1	1	2
压力降		2	3	3	3	2	4	0	0	0	4	3	3
雾沫夹带量		3	3	4	3	4	3	1	1	2	4	4	4
分离效率		5	5	4	4	3	3	4	3	4	4	4	4
单位体积设备处理量		4	4	4	4	4	4	2	1	3	4	4	4
制造费用		3	3	4	4	4	3	2	1	3	5	5	3
材料消耗		4	4	4	4	5	4	2	2	3	5	5	4
安装检修		4	3	4	4	4	3	1	1	3	5	5	3
污垢对操作的影响		2	3	2	1	2	3	1	0	0	2	4	4

注：0—差；1—及格；2—中；3—良；4—优；5—超。

由此可见，筛板塔是一种大孔径、高开孔率的板式塔，阻力低，通量大，干板压降较小。而且其结构简单、造价低、塔板效率高，与其他板塔相比，筛板塔更适用于分离要求高、塔板数较多的场合。

② 填料塔。塔内装有一定高度的填料，是气液接触和传质的基本构件；属微分接触型气液传质设备；液体在填料表面呈膜状自上而下流动；气体呈连续相自下而上与液体作逆流流动，并进行气液两相的传质和传热；两相的组分浓度或温度沿塔高连续变化。填料塔中的传热和传质主要在填料表面上进行，因此，填料的选择是填料塔的关键。填料的种类很多，参见表 3.34。填料塔制造方便，结构简单，便于采用耐腐蚀材料，特别适用于塔径较小的

情况，使用金属材料较少，一次性投资较少，塔高相对较低。

表 3.34 填料分类与名称

填料类型			填料名称
散装填料	环形	拉西环形	拉西环,十字环,内螺旋环
		开孔环形	鲍尔环,改进型鲍尔环,阶梯环
	鞍形		弧鞍形,矩鞍形,改进矩鞍形
	环鞍形		金属环矩鞍形,金属双弧形,纳特环
	其他新型		塑料球形,花环形,麦勒环形
规整填料	波纹形	垂直波纹形	网波纹形,板波纹形
		水平波纹形	Spraypak,Panapak
	非波纹形	栅格形	Glitsch Grid
		板片形	压延金属板,多孔金属板
		绕圈形	古德洛形,Hyperfil

散装填料中，拉西环目前所用较少，矩鞍填料则属于乱堆敞开式填料，鲍尔环则是在拉西环壁面上开一层或两层长方形小窗。金属环矩鞍由美国诺顿公司成功开发，它结合了鲍尔环的空隙大和矩鞍填料流体均布性好的优点，是目前应用最广的一种散装填料，可用金属、陶瓷做成。规整填料为波纹填料，其基本类型有丝网型和孔板型两大类，均是 20 世纪 60 年代以后发展起来的新型规整填料，主要是由平行丝网波纹片或（开孔）板波纹片平行、垂直排列组装而成，盘高一般为 40～300mm，具有以下特点：①填料由丝网或（开孔）板组成，材料细（或薄），孔隙率大，加之排列规整，因而气流通过能力大，压降小，能适用于高真空及精密精馏塔器；②由于丝网（或开孔）板波纹材料细（或薄），比表面积大，又能从选材（或加工）上确保液体能在网体或板面上形成稳定薄液层，使填料表面润湿率提高，避免沟流现象，从而提高传质效率；③气液两相在填料中不断呈 Z 形曲线运动、液体分布良好、混合充分、无积液死角，因而放大效应很小，适用于大直径塔设备。

塔填料是填料塔的核心构件，它为气液两相间热、质传递提供了有效的相界面，只有性能优良的塔填料再辅以理想的塔内件，才有望构成技术上先进的填料塔。因此，人们对塔填料的研究十分活跃。对塔填料的发展、改进与更新，目的在于改善流体的均匀分布，提高传递效率，减少流动阻力，增大流体的流动通量，以满足降耗、节能、设备放大、高纯产品制备等各种需要。参赛者如果选择填料塔，填料的选择是体现团队创新的主要地方，读者应该给予重视。

塔体主要有板式塔和填料塔两种，它们都可以用于蒸馏和吸收等气液传质过程，但两者各有优缺点，参见表 3.35，要根据具体情况选择。

表 3.35 填料塔和板式塔相比较

项目	填料塔		板式塔
	散堆填料	规整填料	
空塔气速	较小	大	比散堆填料大
压降	较小	小	一般比填料塔大
塔效率	小塔效率高	高(对大直径无放大效应)	较稳定,效率较高

续表

项目	填料塔		板式塔
	散堆填料	规整填料	
液气比	对液体喷淋量有一定要求	范围大	适应范围大
持液量	较小	较小	较大
材质	可用非金属耐腐蚀材料	适应各类材料	金属材料
造价	小塔较低	较板式塔高	大直径塔较低
安装检修	较困难	适中	较容易

(2) 塔型选择一般原则

选择时应考虑的因素有：物料性质，操作条件，塔设备性能及塔的制造、安装、运转、维修等。

① 下列情况优先选用板式塔。

a. 塔内液体滞液量较大，液相负荷较小，操作负荷变化范围较宽，对进料浓度变化要求不敏感，体系操作易于实现稳定。

b. 含固体颗粒、容易结垢、有结晶的物料，因为板式塔可选用液流通道较大的塔板，堵塞的风险较小。

c. 在操作过程中伴随有放热或需要加热的物料，需要在塔内设置内部换热组件，如加热盘管，需要多个进料口或多个侧线出料口。一方面板式塔的结构上容易实现，此外，塔板上有较多的滞液以便与加热或冷却管进行有效的传热。

d. 在较高压力下操作的蒸馏塔，仍多采用板式塔。

② 下列情况优先选用填料塔。

a. 在分离程度要求高的情况下，因某些新型填料具有很高的传质效率，故可采用新型填料以降低塔的高度。

b. 对于热敏性物料的蒸馏分离，因新型填料的持液量较小，压降小，故可优先选择真空操作下的填料塔。

c. 具有腐蚀性且易发泡的物料，可选用填料塔。

为了明确设计思路，首先应该了解化工设计竞赛中对塔设计的要求。2021 年全国大学生化工设计竞赛《“现代设计方法”专项评审评分实施细则》和《“设计文档质量”专项评审评分实施细则》对塔设计的要求分别见表 3.36 和表 3.37。

表 3.36 “现代设计方法”塔设备设计要求（6 分/总分 100 分）

条目	内容	分值
	塔设备设计模型:至少完成一座分离塔设备的设计	总 6 分
1	用精确计算模型	1 分
1.1	精馏、吸收和萃取过程用平衡级模型或传质速率模型计算，选用了合理的相平衡模型表达物系的非理想性，反应精馏塔模型中合理设置了持料量(气相/液相)。吸附过程用 Aspen Adsorption 模拟，合理设置了吸附模型参数	+1 分
1.2	未选用合理的相平衡模型表达物系的非理想性	−0.4 分
1.3	反应精馏塔模型中缺少持液量对结果的影响分析及优化	−0.2 分

续表

条目	内容	分值
	塔设备设计模型：至少完成一座分离塔设备的设计	总6分
1.4	反应精馏塔模型中未设置持液量值	−0.4分
1.5	Aspen Adsorption中缺少模型参数对结果的影响分析及优化	−0.2分
2	进行参数优化	1分
2.1	对精馏塔的总板数(填料高度)、加料板和侧线出料板位置、回流比、侧线出料量进行了优化，对吸收(解吸)塔的气液比进行了优化，对萃取塔的萃取剂用量进行了优化	+1分
2.2	未优化加料板和侧线出料板位置	−0.2分
2.3	未优化回流比、侧线出料量、气液比、萃取剂用量	−0.2分
2.4	未优化吸附、脱附操作条件(压力、温度、循环周期)	−0.2分
3	至少对1座塔设备进行详细设计	4分
3.1	运用专业软件对塔设备进行了详细设计，即可得基础分4分，然后按以下条款对完成质量评分	
3.2	对结构参数进行优化	2分
3.2.1	对于溢流型板式塔，(降液管液位高度/板间距)介于0.2～0.5之间。否则−1分	−1分
3.2.2	对于溢流型板式塔，降液管液体停留时间大于4s。否则扣1分	−1分
3.2.3	对于填料塔，每段填料的高度应在4～6m，段间设置液体再分布器。否则扣2分	−2分
4	对负荷性能进行优化	2分
4.1	对于板式塔，每块塔板的液泛因子(flooding factor)均应介于0.6～0.85之间，否则扣1分	−1分
4.2	对于板式塔，如果没有核算每块塔板的液泛因子或根据气液负荷的变化分段核算不同负荷塔段的液泛因子，而只根据整个塔的平均负荷校核液泛因子，扣1.5分	−1.5分
4.3	对于填料塔，整个填料层的能力因子(fractional capacity)均应介于0.4～0.8之间。否则扣1.5分	−1.5分

表3.37 塔设备设计文档要求（根据全国大学生化工设计竞赛“现代设计方法”专项评审评分实施细则2021年版本）(1分/总分100分)

条目	内容	分值
	塔设备计算说明书	总1分
1	给出设计条件：根据Aspen工艺计算结果给出工艺优化参数，如设计压力、设计温度、介质名称、组成和流量、塔板数(填料高度)、加料板位置等	+0.2分
2	结构参数设计：设备结构的详细设计，如塔的尺寸、内件的结构与尺寸、开孔方位及尺寸等	+0.2分
3	根据选定的塔设备材质计算设备筒体壁厚、封头壁厚、裙座(或支耳)厚度、地脚螺栓大小及个数	+0.2分
4	强度核算：风载荷计算、地震载荷计算，耐压试验校核	+0.2分
5	设备条件图	+0.2分

参赛团队中，塔设备设计和优化往往占有最重要的地位，通常需要消耗较多的时间，塔设备的能耗最多，其优化对后期的换热网络集成有非常重要的意义。相对于反应器设计，塔设计是非标设备设计中相对简单的部分，采用Aspen等相关软件就能够对其开展比较精确

的计算，设计流程也相对固定，在设计过程中，参赛者需灵活运用所学知识进行反复尝试和优化，同时可以提升自身素质。

从表 3.35 和表 3.36 可以看出塔设计占总分数的 6%，相对占比较大，需要给予特别重视，下面简要介绍化工设计竞赛中塔设计的思路（以精馏塔为例）。

① 首先对流程模拟打通后的 Radfrac 模块进行塔操作条件流程优化，包括塔板数、回流比和进料位置等操作条件的优化，得到最佳设计条件和流股信息。

② 然后进行初步设计。此阶段需要用到 Aspen Plus V10 中 Radfrac 模块的 Column Internals 功能，根据工艺要求和物性特点选择填料塔/精馏塔以及相应的填料和塔板类型。参考《化工设计手册》的设备设计标准进行初步调试，对其进行水力学分析，会出现每层塔板的塔板性能负荷图，竞赛官方设计要求操作点位于塔板性能负荷图之中且不出现错误（即全为绿色且具有一定的操作弹性），而且每块塔板的液泛因子、降液管液位高、板间距、降液管停留时间均满足设计要求。若出现红色，则表示设计不合理，需要调整板间距、流型（单溢流或双溢流等）、塔板的结构（如溢流堰的高度等），直至结果满足要求。

③ 对塔进行优化调整。将 Internal Type 改为 Rating 模式。根据《化工设备设计基础规定》，按照常用标准，进行塔径的圆整，再对塔内件进行调整，使设计结果满足竞赛评审细则要求。

④ 再进行塔设备机械设计。此阶段手算，可以参照化工原理课程设计，较为简单，需要严格对照《化工设备设计基础规定》进行塔高、接管的计算，塔体选材及壁厚，裙座和封头的设计等。

⑤ 最后是强度校核。使用 SW6 软件对塔设备筒体厚度、封头壁厚、裙座（或支耳）厚度、地脚螺栓大小及个数以及风载荷、地震载荷进行校核。此阶段需要对《化工设备机械基础》内容有一定的理解，确保校核过程准确无误。

⑥ 强度校核完成后画出塔设备条件图。

设计工具：Aspen Plus V10、AutoCAD2007 版本以上、SW6-2011 版本以上。

实例分析：以中国矿业大学（北京）参赛团队 NEXT2019 年的作品《金陵石化分厂年产 40 万吨醋酸乙烯项目》为例进行说明。

（1）塔设备操作条件优化

在塔设计之前，应该对塔的操作条件进行优化，在保证分离要求的前提下，尽量减少设备费用和操作费用。以此项目中的醋酸精制塔 T0403 为例说明化工设计竞赛中塔设备操作优化的主要思路。

① 首先使用 DSTWU 塔设备模块，设置回流比等参数，再通过灵敏度分析功能，得到回流比与塔板数的关系曲线，通过作塔板数与回流比乘积-塔板数（N* RR-N）关系曲线，可较为容易地找出最低点，得到合理的塔板数。

② 将合理的塔板数输入到 DSTWU 塔设备模块中，得到优化后的塔板数和回流比等信息，再输入到 Distl 简洁校核模块中，对优化的结果进行检验。

③ 校验通过后选用 RadFrac 模块进行详细计算，输入简捷计算和优化得到的结果。利用软件中的设计规定和灵敏度分析功能进行有效的优化。其中在 Distl 中可以看到初始数据满足所要达到的分离要求，在这里仍要添加设计规定以保证之后灵敏度分析的结果仍满足分离要求，实现有效优化。经灵敏度分析可得到进料板位置、塔板数和再沸器热负荷的关系图，得到最经济的塔板数和进料位置。

④ 再次利用软件中的灵敏度分析功能，得到回流比与分离效果的关系，得到优化后的

可回流比。

(2) 初步设计

以此项目中的醋酸乙烯精制精馏塔 T0202 为例说明化工设计竞赛中塔设备设计的主要思路。

首先我们对流程模拟打通后的 Radfrac 模块进行塔操作条件流程优化，然后得到了 T0202 的流股信息和设计条件，如表 3.38 和表 3.39 所示。

表 3.38 醋酸乙烯精制精馏塔 T0202 流股情况（例）

参数	单位	进料	塔底出料	塔顶出料
温度	℃	45	76	46
压力	MPa	0.106	0.111	0.101
摩尔气相分率		0	0	0.1
质量流量	kg/h	62846.8	53160.5	9686.4
摩尔流量	kmol/h	773.7	617.5	156.2
体积流量	m^3/h	69.7	61.8	388.9
摩尔分数	乙烯	0.013	5.3×10^{-15}	0.063
	醋酸乙烯	0.93	0.999	0.64
	水	0.060	2.4×10^{-7}	0.298
	醋酸	3.8×10^{-5}	4.8×10^{-5}	1.3×10^{-9}
	乙醛	7.8×10^{-4}	3.2×10^{-8}	0.004
质量分数	乙烯	0.004	1.7×10^{-15}	0.028
	醋酸乙烯	0.98	0.999	0.88
	水	0.013	4.99×10^{-8}	0.087
	醋酸	2.8×10^{-5}	3.4×10^{-5}	1.2×10^{-9}
	乙醛	4.2×10^{-4}	1.7×10^{-8}	0.003

表 3.39 醋酸乙烯精制精馏塔 T0202 设计条件

参数名称	单位	参数大小
设计温度	℃	75.8
设计压力	MPa	0.11
回流比		10.66
理论板数		10
加料位置		4

该塔为醋酸乙烯（VAC）精制塔，塔底 VAC 产品质量分数要求达到 99.9%，分离要求较高，而且汽液流量较大，单板压降较高，因此塔板初步选用结构简单、造价低、塔板效率高的筛板精馏塔进行模拟。

然后进行初步设计，此阶段需要用到 Aspen V10 中 Radfrac 模块的 Column Internals 功能（以前是用 Cup Tower 进行设计，Aspen V10 的功能更加强大，但调试比较麻烦），添加 Interactive Sizing，精馏段和提馏段分段设计，选择筛板塔，假设精馏段和提馏段板间距分别为 0.8m 和 1.2m，皆为单溢流（这些条件参考《化工设计手册》的设备设计标准），塔径和塔内件规格默认，如表 3.40 所示。

表 3.40　Interactive Sizing 输入参数

Name	Start Stage	End Stage	Mode	Internal Type	Tray/Packing Type	Tray Details	Packing Details			Tray Spacing/Section Packed Height		Diameter		Details
						Number of Passes	Vendor	Material	Dimension					
CS-1	2	3	Interactive sizing	Trayed	SIEVE	1				0.8	meter	3.84452	meter	View
CS-2	4	9	Interactive sizing	Trayed	SIEVE	1				1	meter	4.02217	meter	View

在 Aspen Plus 中运行，对塔设备进行水力学分析，图 3.51 展示了每层塔板的塔板性能负荷。竞赛官方设计要求操作点位于塔板性能负荷图之中且不出现错误（全是绿色的），而且每块塔板的液泛因子、降液管液位高度、板间距、降液管停留时间均满足设计要求。若出现红色，则表示设计不合理，则需要调整板间距、流型（单溢流或双溢流等）、塔板的结构（如溢流堰的高度等），可以和课程设计结合起来，需要对精馏塔有一定的理解和认识才能够调试出想要的结果。

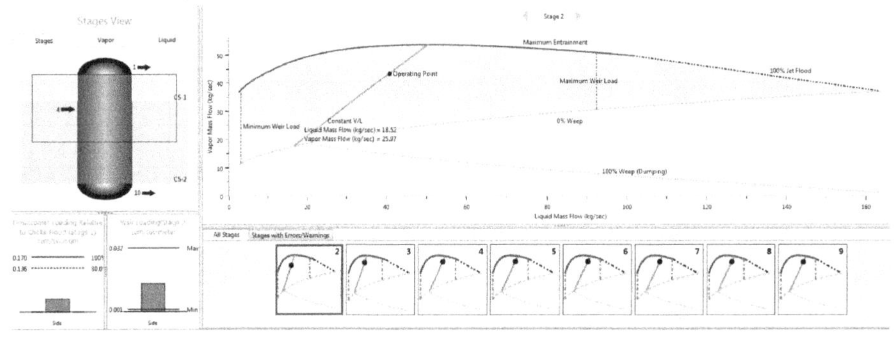

图 3.51　初步设计气液性能负荷图

通过调整使得每块塔板的操作点均在汽液性能负荷图之中，且具有一定的操作弹性。每块塔板的液泛因子、降液管液位高、板间距、降液管停留时间均满足要求，单板压降也不大，因此设计是合理的，所以再对塔进行优化调整。需要注意的是，此处每个塔板上的负荷只有在 Aspen10.0 版本以上才具有图形化显示。

（3）塔径圆整

将表 3.39 中的 Internal Type 改为 Rating 模式。根据《化工设备设计基础规定》，按照常用标准，进行塔径的圆整，再对塔内件进行调整，如表 3.41 所示，所得结果如图 3.52 和图 3.53 所示。

表 3.41　Rating 模式圆整塔径后参数

Name	Start Stage	End Stage	Mode	Internal Type	Tray/Packing Type	Tray Details	Packing Details			Tray Spacing/Section Packed Height		Diameter	
						Number of Passes	Vendor	Material	Dimension				
CS-1	2	3	Rating	Trayed	SIEVE	1				0.8	meter	4	meter
CS-2	4	9	Rating	Trayed	SIEVE	1				1	meter	4.2	meter

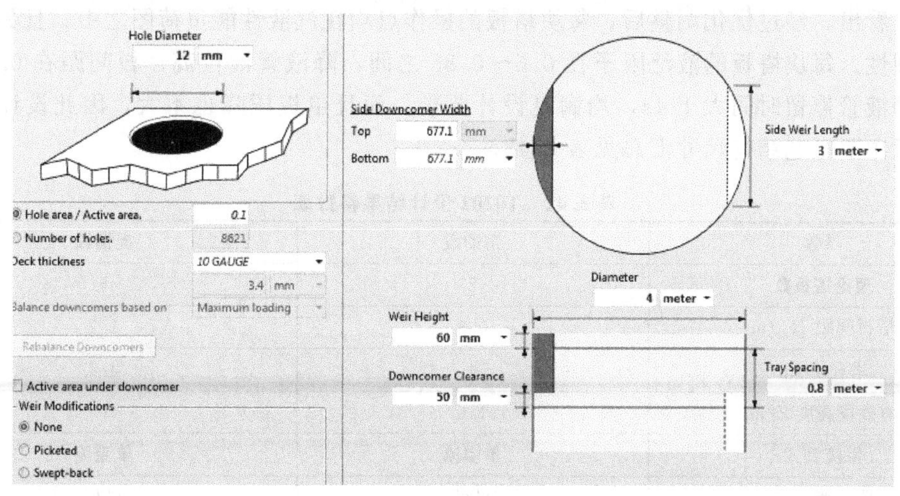

图 3.52　精馏段塔径圆整结果

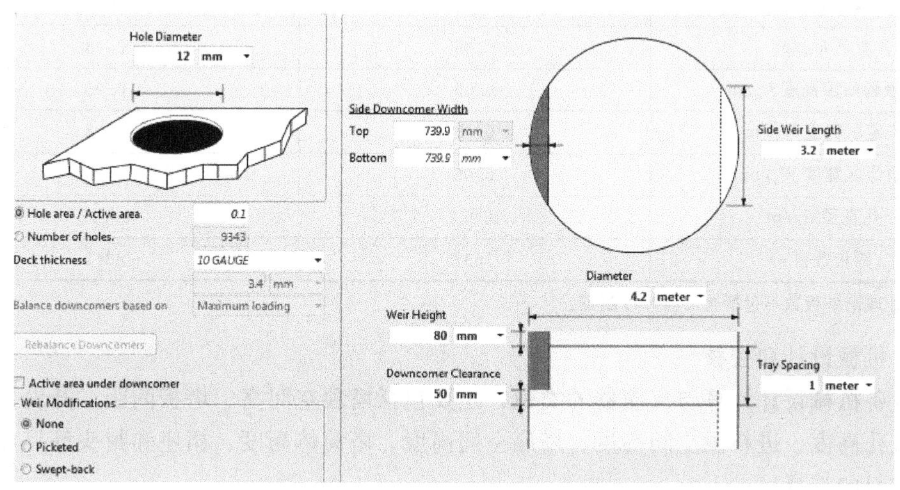

图 3.53　提馏段塔径圆整结果

(4) 水力学校核

基于圆整后的参数再对 Redfrac 模块进行模拟，运行后得到水力学校核结果，如图 3.54 所示。

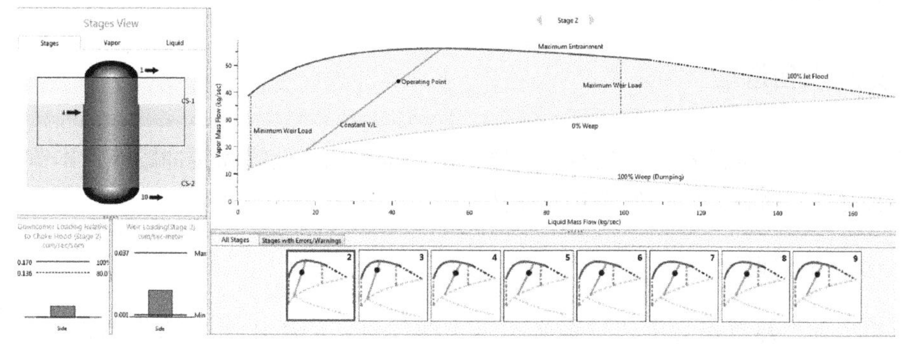

图 3.54　塔径圆整后气液性能负荷图

可以看出，经过优化调整后，每块塔板的操作点均在汽液性能负荷图之中，且具有一定的操作弹性。每块塔板的液泛因子在 0.6～0.85 之间，降液管液位高、板间距在 0.2～0.5 之间，降液管停留时间大于 4s，均满足设计要求，而且单板压降也不大，因此设计是合理的。塔板主要工艺结构尺寸汇总见表 3.42。

表 3.42　T0202 设计结果参数表

参数	精馏段	提馏段
理论塔板数	2	6
塔板间距 H_T/m	0.8	1.2
塔径 D/m	4	4.2
有效段高度 Z/m	1.6	6
溢流型式	单溢流	单溢流
降液管型式	弓形	弓形
溢流堰型式	平直堰	平直堰
堰长 l_W/m	3	3.2
堰高 h_W/m	0.06	0.08
降液管底隙高度 h_o/m	0.05	0.05
安定区宽度 W_s/m	0.08	0.08
边缘区宽度 W_c/m	0.06	0.06
孔直径 d_0/m	0.012	0.012
筛板数目 n	7697	8341

注:此处理论塔板数不包括再沸器和冷凝器。

(5) 机械设计和校核

塔设备机械设计计算与反应器的类似，主要包括塔顶空间高、塔板间距、开设人孔的板间距、人孔高度、进料段空间高度、塔底空间高度、塔筒体高度、裙座和封头等尺寸的计算和相关材料的选择。

还需要对塔设备筒体厚度、封头壁厚、裙座（或支耳）厚度、地脚螺栓大小及个数以及风载荷、地震载荷进行校核。校核软件较为简单，与反应器的操作和结果类似，此处不再赘述。需要说明的是，历年竞赛都是使用 SW6 进行强度校核，此部分不能够弄虚作假，评委一眼就能看出校核是否正确，是否符合标准，因此需要对《化工设备机械基础》内容有一定的理解，才能准确校核强度。

3.4.2　标准设备选型

通常情况下，标准设备主要包括换热器、泵、压缩机、储罐和缓冲罐等。本节将主要介绍换热器的设计，简要介绍其他设备的设计

3.4.2.1　换热器的设计

各种类型的换热器作为工艺过程必不可少的设备，广泛用于石油化工、医药、动力、冶金、交通、制冷、轻工等部门。如何根据不同的工艺生产流程和生产规模，设计出投

资省、能耗低、传热效率高、维修方便的换热器是工艺设计人员的重要工作。大部分换热器已经标准化、系列化。已经列入标准的换热器可以直接选用，未列入标准的换热器需要进行设计。在换热器中至少要有两种温度不同的流体，一种流体温度高，放热；另一种流体温度低，吸热。在工程实践中有时也会有两种以上流体参加换热的换热器，但其基本原理与前一致。

换热器种类很多，按热量交换原理和方式，可分为混合式、蓄热式和间壁式三类。间壁式换热器在大赛中使用广泛，其可分为管壳式、板式、管式、液膜式和其他型式等。管壳式换热器又称列管式换热器，该类换热器具有可靠性高、适应性广等优点，在各工业领域中得到最广泛的应用。常用管壳式换热器可根据其结构特点，分为固定管板式、浮头式、U形管式、填料函式等四类。常见的管壳式、板式和管式换热器特性见表3.43。

表3.43 常见换热器的结构分类和特性

换热器型式		换热器热点
管壳式	固定管板式	使用广泛，已系列化，壳程不易清洗；管壳两物流温差大于60℃时应设置有膨胀节，最高使用温差不应大于120℃
	浮头式	壳程易清洗，管壳两物流温差大于120℃；内垫片易渗漏
	U形管式	制造、安装方便，造价较低；管程耐高压，但结构不紧凑，管子不易更换，不易机械清洗
	填料函式	优缺点同浮头式，造价高，不宜制造大直径
板式	板翅式	紧凑、效率高，可多股物流同时换热，使用温度不超过150℃
	螺旋板式	制造简单、紧凑，可用于带颗粒物料，温位利用好，不易检修
	伞板式	制造简单、紧凑，成本低，易清洗，使用压力不大于1.2MPa，使用温度不超过150℃
	波纹板式	紧凑、效率高，易清洗，使用温度不超过150℃，使用压力不大于1.5MPa
	板框式	传热性能较好、紧凑，灵活性大，成本较低，便于快速拆装，操作性能良好
管式	空冷管	投资和操作费用一般较水冷低，维修容易，但受周围空气温度影响大
	套管式	制造方便，不易堵塞，耗金属多，使用面积不宜大于20m^2
	喷淋管式	制造方便，可用海水冷却，造价较套管式低，对周围环境有水雾腐蚀
	箱管式	制造简单，占地面积大，一般作为出料冷却

(1) 换热器选用基本原则

换热器的类型很多，每种型式都有特定的应用范围。因此，针对具体情况正确地选择换热器的类型是很重要的。换热器选型时需要考虑的因素是多方面的，主要有：选用的换热器要满足工艺及操作条件要求，在工艺条件下长期运转，安全可靠，不泄漏，维修清洗方便，满足工艺要求的传热面积，尽量有较高的传热效率，流体阻力尽量小，并且满足工艺布置的安装尺寸等。

在换热器选型中，除考虑上述因素外，还应对结构强度、材料来源、加工条件、密封性、安全性等方面加以考虑。所有这些又常常是相互制约、相互影响的，通过设计的优化加以解决。因此，应综合考虑工艺条件和机械设计的要求，正确选择合适的换热器型式来有效减少工艺过程的能量消耗。对参赛同学而言，在设计换热器时，型式的合理选择、经济运行和降低成本等方面都应给予足够的重视，因为这些都是答辩时最常被问到的问题，如果时间允许，最好了解如何通过计算进行技术经济指标分析、投资和操作费用对比，从而使设计达到该具体条件下的最佳设计。

(2) 介质流程

介质走管程还是走壳程，应根据介质的性质及工艺要求进行综合选择。以下是常用的介质流程安排，这些都是参赛同学应该掌握的工程概念。

① 为了节省保温层和减小壳体厚度，高温物流一般走管程；

② 较高压力的物流应走管程；

③ 黏度较大的物流应走壳程，在壳程可以得到较高的传热系数；

④ 腐蚀性较强的物流应走管程，可以降低对外壳材料的要求；

⑤ 毒性介质走管程，泄漏的概率小；

⑥ 对压力降有特定要求的工艺物流应走管程，因管程的传热系数和压降计算误差小；

⑦ 较脏和易结垢的物流应走管程，以便清洗和控制结垢，若必须走壳程，则应采用正方形管子排列，并采用可拆式(浮头式、填料函式、U 形管式) 换热器；

⑧ 流量较小的物流应走壳程，易使物流形成湍流状态，从而增加传热系数；

⑨ 传热膜系数较小的物流（如气体）应走壳程，易于提高传热膜系数。

(3) 终端温差

换热器的终端温差通常由工艺过程的需要决定，温差在设备设计时不可确定得过小，否则会导致传热失效，影响项目开展。在确定温差时，应考虑到对换热器的经济性和传热效率的影响。在工艺过程设计时，应使换热器在较佳范围内操作，一般认为理想终端温差如下。

① 热端的温差，应在 20℃以上；

② 用水或其他冷却介质冷却时，冷端温差可以小一些，但不要低于 5℃；

③ 当用冷却剂冷凝工艺流体时，冷却剂的进口温度应当高于工艺流体中最高凝点组分的凝点 5℃以上；

④ 空冷器的最小温差应大于 20℃；

⑤ 冷凝含有惰性气体的流体时，冷却剂出口温度至少比冷凝组分露点低 5℃。

(4) 流速

流速提高，流体湍流程度增加，可以提高传热效率，有利于冲刷污垢和沉积，但流速过大，磨损严重，甚至造成设备振动，影响操作和使用寿命，能量消耗亦将增加。因此，建议有一个恰当的流速，根据经验，一般流体流速范围见表 3.44。

表 3.44 常见流速表

流体在直管内常见适宜流速		壳程内的常见适宜流速	
物质	流速/(m/s)	物质	流速/(m/s)
冷却水(淡水)	0.7～3.5	水及水溶液	0.5～1.5
冷却用海水	0.7～2.5	低黏度油类	0.4～1.0
低黏度油类	0.8～1.8	高黏度油类	0.3～0.8
高黏度油类	0.5～1.5	油类蒸气	3.0～6.0
油类蒸气	5.0～15.0	气液混合流体	0.5～3.0
气液混合流体	2.0～6.0	—	—

(5) 压力降

压力降一般考虑随操作压力不同而有一个大致的范围。影响压力降因素较多，但希望换热器的压力降在表 3.45 所列参考范围内或附近。

表 3.45 常见压力降表

操作压力 p	压力降 Δp
真空(0～0.1MPa 绝压)	$p/10$
0～0.7(MPa 表压下同)	$p/2$
0.07～1.0	0.035(MPa 下同)
1.0～3.0	0.035～0.18
3.0～8.0	0.07～0.25

(6) 换热管

管径越小换热器越紧凑，越便宜。但是，管径越小换热器的压降越大。对于易结垢的物料，为方便清洗，采用外径为 25mm 的管子。对于有气、液两相的工艺物流，一般选用较大的管径，参赛同学可参考表 3.46 所列的规格选择。

表 3.46 国内常用换热管规格

材料	钢管标准	外径×厚度/mm
碳钢	GB8163—87	10×1.5
		14×2
		19×2
		25×2
		25×2.5
		32×3
		38×3
		45×3
		57×3.5
不锈钢	GB2270—80	10×1.5
		14×2
		19×2
		25×2
		32×2
		38×2.5
		45×2.5
		57×2.5

无相变换热时，管子较长，传热系数增加。在相同传热面积时，采用长管，管程数少，压力降小，而且每平方米传热面的比价也低。但是管子过长给制造带来困难，因此一般选用的管长为 4～6m。对于大面积或无相变的换热器可以选用 8～9m 的管长。

管子在管板上的分布主要有正方形分布和三角形分布两种形式。三角形的分布有利于壳程物流的湍流，正方形分布有利于壳程清洗。为了弥补各自的缺点，产生了转过一定角度的正方形分布和留有清理通道的三角形分布两种形式。三角形分布一般是等边三角形，有时为了工艺的需要可以采用不等边的三角形分布。不常用的还有同心圆式分布，一般用于小直径的换热器。管心距是两相邻管子中心的距离。管心距小，设备紧凑，但会引起管板增厚、清洁不便、壳程压降增大等问题，一般选用范围为1.25d～1.5d（d为管外径）。管程数有1、2或4。管程数增加，管内流速增加，给热系数也增加。但管内流速要受到管程压力降等限制。

（7）换热器型号表示方法

本法来自于GB151—2014，适用于卧式和立式换热器。

示例说明。型号：AES500-1.6-54-6/25-4Ⅰ。其中：A表示前端管箱为平盖箱；E表示壳体型式为单进单出冷凝器壳体；S表示后端结构型式为浮头式；500表示公称直径为500mm；1.6表示公称压力为1.6MPa；54表示公称换热面积为54m^2；6表示公称长度为6m；25表示换热管外径为25mm；4表示管程数为4；Ⅰ表示管束为Ⅰ级，采用较高级冷拔钢管。

为了明确设计思路，首先应该了解化工设计竞赛中对换热器设计的要求。2021年全国大学生化工设计竞赛《“现代设计方法”专项评审评分实施细则》和《“设计文档质量”专项评审评分实施细则》对换热器设计的要求分别见表3.47和表3.48。

表3.47 “现代设计方法”换热器设计要求（2分/总分100分）

条目	内容	分值
	至少对2台换热器进行详细设计	总2分
1	运用专业软件对换热器进行了详细设计，即可得基础分2分，然后按以下条款对完成质量评分	2分
2	换热器流态合理，传热系数包括垢层热阻，换热面积满足需求	0.9分
2.1	换热器内冷、热流股的流态均应为湍流态（Re>6000），否则－0.15分/台	－0.15分/台
2.2	传热系数基于传热膜系数、固壁热阻和垢层热阻（输入合理的经验值）计算，否则－0.15分/台	－0.15分/台
2.3	实际传热面积应比计算所需传热面积大30%～50%，否则－0.15分/台	－0.15分/台
3	换热器压降合理	0.5分
3.1	无合理的特殊说明，出口绝压小于0.1MPa（真空条件）时压降不大于进口压强的40%，否则－0.25分/台	－0.25分/台
3.2	无合理的特殊说明，出口绝压大于0.1MPa时压降不大于进口压强的20%，否则－0.25分/台	－0.25分/台

表3.48 换热器设计文档要求（1分/总分100分）

条目	内容	分值
	给出换热器设计结果	总1分
1	管壳式换热器	1分
1.1	给出设计条件：工艺参数，如管程及壳程的设计压力、设计温度、介质名称、组成、流量、换热面积、选用材质、污垢热阻等	0.2分
1.2	结构参数设计：选型或设计，给出校核后的结果，如换热器结构型式、折流板型式和间距、壳程直径、换热管直径及计算长度、接管尺寸及方位等	0.3分
1.3	强度计算：设备筒体壁厚、封头壁厚、管板厚度、设备法兰复核	0.3分
1.4	设备条件图	0.2分
2	板式换热器	1分

续表

条目	内容	分值
	给出换热器设计结果	总1分
2.1	给出设计条件：工艺参数，如管程及壳程的设计压力、设计温度、介质名称、组成、流量、换热面积、选用材质、污垢热阻等	0.2分
2.2	计算结果：总传热面积、总板数、板尺寸、板间距、热侧及冷侧的程数及通道数、接管尺寸及方位	0.3分
2.3	计算示例	0.3分
2.4	设备条件图	0.2分

从表3.47和表3.48可以看出换热器设计占总分数的3%，相对占比不太大，下面简要介绍化工设计竞赛中换热器设计的思路。

① 首先通过查看热集成后Aspen中的换热器模块，得到冷热流股进出口温度及流量，确定设计压力。

② 将Aspen Plus中的Exchanger流股信息导入设计软件EDR（exchanger design and rating）中，根据物性特点选择冷热流体走管程还是壳程，传热膜系数和固壁热阻为EDR自动默认值，根据《化工工艺设计手册》（第4版）确定污垢热阻经验系数，确定换热器结构参数，包括前端管箱、壳体型式和后端管箱。

③ 对换热器进行初步设计。根据EDR初步设计结果，选择其中较为合理的一组，结合《固定管板式换热器型式与基本参数》（JB/T 4715—92）的规定，确定换热管的内径、管厚、管心距、管长、换热管数、排列方式，壳程公称直径（内径）、壁厚、折流板型式及间距、折流板数、圆缺率。

④ 用EDR进行校核。按照标准，通过不断调整换热器结构参数，使得换热器满足设计要求：无气液混合进出料，流态分布合理；壳程和管程进出口液体雷诺值均为$Re>6000$；壳程和管程压降均满足设计要求。此阶段得到换热器的详细尺寸。

⑤ 最后对换热器进行机械设计并校核强度，此阶段与塔设计方法基本一致。完成后画出换热器设备条件图。

设计工具：Aspen Plus V10、Exchanger Design and Rating（EDR）、SW6-2011版本以上。

实例分析：以中国矿业大学（北京）的参赛团队Next2019年的作品《金陵石化分厂年产40万吨醋酸乙烯项目》为例进行说明。在这个作品中，该团队选择乙烯气相Bayer法工艺生产醋酸乙烯。以此项目中的一个管板式换热器E0205为例说明化工设计竞赛中换热器设计的流程。

换热器E0205流股参数见表3.49。

表3.49 换热器E0205流股参数一览表

流股名称	组成	压力/MPa	温度/℃	质量流量/$kg \cdot s^{-1}$	气相分率
壳程入口	醋酸乙烯	0.111	76	14.77	0
壳程出口	醋酸乙烯	0.098	40	14.77	0
管程入口	水	0.101	25	15.28	0
管程出口	水	0.096	40	15.28	0

从表 3.49 中所列数据可知，该换热器的壳程工作温度为 40～76℃，管程工作温度为 25～40℃，设计温度以工作温度为依据，一般为工作温度＋（15～30)℃。这里取壳程设计温度为 90℃，管程设计温度为 60℃。

① 设计压力。该换热器的操作压力为壳程 0.111MPa，管程 0.101MPa。换热器的设计压力为设计温度下的最大工作压力，一般为正常工作压力的 1.1 倍。这里取壳程设计压力为 0.12MPa，管程设计压力为 0.11MPa。EDR 中换热器的压降设置为自动默认值，也可自己设置压降，出口绝压小于 0.1MPa（真空条件），压降不大于进口压强的 40%，出口绝压大于 0.1MPa，压降不大于进口压强的 20%。

② 传热系数。传热系数基于传热膜系数、固壁热阻和垢层热阻计算得到，其中传热膜系数和固壁热阻为 EDR 自动默认值。该换热器为反应器的段间换热器，壳程介质为质量分数 99.9%的醋酸乙烯。管程介质为公用工程中的冷却水。根据《化工工艺设计手册》（第 4 版）给出的污垢热阻经验系数，确定本换热器壳程和管程介质污垢热阻为 0.00017（$m^2 \cdot K$)/W。

③ 流体空间选择。流体温度很高，进出口温差较大，且要求被冷却的流体宜走壳程，便于散热。故选择热流体走壳程，冷流体走管程。

综合上文，可得到 EDR 参数输入如图 3.55 所示。

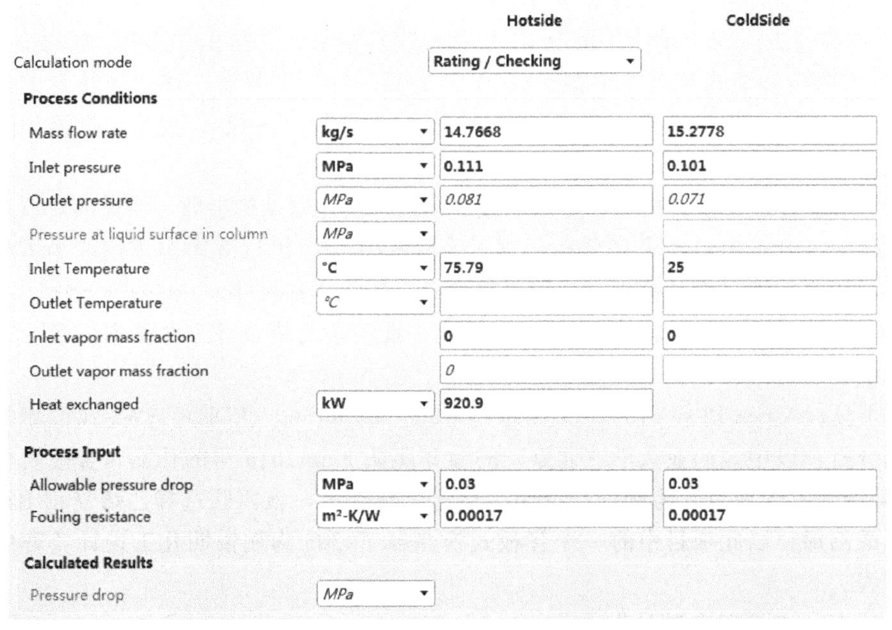

图 3.55　EDR 中换热器的流股参数输入

④ 换热器结构型式选择。前端管箱的确定：由于管侧流体有结构倾向，为了易于清洗污垢，选用 B 型前端管箱。壳体型式选择：换热器的壳体选用使用最广泛的壳体型式——E 型壳体。后端管箱确定：后端管箱采取工业上常用的 M 型管箱。

⑤ EDR 初步设计结果。根据 EDR 初步设计结果，选择其中较为合理的一组。结合 JB/T 4715—92 规定，选择换热管内径为 19mm，管厚 2mm，管心距 25mm，管长 6000mm，换热管数为 240 根，排列方式为正三角形，壳程公称直径（内径）450mm，壁厚 12mm。折

流板为单弓形折流板，间距为 200mm，折流板数为 26，圆缺率为 30.76%，其余参数均为默认值。主要结构参数如图 3.56 所示。

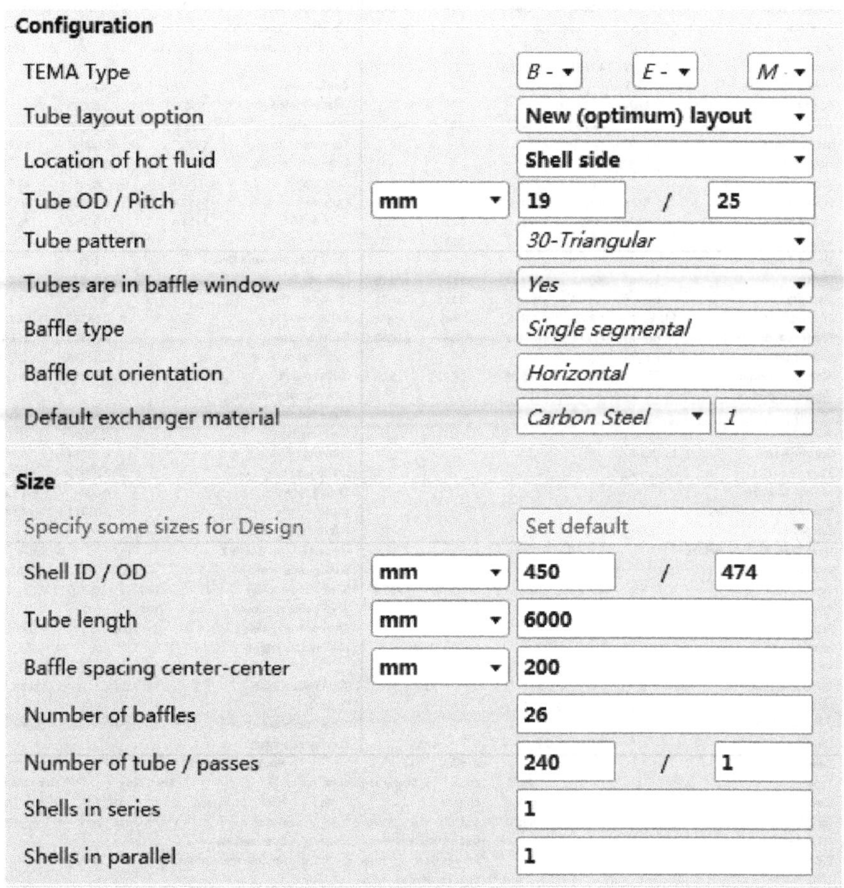

图 3.56　EDR 初步设计结果

选型结果用 EDR 进行校核，所得结果如图 3.57 所示。

由上述计算结果可以看到，换热器换热面积为 86m^2，设计余量为 40%，符合设计要求；无气液混合进出料，流态分布合理；壳程和管程进出口液体雷诺值均为 Re>6000，符合设计要求；壳程出口绝对压力为 0.098MPa，壳程压降为 0.03MPa，压力降低 30.6%，管程出口绝对压力为 0.097MPa，管程压降为 0.03MPa，压力降低 30.9%，压降均满足设计要求。总传热系数（含污垢热阻）为 630.6W/(m^2·K)，所需传热系数为 439.7W/(m^2·K)。参考《化工工艺手册》（下册），得 E0205 的型号为 BEM450-0.6-89.7-6/19-1-I。

再通过 EDR 导出换热器的详细尺寸，如图 3.58 和图 3.59 所示。

除此之外，还需要对换热器的筒体厚度、封头壁厚、裙座（或支耳）厚度、地脚螺栓大小及个数以及风载荷、地震载荷进行校核。类似于塔设备，校核软件较为简单，与反应器的操作和结果类似，此处不再赘述。

3.4.2.2　其他设备设计

除换热器外，其他设备还有泵、压缩机、储罐和缓冲罐等。在化工设计竞赛中，这些设

1	Size 450 X 6000	mm	Type	BEM	Hor		Connected in	1 parallel	1 series	
2	Surf/Unit (gross/eff/finned)		86	/	84.9	/ m²	Shells/unit	1		
3	Surf/Shell (gross/eff/finned)		86	/	84.9	/ m²				
4	Rating / Checking			PERFORMANCE OF ONE UNIT						
5			Shell Side		Tube Side		Heat Transfer Parameters			
6	**Process Data**		In	Out	In	Out	Total heat load	kW		920.9
7	Total flow	kg/s	14.7668		15.2778		Eff. MTD/ 1 pass MTD	°C	24.08 /	24.08
8	Vapor	kg/s	0	0	0	0	Actual/Reqd area ratio - fouled/clean		1.4 /	1.85
9	Liquid	kg/s	14.7668	14.7668	15.2778	15.2778				
10	Noncondensable	kg/s	0		0		**Coef./Resist.**	W/(m²-K)	m²-K/W	%
11	Cond./Evap.	kg/s	0		0		Overall fouled	630.6	0.00159	
12	Temperature	°C	75.79	40	25	40.2	Overall clean	835.3	0.0012	
13	Bubble Point	°C					Tube side film	1760.7	0.00057	35.82
14	Dew Point	°C					Tube side fouling	4577	0.00022	13.78
15	Vapor mass fraction		0	0	0	0	Tube wall	21731.6	5E-05	2.9
16	Pressure (abs)	MPa	0.111	0.098	0.101	0.097	Outside fouling	5882.4	0.00017	10.72
17	DeltaP allow/cal	MPa	0.03	0.014	0.03	0.004	Outside film	1714.6	0.00058	36.78
18	Velocity	m/s	0.41	0.39	0.37	0.38				
19	**Liquid Properties**						**Shell Side Pressure Drop**		bar	%
20	Density	kg/m³	860.41	907.12	993.03	978.26	Inlet nozzle		0.00635	4.7
21	Viscosity	mPa-s	0.2327	0.3286	0.9125	0.6685	InletspaceXflow		0.00365	2.7
22	Specific heat	kJ/(kg-K)	1.823	1.664	3.945	3.985	Baffle Xflow		0.08269	61.19
23	Therm. cond.	W/(m-K)	0.1324	0.1451	0.6063	0.6262	Baffle window		0.03465	25.64
24	Surface tension	N/m					OutletspaceXflow		0.00358	2.65
25	Molecular weight		86.09	86.09	18.02	18.02	Outlet nozzle		0.00422	3.12
26	**Vapor Properties**						Intermediate nozzles			
27	Density	kg/m³					**Tube Side Pressure Drop**		bar	%
28	Viscosity	mPa-s					Inlet nozzle		0.0184	42.65
29	Specific heat	kJ/(kg-K)					Entering tubes		0.00034	0.79
30	Therm. cond.	W/(m-K)					Inside tubes		0.00973	22.54
31	Molecular weight						Exiting tubes		0.00057	1.32
32	**Two-Phase Properties**						Outlet nozzle		0.01411	32.7
33	Latent heat	kJ/kg					Intermediate nozzles			
34	**Heat Transfer Parameters**						**Velocity / Rho*V2**		m/s	kg/(m-s²)
35	Reynolds No. vapor						Shell nozzle inlet		0.92	730
36	Reynolds No. liquid		28872.76	20565.67	6008.02	8200.87	Shell bundle Xflow	0.41	0.39	
37	Prandtl No. vapor						Shell baffle window	0.34	0.32	
38	Prandtl No. liquid		3.2	3.77	5.94	4.25	Shell nozzle outlet		0.87	692
39	**Heat Load**		kW		kW		Shell nozzle interm			
40	Vapor only		0		0				m/s	kg/(m-s²)
41	2-Phase vapor		0		0		Tube nozzle inlet		1.87	3485
42	Latent heat		0		0		Tubes	0.37	0.38	
43	2-Phase liquid		0		0		Tube nozzle outlet		2.45	5864
44	Liquid only		-920.9		920.9		Tube nozzle interm			
45	**Tubes**				**Baffles**		**Nozzles: (No./OD)**			
46	Type			Plain	Type	Single segmental			**Shell Side**	**Tube Side**
47	ID/OD	mm	14.78 /	19	Number	26	Inlet	mm	1 / 168.28	1 / 114.3
48	Length act/eff	mm	6000 /	5923	Cut(%d)	30.76	Outlet		1 / 168.28	1 / 101.6
49	Tube passes		1		Cut orientation	H	Intermediate		/	/
50	Tube No.		240		Spacing: c/c mm	200	Impingement protection		None	
51	Tube pattern		30		Spacing at inlet mm	461.48				
52	Tube pitch	mm	25		Spacing at outlet mm	461.48				
53	Insert			None						
54	Vibration problem (HTFS / TEMA)		No /				RhoV2 violation			No

图 3.57 EDR 校核后换热器结构结果

备并未做要求，但是一个完整的工艺设备设计说明书必须包含所有设备，因此只需要对此进行简单的设计。

泵的选型可以通过智能选泵系统（图 3.60）进行，操作简单，但是我们要对泵的流量和扬程有一定理解和认识，选泵要符合实际和工艺要求，不要设置泵的串并联，应该按照扬程需求等选择一个适合的泵即可。需要注意的是，化工生产中，泵设备一般一备一用，以往参赛中有队伍的设备一览表中出现过单数的泵，此处不仅会影响设备设计的分数，也影响图纸的评定。

压缩机的选型。通过 Aspen Plus 中计算结果的流股信息、物性特点和工艺要求，结合工业选型参考书《压缩机与驱动机选用手册》以及《化工机械手册流体输送机械》等进行选型。

储罐及缓冲罐选型。对储罐及缓冲罐设计时要充分考虑物性特点，选择合适的储罐非常重要。可按如下步骤进行设计：①汇集工艺设计数据；②选择容器材料；③容器型式的选用；④容积计算；⑤确定储罐基本尺寸；⑥选择标准型号。

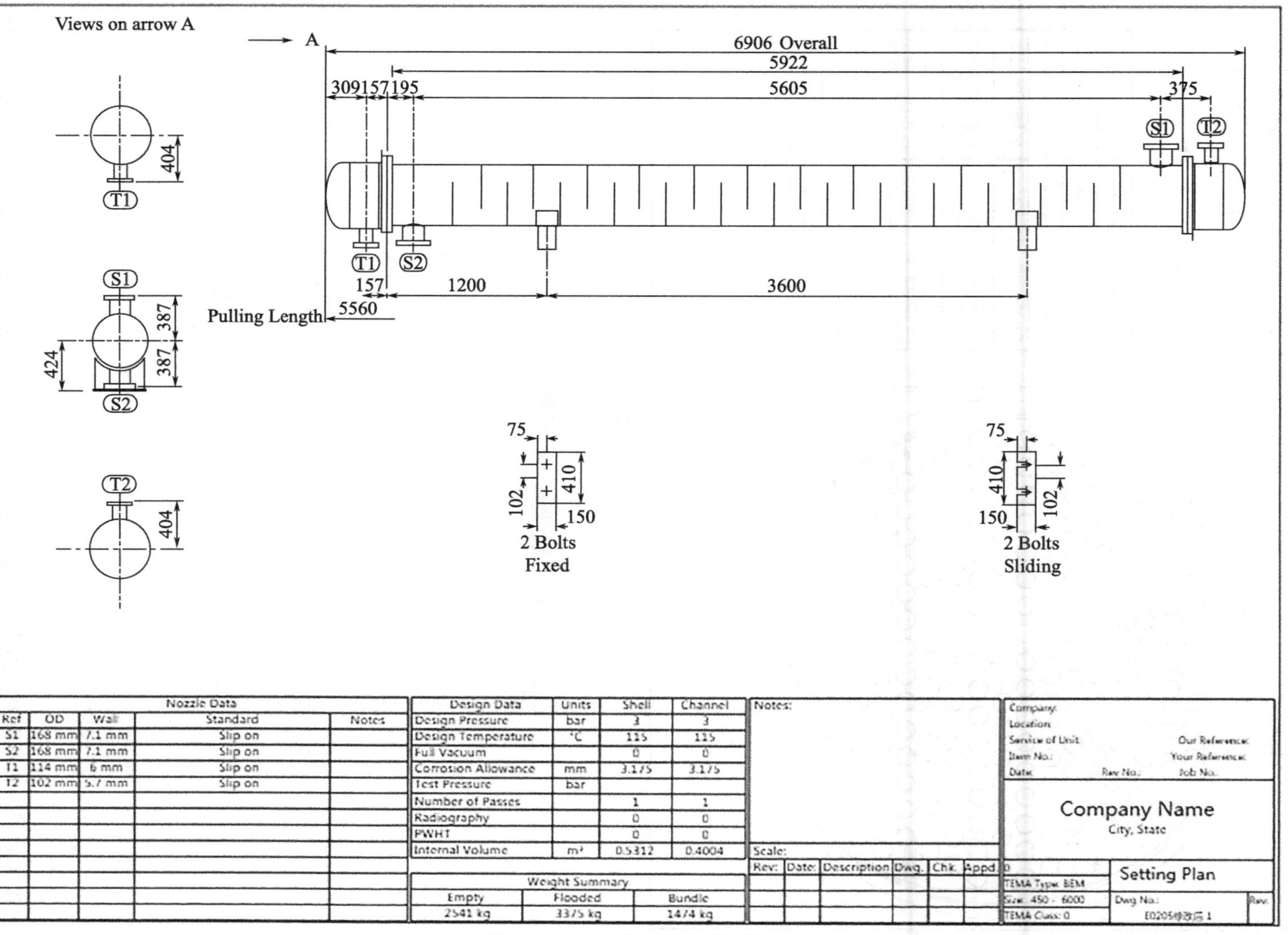

图 3.58 换热器 E0205 设备图

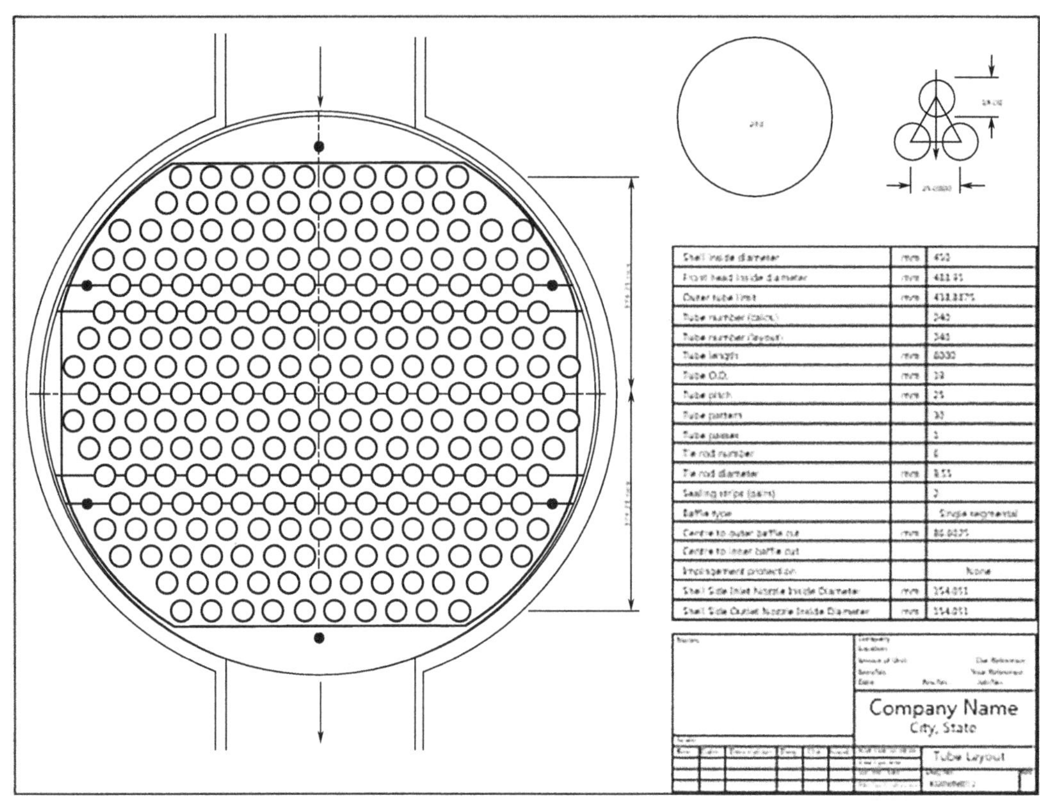

图 3.59 换热器 E0205 管板布置图

图 3.60 智能选泵系统启动界面

3.4.3 设备创新攻略

设备的创新非常重要，因为这是整个设计作品的闪光点。化工设计竞赛的创新点主要集中在工艺、换热和设备三个方面。设备本身就可以进行创新优化，而且对工艺和换热进行创新也免不了新型设备的设计，因此设备创新十分重要。

在大量调阅国内外最新文献和发明专利的同时，还可以请教相关研究方向的老师。思考创新点对于本科生来说可能会很难，解决方法就是要落到实处，即针对设备的缺点、弊端进行改进，这是最简单的思路，或是想到新的方法对设备进行强化。再者就是边查阅资料边思考，查阅资料的过程也是对设备及其改进更加熟悉的过程，可能查不到预想的文献，但是在此过程中自己对问题的改进可能就有了独特的思路。设备创新，要知其然，更要知其所以然，对本科生来说具体创新的计算很难模拟，但要明白创新的知识点和原理，这可以与专业课程、生产实习联系起来，比如在2019年大赛中很多参赛队伍在处理醋酸乙烯工艺中回收乙烯的问题上，都采用了新型膜分离技术代替传统的吸收法，学生们通过查阅相关资料，调阅文献和专利，在明确膜分离机理基础上可以只开展基本的设计，也可以尝试采用Matlab等软件编程模拟实际的膜分离模块，从而实现节能的目标，并且可以作为团队作品的亮点。再比如说，对于换热面积大的换热器，上面提到的Next团队的作品就创新地采用了新型高效螺旋折流板换热器，虽然设备费用较高，但是能够减小装置体积，有很大的传热效率，提升的本质原因是消除了换热死区而不是提高了湍流程度，类似的问题参赛者在答辩的时候会经常遇到，因此我们要明白设备创新的原理以及设备创新的目的。

总的来说，设备设计工作一方面要按照国家或行业标准进行设计，另一方面要考虑实际工艺中是否可行，即使最后设计在实际工艺中不合理，一定要明确自己在设计时是如何考虑的，合理的思路很重要，答辩老师会看重设计的思路而不是做了什么，做了多少。

负责设备设计的同学应该对化工原理、化学反应工程、化工设备机械基础等基础课程进行巩固，在此基础上学习比赛所使用的相关软件，如Aspen Plus、AutoCAD、SW6等。与此同时，还需要认真学习《化工设计手册》《化工工程师手册》等工具书，提高自己的工程设计认识，要让设计的工艺或者设备符合国家标准或者规范。而且，相关的化工论坛可能会有我们想要的答案，如马后炮化工（https：//bbs. mahoupao. com/）、海川化工（https：//bbs. hcbbs. com/）、化工707（http：//www. hg707. com/）等。

第4章 图纸绘制、安全环保及经济分析

伴随着化工行业逐渐向绿色化、智能化转型，化工设计竞赛也顺应行业发展潮流，2019年的竞赛任务书明确指出，要求技术提升满足“中国制造2025”绿色发展2020年指标，2020年进一步提高要求需满足绿色发展2025年指标，这都体现了化工设计竞赛对作品中绿色、节能、安全、经济的重视程度。如何使用节能环保的工艺，打造更加安全、高效的工作模式，实现设备的智能控制，从而大幅度减少由此而引发的事故，都是化工设计竞赛关注的热点问题。在化工设计竞赛中实现相关内容的扩充可以帮助培养下一代化工人的环保意识，责任意识，为将来化工行业的转型奠定基础。本章将从图纸绘制、安全环保及经济分析出发，结合历年竞赛作品指导同学们进行设计。

4.1 图纸的绘制

工程图纸的绘制是化工设计竞赛的重要内容。化工设计竞赛作品评审分为三个专项，即现代设计方法专项、设计文档质量专项、工程图纸质量专项，共计60分，其中工程图纸质量专项占20分。各高校参赛队伍提交的参赛作品需包含以下工程图纸：工艺流程图(PFD)、管道及仪表流程图（P&ID)、设备布置图、厂区总平面布置图、设备条件图，并要求所绘图纸符合现行的国家和行业标准。

各类图纸开始绘制的时间不同，持续绘制和修改的时间也不相同。工艺流程图在打通Aspen流程之后开始绘制，随着设计的修改同步修改，直到设计结束时才能完成该类图纸的绘制工作。所以工艺流程图是所有图纸绘制中开始得最早、完成得最晚的图纸。管道及仪表流程图在完成设备选型后开始绘制，也要绘制、修改，直至整个设计工作结束。设备布置图的绘制在完成设备选型工作，并确定好要布置的车间之后开始。厂区总平面布置图的绘制开始得最晚，一般在整个设计的后期完成。

图纸是一门工程师语言。绘制符合国家、行业标准的图纸是工程技术人员高效交流的需要，也是培养合格化工工艺专业本科毕业生的基本要求。下面我们以中国矿业大学（北京）“硫光异彩”团队的图纸作品为例，向大家简要展示化工设计竞赛图纸的绘制过程。“硫光异彩”团队由我校 2014 级化学工程与工艺专业 5 名本科生组成，2017 年代表我校参加华北赛区比赛，并获得区赛一等奖，该队绘制的图纸，是较有代表性的图纸作品。

4.1.1 绘图前的准备工作

（1）在电脑中安装好 AutoCAD 软件

需要提醒的是，相同配置的计算机，安装较低版本 AutoCAD 软件时，计算机对用户指令的响应时间更短。另外，图纸评分细则要求提交的 AutoCAD 图纸保存为 2004 版格式。同学们在使用 AutoCAD 软件绘制图纸时，所使用软件版本从 2007 到 2018 不等，最终提交作品时，请一定确认电子图纸保存格式符合竞赛要求。

（2）绘图前小组内需要做一些绘图格式方面的统一规定

因为竞赛中图纸的绘制可能由两名或三名同学合作完成，所以关于图纸中各图形元素格式的统一规定工作需在图纸绘制之前做好。

① 汉字字体统一为长仿宋字体，字高分为 3mm、5mm、7mm 三种。字母、数字字体选用 gbenor. shx，字高为 3mm。具体规定参见表 4.1。[注：《CAD 工程制图规则》（GB/T 18229—2000）、《技术制图 字体》（GB/T 14691—1993）、《化工工艺设计施工图内容和深度统一规定》（HG/T 20519—2009）三个标准关于字体、字高的规定不同，化工设计竞赛采用 HG/T 20519—2009 的规定。]

表 4.1 字体高度统一规定（摘自 HG/T 20519—2009）

书写内容	统一规定的字高/mm
图表中的图名及视图符号	7
工程名称	5
图纸中的文字说明及轴线号	5
图纸中的数字及字母	3
图名	7
表格中的文字	5
表格中的文字(格高小于 6mm 时)	3

② 图线用法及线宽规定可参考表 4.2。

表 4.2 图线用法及宽度统一规定（修改自 HG/T 20519—2009）

类别	图线宽度/mm			备注
	0.8	0.4	0.15	
PFD、P&ID	主物料管道	其他物料管道	其他	设备、机器轮廓线 0.25mm
设备布置图	设备轮廓	设备支架 设备基础	其他	动力设备(机泵等)如只绘出设备基础，图线宽度用 0.8mm

③ 对箭头进行的统一规定。图纸中箭头较多，如果箭头绘制格式不统一会影响图纸的

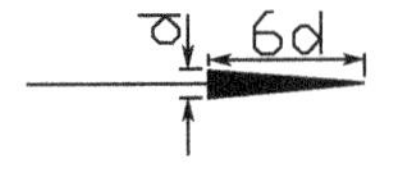

图 4.1 箭头的尺寸规定

整体感观（图 4.1）。

④ 竞赛图纸图幅有 A1、A2 两种，我校图纸全部采用 A1 图幅（注：$B \times L = 594\text{mm} \times 841\text{mm}$，$a$ 取 25mm，c 取 10mm），图框格式为留有装订线的 X 型（图 4.2）。

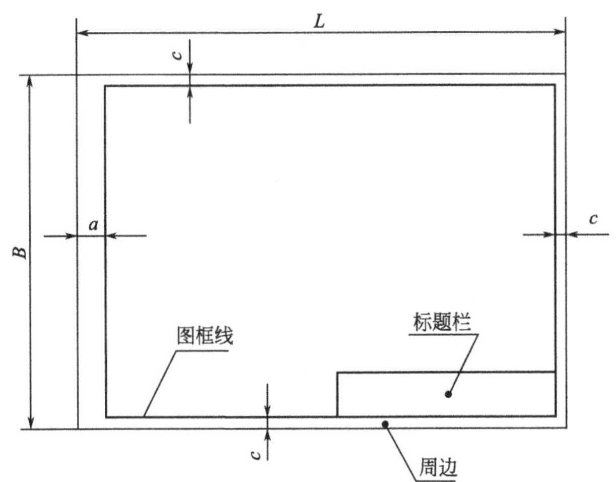

图 4.2 留有装订线的 A1 图框格式

⑤ CAD 中图层的设定。国家标准《CAD 工程制图规则》（GB/T 18229—2000）规定了计算机绘制工程图纸时图线的颜色，参见表 4.3。

表 4.3 CAD 工程图在屏幕上的图线的颜色规定

图线类型	屏幕上颜色
粗实线	白色
细实线	绿色
波浪线	绿色
双折线	绿色
虚线	黄色
细点画线	红色
粗点画线	棕色
双点画线	粉红色

根据表 4.3，线型设定不同的图层，图层可以分别命名为粗实线层、细实线层、虚线层等，并在图层中按表 4.3 中的颜色规定设定好图线的颜色，同时加载并确定对应线型。

需要说明的一点：CAD 中点画线、双点画线线型有单点长画线、双点长画线、长画短画线、长画双点画线、点画线、双点画线等多种样式，而《机械制图 图样画法 图线》（GB/T 4457.4—2002）中仅规定了线型种类、应用及线宽，未对点画线、双点画线进行更具体的限定，参照《化工工艺设计施工图内容和深度统一规定》（HG/T 20519—2009）附录图纸中点画线、双点画线所选线型，这里点画线的线型选择了 CENTER，双点画线选择了 ACAD _ IS012W100。

4.1.2　PFD 的绘制

PFD 是 process flow diagram 的缩写，即工艺流程图。PFD 是在完成物料衡算和热量衡算后绘制的图纸，以图形与表格的形式反映物料衡算与热量衡算的计算结果。

下面以“硫光异彩”团队图纸作品中脱硫工段的 PFD 为例，介绍 PFD 的绘图步骤及注意事项。

① 按照《CAD 工程制图规则》(GB/T 18229—2000) 相关规定设定好需要的图层。为了方便图纸中各元素的管理，可以设定主物料层、辅助物料层、设备轮廓层、设备内组件层、物料表层、文字标注层、图框和标题栏层等。

② 按事先确定好的工艺方案及工艺流程草图来绘制工艺流程图，如图 4.3 所示（注：图中物料线未显示线宽）。

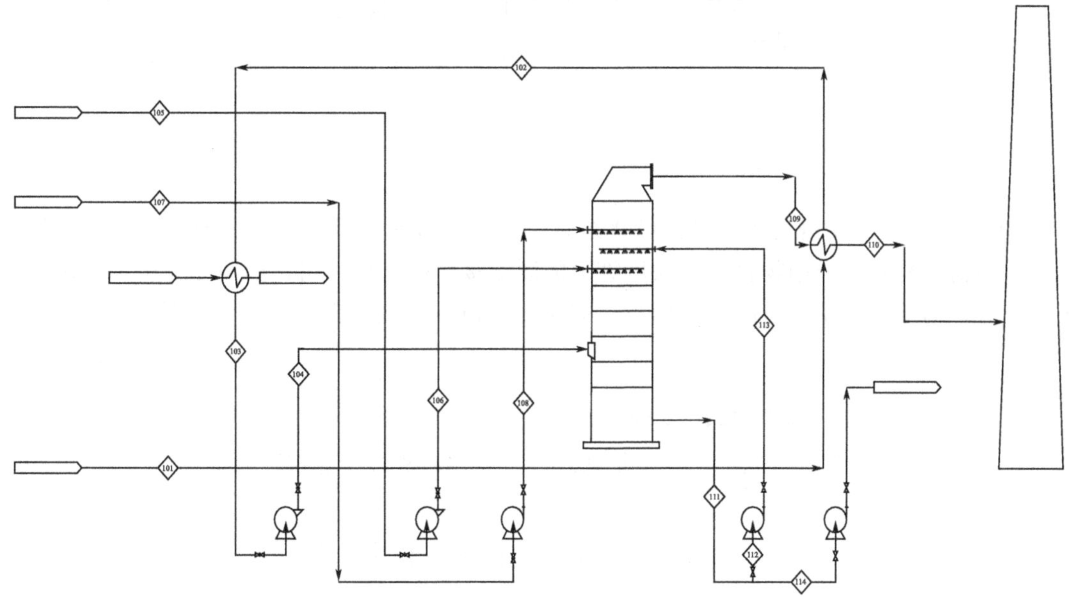

图 4.3　脱硫工段工艺流程部分

工艺流程图中的设备不需按实际比例绘制，但设备的相对大小要正确表示，设备的布置要遵循以下原则（更详细的规定参见 HG 20559—93、HG/T 20519—2009）。

a. 设备按流程从左至右排布；

b. 塔、反应器、储罐、换热器、加热炉从图面水平中线往上布置；

c. 泵、压缩机、鼓风机、振动机械、离心机、运输设备、称量设备布置在图面 1/4 线以下；

d. 中线以下 1/4 高度供走管道使用；

e. 没安装高度（或位差）要求的设备，在布置时要符合流程流向，同时便于管道连接；有安装高度（或位差）要求的设备及关键操作台，要在图面适宜位置标示出该设备与地面或其他设备的相对位置，标注尺寸或标高。

f. 工艺物料流程图中（图 4.3）各设备应按 HG/T 20519—2009 规定的设备和机器图例

绘制。各图例在绘制时，其尺寸和比例可在一定范围内调整，可以有方位变化，也可以进行组合或叠加。

此外，还应注意以下事项。

a. HG/T 20519—2009 中关于管道的接续画法有两种：一种是进、出装置或主项内的管道或仪表信号线的图纸接续画法，如图 4.4(a) 所示，空心箭头内注明相应图纸编号，空心箭头上方注明来或去的设备位号或管道号或仪表位号；另一种是同一装置或主项内的管道或仪表信号线的图纸接续画法，如图 4.4(b) 所示，空心箭头内注明相应图纸编号，空心箭头附近注明来或去的设备位号或管道号或仪表位号。

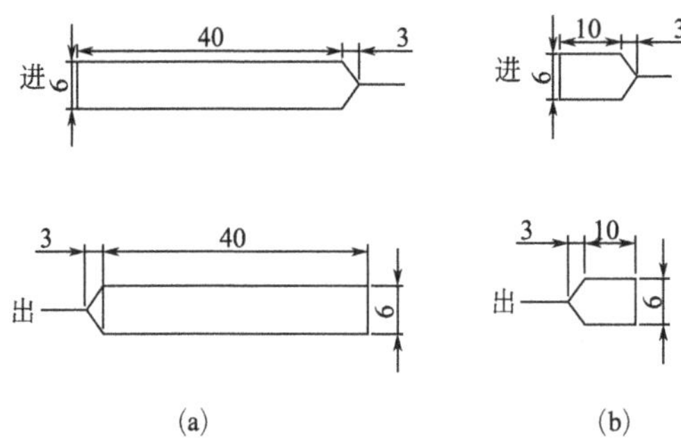

图 4.4　管道的图纸接续画法（单位：mm）

HG 20559—93 中规定了两种图纸接续画法：装置内各管道仪表流程图之间相衔接的工艺管道和辅助物料、公用物料管道采用管道的图纸接续标志来标明，如图 4.5 所示；进出界区（装置）的管道要用管道的界区标志，如图 4.6 所示。接续标志均采用中线条（0.5mm）绘制。

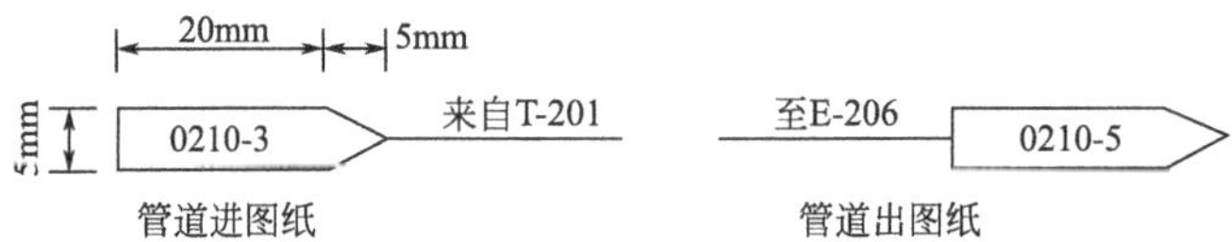

图 4.5　管道的图纸接续画法及标注

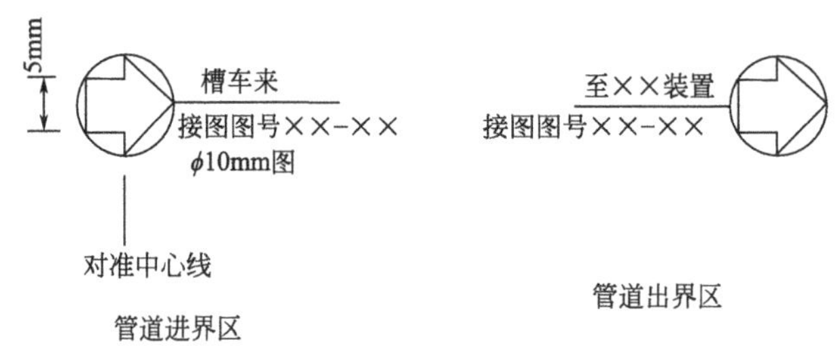

图 4.6　管道的界区接续画法及标注

b. HG/T 20519—2009 中关于换热器图例有多种推荐画法。在图纸中设备较少时，为了让图纸看上去内容更充实饱满，不建议采用图 4.7 中的换热器（简图）画法，而采用其他更具体的画法，更多换热器图例详见 HG/T 20519—2009 中表 8.0.6。

c. HG 20559—93 规定设备轮廓线用中线条（0.5mm）绘制。HG/T 20519—2009 中设备轮廓线宽规定有 0.15mm 和 0.25mm 两种，化工设计竞赛统一要求采用 0.25mm 线宽。

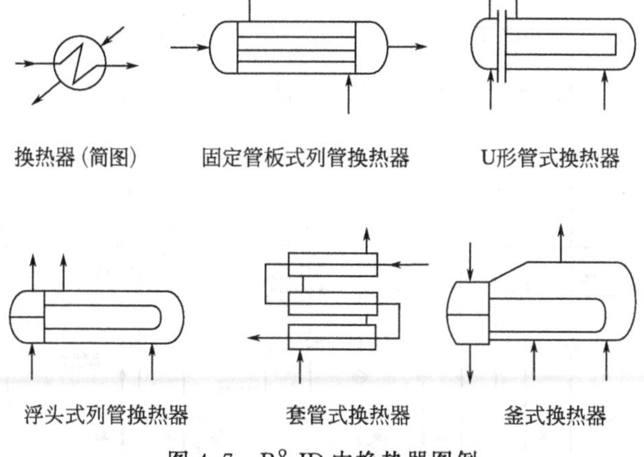

图 4.7　P&ID 中换热器图例

d. 工艺物料流程图中应标示出工艺生产所有的主要设备（包括名称、位号），关键的阀门、流量、温度、压力、热负荷以及控制方案［摘自《化工工艺设计手册》（第 5 版）下册］。

注：图 4.3 中未绘制控制方案。目前，化工设计竞赛评分细则中“PFD 内容正确性与完整性”部分没有关于 PFD 中自控方案的评审要求，但该评分细则“P&ID 内容正确性与完整性”部分却提出“P&ID、PFD 单元控制逻辑应一致”的要求。在现阶段评分细则中还未明确 PFD 中缺少控制方案如何扣分，以及 P&ID、PFD 单元控制逻辑不一致时该如何扣分。随着化工设计竞赛难度的逐渐提高，规则日益细化，评分细则中考察的内容会越来越全面，同学们在 PFD 绘制时建议绘制出自控方案，并保证与 P&ID 中的自控方案一致。

③ 在 CAD 模型空间按 1∶1 的比例绘制出 A1 图框，然后将图 4.3 中的内容缩放到图框内。

至于缩放的比例，也就是图面的美观问题，需要同学们多次尝试、比较，最终确定适宜的比例。PFD 标题栏中“比例”一栏不填写比例或填写“不按比例”。

④ 按 1∶1 比例在 CAD 模型空间的 A1 图框内输入文字，绘制并填写标题栏，注明设备位号及填写物流表。

设备位号的格式应符合 HG/T 20519—2009 的规定，并与设备对齐，置于图纸上侧或下侧，如图 4.8 所示（清晰电子图请见电子资源包）。

图 4.8 中物料表由工艺流程模拟计算软件得到，直接复制粘贴在图中，因此表格中的温度、分子式格式等多处易出现错误，所以在竞赛作品制作时间允许的情况下，建议同学们手动绘制表格，手动录入相关数据。

图纸标题栏应符合 GB/T 10609.1—2008《技术制图 标题栏》的规定。标题栏的方向与看图的方向一致。标题栏最外的栏框为 0.8mm 粗实线，内部为细实线。

目前，化工设计竞赛评分细则未对标题栏大小提出要求，标题栏中文字高度仅要求与图纸匹配，鉴于图纸评审细则越来越完善，建议同学们在标题栏的制作过程中严格遵守《技术制图 标题栏》（GB/T 10609.1—2008）的规定。

另外，项目设计的设计人员签名和审核人员签名须是不同组员的签名，也就是说，这两部分工作应由不同同学完成。

图纸评分细则中关于 PFD 内容正确性与完整性方面，主要考核三部分内容：流程结构

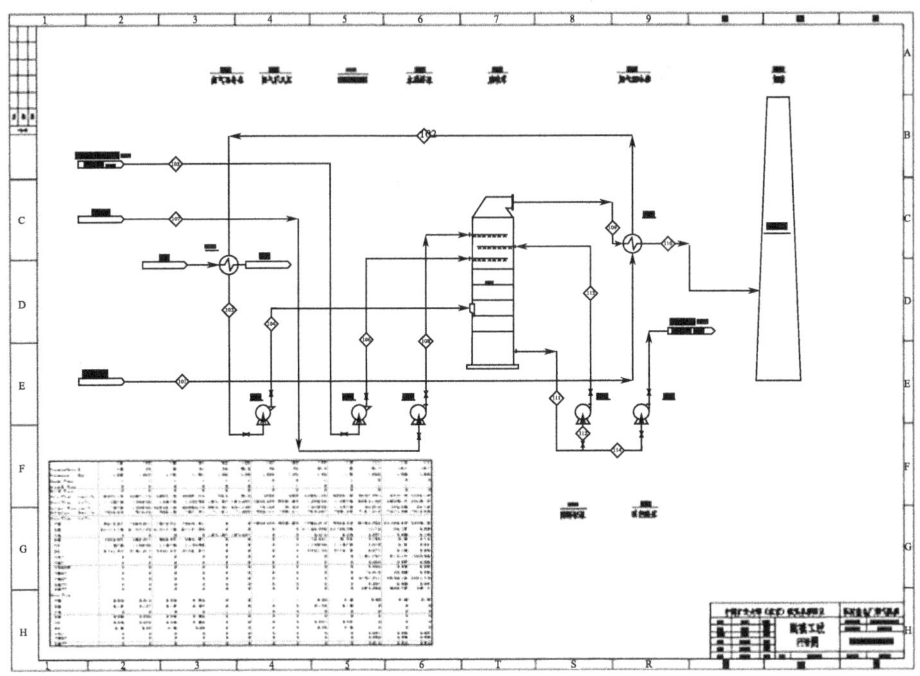

图 4.8 脱硫工段工艺物料流程图

(2.5 分)、物料表 (1.5 分)、设备位号 (1 分)。

a. 流程结构部分主要考察以下内容：

ⓐ 物料来自哪个主项、哪台设备，流经哪台设备，去哪个主项、哪台设备；

ⓑ 设备是否都包含了进口、出口；进口数量、出口数量是否正确；进口、出口是否都绘有物料线；物料线在设备上的连接位置是否正确；

ⓒ 物料线上是否标有箭头，箭头标识方向是否正确；

ⓓ 结合物流表中压力数值，检查物流压力变化是否合理，如出现相近两股物流有较大压力变化的情况，检查是否有漏掉设备、管件、阀门或存在设计不合理的地方。

b. 物流表须按评分细则考察的内容逐项检查，看看是否有遗漏的内容。

c. 设备位号部分则要注意两点：一是不要漏掉位号线，位号线为粗实线；二是要在两个地方标注设备位号。第一个标注设备位号的地方是图的上方或下方，要求排列整齐，并尽可能正对设备，位号线上方标注位号，位号线下方标注设备名称；第二个标注设备位号的地方是在设备内或其近旁，此处仅注位号，不注名称。当几个设备或机器为垂直排列时，它们的位号和名称可以由上而下按顺序标注，也可水平标注。

4.1.3 P&ID 的绘制

P&ID 是 piping & instrument diagram 的缩写，又称 PI 图，即管道及仪表流程图。P&ID 是工程设计中最重要的图纸之一。

一个工厂一般由多个化工及公用工程装置组成，每个装置又由数个（最少为一个）工序（即主项）组成，P&ID 以工序（主项）为基本单位绘制，借助统一规定的图形符号和文字代号，用图示的方法把建立化工装置所需的全部设备、仪表、管道、阀门及主要管件，按其各自功能组合起来，达到描述工艺装置结构和功能的目的。

P&ID 按管道中物料类别不同可分为两类：工艺管道仪表流程图（简称工艺 PI 图）和辅助物料、公用物料管道仪表流程图（简称公用物料系统流程图）。

P&ID 的图纸绘制过程与 PFD 绘制过程类似，只是工艺内容更具体，设备更详细，同时增加了仪表自控、管道标注等内容。“硫光异彩”团队的脱硫工段 P&ID 如图 4.9 所示（清晰电子图请见电子资源包）。

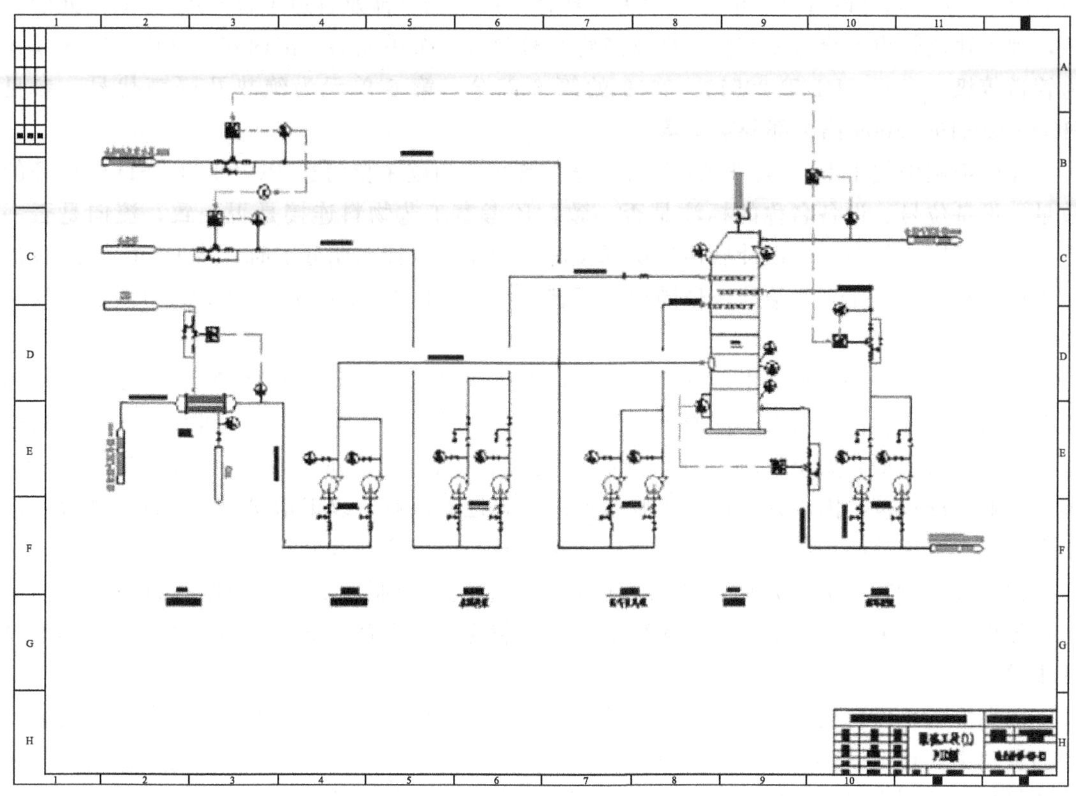

图 4.9　脱硫工段的 P&ID

图纸评分细则中关于 P&ID 单元控制逻辑部分主要考察精馏塔控制、换热器控制、泵流量控制、反应器操作控制的正确性。最新的评分细则要求任意抽查四项中的一项内容，所以此项的得分情况与评审时抽查到的控制单元的设计质量有关。为保证取得较好成绩，同学们应尽量做到四类考核内容都设计正确，甚至做到未考核单元的控制逻辑也正确无误，例如风机、储槽、储罐、除尘设备、过滤设备、废热锅炉等的自动控制等。

另外，如果在 PFD 中简单标示了某些单元的控制方案，还要检查 P&ID 中的控制方案是否与其一致，避免出现前后矛盾的现象。

评分细则中关于 P&ID 管道组合号部分，考察管道组合号标注是否完整、正确。设计时需要注意以下事项。

① 在满足设计的要求、且不会产生混淆和错误的前提下，管道号的数量应尽可能减少。

② 辅助和公用工程系统管道以及界外管道的管道组合号也应按规定编制。同一根管道在进入不同主项时，其管道组合号中的主项编号和顺序号均应变更。在图纸上应注明变更处

的分界标志。

③ 放空和排液管道若有管件、阀门和管道，则应标注管道组合号。若放空和排液管道排入工艺系统自身，其管道组合号按工艺物料编制。

④ 从一台设备管口到另一台设备管口之间的管道，无论其规格或尺寸改变与否，应编一个号；设备管口与管道之间的连接管道也应编一个号；两根管道之间的连接管道也应编一个号。

另外，HG/T 20519—2009 规定，当工艺流程简单、管道品种规格不多时，管道组合号中的第 5、6 单元可以省略。但是，因为竞赛评分细则内容涉及管道组合号第 5、6 单元的考核，因此建议管道组合号要完整，即管道组合号包含 6 个单元的全部内容。其中，第 5 单元为管道等级，参见 HG/T 20519—2009 的第 6 部分；第 6 单元为绝热及隔声代号，参见 HG/T 20519—2009 第 2 部分第 7 章。

评分细则中关于 P&ID、PFD 工艺流程一致性的问题主要考察 P&ID 和 PFD 中设备的数量、设备位号、设备名称的标注是否一致，还考察工艺物料连接是否一致，流向是否一致。这需要同学们在完成设计后逐项认真核对。如能在设计初期分工时，将 P&ID、PFD 的相关设计和绘图工作布置给同一位同学，那将会大大降低 P&ID、PFD 工艺设计及图纸绘制不一致的概率。

化工设计竞赛评分细则中 PFD、P&ID 内容正确性与完整性部分的考查共 10 分，占图纸总分值的一半，占比较大。然而，这两部分内容相对较少，又是同学们课堂内学习过的内容，难度相对较低。如果能细心地、耐心地完成 PFD、P&ID 的绘制，严格按相关国家标准、行业标准规范绘图，并按评分细则考察的内容逐项核对，改正错误，这两部分内容一般不会出现严重丢分的现象，实力相对较强的团队甚至可以拿到满分。

化工设计竞赛对 P&ID 中精馏塔、换热器、泵流量控制、反应器操作参数控制的控制逻辑提出考核。下面以精馏塔顶回流罐的单元控制为例，讲解一下我校参赛队伍常采用的设计步骤。

前期准备工作包括收集好需要用到的工具书、国家标准、行业标准。此部分设计需要用到的资料主要包括：《管道及仪表流程图设计规定》HG 20559—93，《过程测量与控制仪表的功能标志及图形符号》HG/T 20505—2000，《化工工艺设计手册》（下册）。

装置中各单元的管道设置、仪表控制设计须符合《管道及仪表流程图设计规定》（HG 20559—93）中附录：管道仪表流程图基本单元模式的规定。这个标准是我们进行管道设置、仪表控制设计要参考的最重要的文件。

设计步骤如下。

① 根据前期的设计结果，确定了精馏塔塔顶馏出为液体（无不凝气体），采用位差回流的回流罐。

② 根据《管道及仪表流程图设计规定》（HG 20559—93）中附录：管道仪表流程图基本单元模式中“蒸馏塔系统设备基本单元模式”的“4.4 回流罐”部分的相关规定，找到“4.4.1 塔顶馏出为液体的回流罐”和“4.4.1.1 靠位差回流”，根据规定中的“（1）管道设计要求”和“（2）仪表控制设计要求”两部分内容，并参照“图 4.4.1—1 位差回流的回流罐基本单元模式”，绘出自己设计的管路和控制仪表。

③ 重复上述的步骤，参照《管道及仪表流程图设计规定》（HG 20559—93）中附录：管道仪表流程图基本单元模式中“蒸馏塔系统设备基本单元模式”的“4.3 冷凝器”部分内容，绘

制出回流罐前的换热器及其管道、控制仪表（假设采用“调节冷却水量的冷凝器”）。

④ 将冷凝器、回流罐的管道和塔设备连接起来。管路连接工艺路线可以参考化学工业出版社出版的《化工工艺设计手册》(第 5 版）下册 30 页的图 31-15（本书中为图 4.10)。

⑤ 根据《过程测量与控制仪表的功能标志及图形符号》HG/T 20505—2000 的规定，规范方案中仪表控制的表达。

按上述步骤逐步设计，确保控制方案是常规、正确的方案，并确保图纸工艺部分、自控部分的设计表达符合 HG 20559—93、HG/T 20505—2000 的规定。

其他单元的自控方案也可以按这个步骤进行设计。

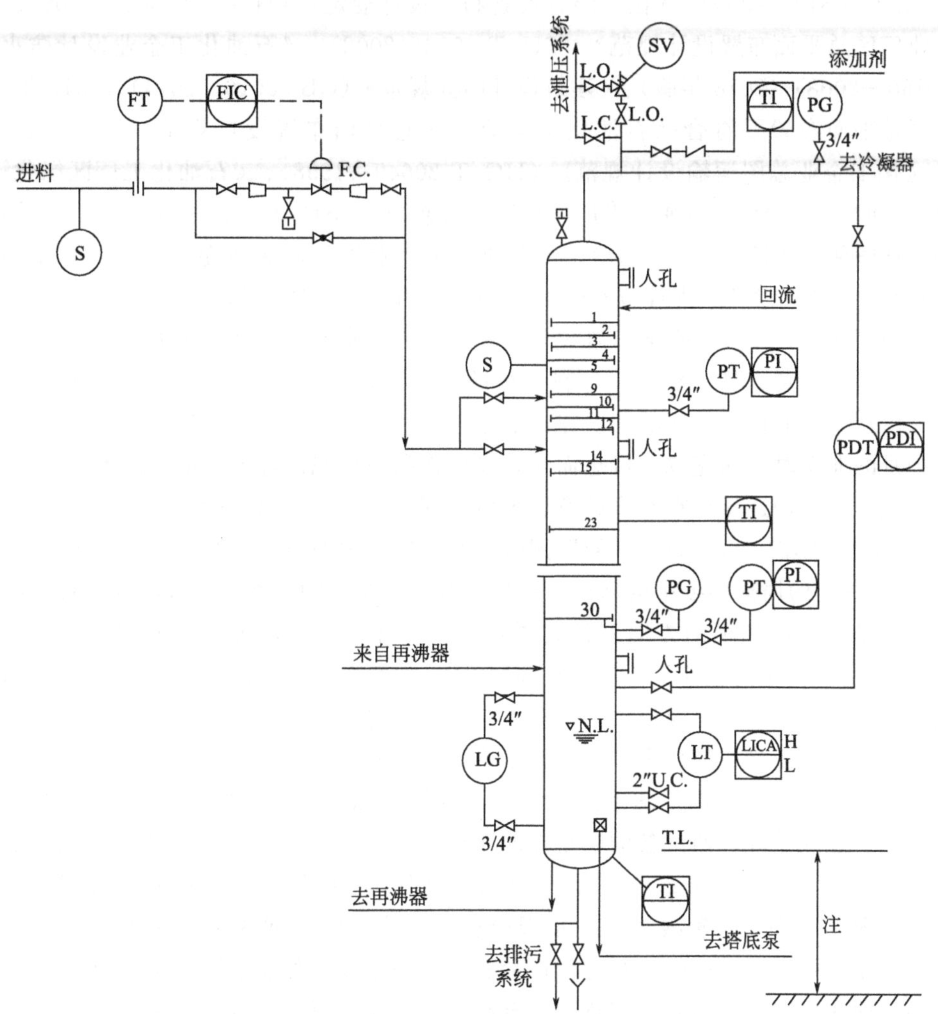

图 4.10 蒸馏塔的典型管道及仪表流程图

注：标注工艺要求的高度。

4.1.4 设备布置图、厂区总平面布置图的绘制

工艺流程确定下来，塔、反应器等非标设备设计完成，泵、换热器等设备设计、选型完

成后，开始进行车间布置及厂区平面布置。

图纸的绘制步骤：①建立图层；②在模型空间 1∶1 绘制车间（或厂区）、设备轮廓；③在模型空间 1∶1 绘制 A1 图框；④按设定比例将车间（或厂区）、设备缩放到 A1 图框；⑤尺寸标注，并手动修改尺寸数据；⑥按 1∶1 比例绘制标题栏、明细表，填写标题栏、明细表及技术说明；⑦重新布局图框中各图形元素，力求达到合理、美观的要求。

上述绘图步骤仅是我们提供的一种绘制步骤方案，同学们也可以按照自己的绘图习惯进行绘制。

设备布置图中设备的布置和图纸的绘制要符合《化工工艺设计施工内容和深度统一规定》(HG/T 20519—2009)、《化工装置设备布置设计规定》(HG/T 20546—2009)、《石油化工企业厂区总平面布置设计规范》(SH/T 3053—2002)、《石油化工企业设计防火规范》(GB 50160—2008)(2018 年版)、《建筑设计防火规范》(GB 50016—2014)(2018 年版)。

厂区总平面布置要符合《石油化工企业厂区总平面布置设计规范》(SH/T 3053—2002)、《化工企业总图运输设计规范》(HG/T 20649—1998)、《石油化工厂区绿化设计规范》(SH 3008—2000)、《石油化工厂内道路设计规范》(SH/T 3023—2005)、《石油化工总图运输设计图例》(SH 3084—1997)、《石油化工企业设计防火规范》(GB 50160—2008)(2018 年版)、《建筑设计防火规范》(GB 50016—2014)(2018 年版)。

车间平面布置、厂区总平面布置包含的设计内容非常多，大到厂区如何划分、生产设备如何布置，小到设备直梯、踏步、加料平台的尺寸及标高，需要设计者考虑的东西非常琐碎。本应由从事专业设计工作的团队完成的任务，加在三两个大学三年级的学生身上，并要求在个把月的业余时间内完成，可想而知，设计作品中出现设计方面的考虑不周，甚至是错误在所难免。但我们还是要在有限的竞赛准备时间里，努力做出正确、合理的设计。

图 4.11 和图 4.12 是“硫光异彩”团队车间布置图中的第一层车间平面布置图和立面图（*A*—*A* 剖视图）的局部图纸中的部分图层的内容。两张图中存在两个较有代表性的问题。

第一个是 *A*—*A* 剖视的方向。我们更习惯从下往上（或从前往后）或从左往右剖视。图 4.11 的剖视方向是由上往下（从后往前）。*A*—*A* 剖视图中设备位置的绘制是正确的，但两张图结合起来阅读，并不容易让我们想象出两设备的布置情况。这种剖视方向给我们阅读图纸、理解图纸以及之后的技术交流带来了不必要的麻烦。

另一个问题是 *A*—*A* 剖视图中两设备距离的尺寸标注和平面图中两设备距离的尺寸标注数据不同。也就是说，两设备的间距在两张图纸中表述不一致。图 4.11 的平面图中两设备水平方向间距是 21006mm，图 4.12 的剖视图（立面图）中两设备水平方向间距是 15000mm。从剖视图定位轴线号标注错误分析（因为观察方向为从上往下，轴线号应为 4 和 2，误标为 1 和 2），这两张图纸定位尺寸标注不一致极大可能是因为绘图同学疏忽所致。

车间平面布置图和车间立面布置图结合在一起才能更清楚表达一套装置中各设备的布置情况。平面图、立面图从不同的视角表达同一套装置的布置，设备定位数据相互补充，弥补单一视角表达的不足。因此，同学们在绘制车间平、立面图时要注意保证平面图与对应立面图的一致性。

关于绘图比例，车间布置图常用比例为 1∶100，也可用 1∶200 或 1∶50 的比例。也就是说，我们在 A1 图纸上可以绘制出的最大车间，面积约为 100m×160m，占地 $1.6\times10^4\,m^2$（按 1∶200 比例绘制），最小车间面积约为 25m×40m，占地 $1000m^2$（按 1∶50 比例绘制）。

可以通过以下例子建立这些长度、面积的概念，回想一下大学校园里举办运动会用的运

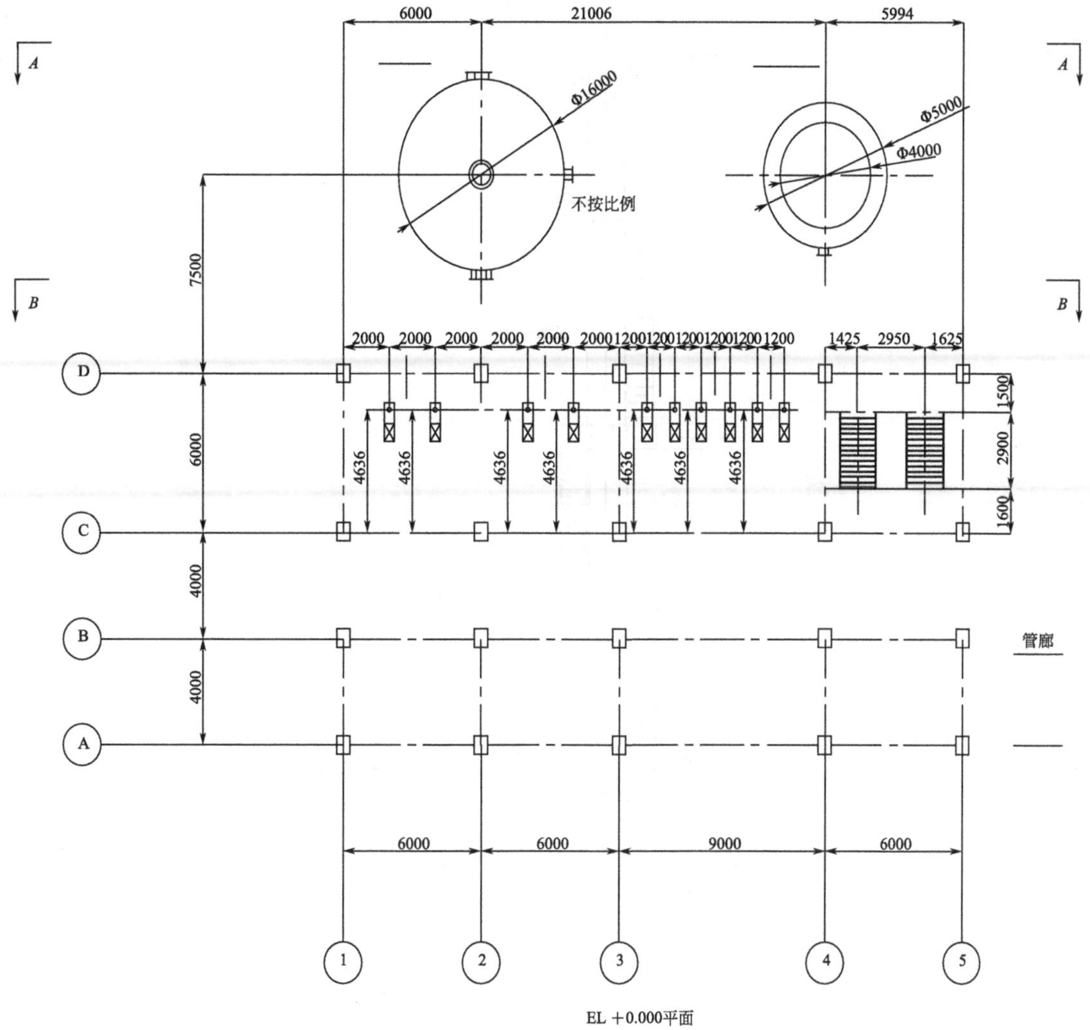

图 4.11 车间平面布置图（仅为局部图纸中的部分图层内容）

动场。跑道全长为 400m 的标准半圆式田径场，由两个长度分别约为 86m 的直道和两个半径长度约为 36m 的弯道组成。

图 4.13 中矩形部分长 86m，宽 72m，面积约 $6200m^2$，两个半圆形面积共约 $4000m^2$，整个田径场约 $10000m^2$。这种运动场是我们比较熟悉的场所，有了对这种场地大小感性的认知，我们对 100m×160m 的车间或 25m×40m 的车间，以及 $1.6\times10^4m^2$ 或 $1000m^2$ 的面积会有一个更加清晰、准确的概念。

厂区平面布置常用比例为 1∶500，也可用 1∶1000 或 1∶200 的比例。也就是说，我们在 A1 图纸上可以绘制出的最大厂区约为 500m×800m，即占地 $4\times10^5m^2$（按 1∶1000 比例绘制），最小厂区约为 100m×160m，即占地 $1.6\times10^4m^2$（按 1∶200 比例绘制）。

中国矿业大学（北京）学院路校区占地面积 $2.4\times10^5m^2$，大家可以根据自己的校区大小，对 $4\times10^5m^2$ 的占地面积建立自己的空间概念。有了操场面积和校园占地面积的概念，我们仅仅从常识出发，便可判断出我们设计的车间大小是否合理、厂区大小是否合理，以保证设计后期的工艺装置占地、辅助生产设施占地、仓储设施占地、车间平面布置、厂区总平

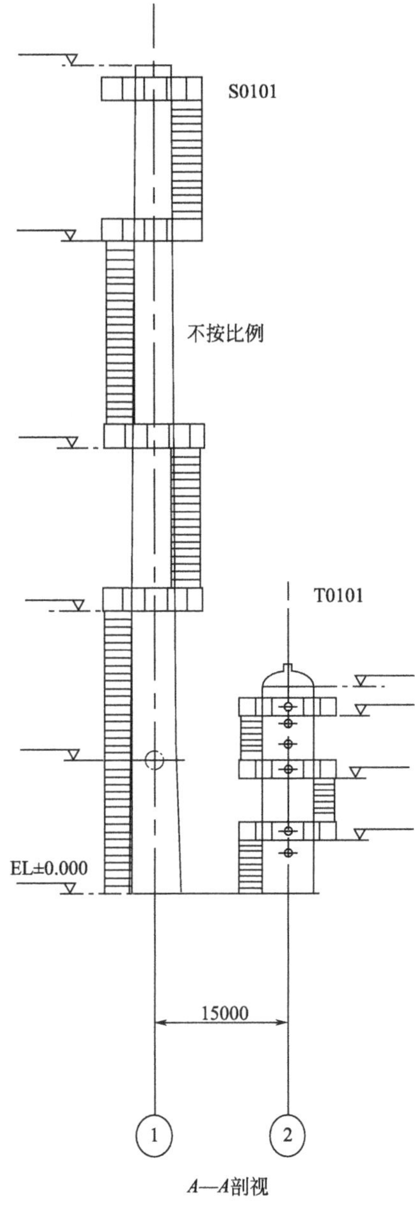

图 4.12　车间立面布置图（仅为局部图纸的部分图层内容）

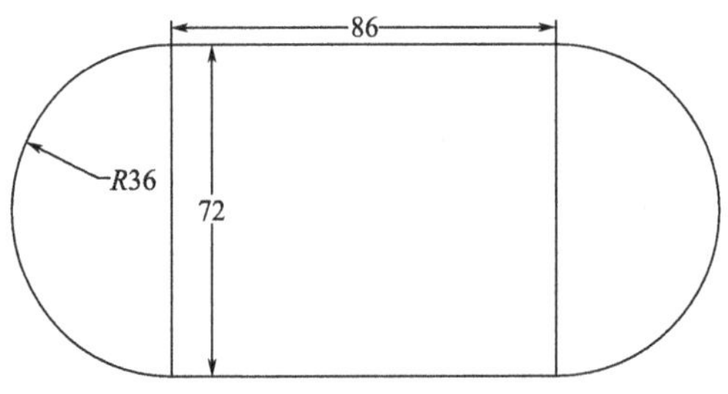

图 4.13　标准半圆式田径场示意图

面规划与布置及相关的经济核算等设计顺利进行。

车间布置图、厂区布置图绘制完成后，要核对以下细节：①构、建筑物（如梁、柱等）图例绘制是否正确；②构、建筑物（如梁、柱等）线型、线宽选用是否正确；③字体、字高选用是否正确；④设备基础和设备轮廓的线宽选用是否正确；⑤主视图、俯视图、剖视图中设备轮廓绘制是否正确；⑥设备定位基准是否选对，并标注正确；⑦是否绘制了风玫瑰图；⑧是否绘制了方向标；⑨标高符号是否绘制正确；⑩标高的标注基准是否选择正确；⑪各设备布置是否符合国家标准、行业标准；⑫车间平、立面布置图，剖视图是否有缺失和不一致处；⑬厂区功能分区是否符合安全生产的国家标准、行业标准；⑭设备布置是否满足安装、检修的要求；⑮设备布置是否留出安全疏散通道；⑯生产管理及生活服务区、罐区、消防站、消防通道、逃生通道、人和物流道路的布置是否符合防火的国家标准、行业标准。

另外，还应注意以下方面。①方向标图例圆直径为 20mm。②平面图上水平方向定位轴线，从左至右顺次用阿拉伯数字 1、2、3 等进行编号；垂直方向定位轴线自下而上顺次用大写英文字母 A、B 等进行编号，编号填写在直径 8mm 的细实线圆内。③风玫瑰图中，用中实线表示“建北”“测北”方位线及 16 个方位连接线，细实线表示 16 个方位线，可间隔涂阴影。

图纸评分细则中关于车间布置、厂区布置内容的正确性和完整性方面应注意以下问题。

充分利用厂房的垂直空间来布置设备，设备的垂直位差应保证物料能顺利进出。由泵抽吸的塔和容器以及真空、重力流、固体卸料等设备，应按工艺流程的要求，布置在合适的高层位置。一般情况下，计量罐、高位槽、回流冷凝器等设备可布置在较高层，反应设备可布置在较低层，过滤设备、储罐等设备可布置在最底层。

应注意穿楼板安装的容器和反应器等设备不要和其他楼层布置的设备碰撞。

化工厂每年需安排一次大修以及次数不定的小修，以检修或更换设备。因此，设备布置时，要满足设备安装和检修的要求。如要考虑设备水平运输通道和垂直运输通道；穿过楼层的设备应在楼面的适当位置设置吊装孔；对于内部装有搅拌或输送机械的反应器，应在顶部或侧面留出搅拌或输送机械的轴和电机的拆卸、起吊等检修的空间和场地；容器内带加热或冷却管束时，在抽出管束的一侧应留有管束长度加 0.5m 的净距。

设备布置要考虑安全疏散通道。如甲、乙、丙类防火的塔区联合平台及其他工艺设备和大型容器或容器组的平台，应设置不少于两个通往地面的梯子作为安全出口，且各安全出口的距离不得大于 25m。

设备布置时，平面图和立面图应一致，尤其要检查设备的定位尺寸标注是否一致；并检查是否有漏绘的平面图、剖视图。

设备的定位尺寸要完整，而且尺寸标注基准线要选择正确。如卧式容器和换热器以设备中心线和固定端或滑动端中心线为基准线，分别标注其与就近建、构筑物轴线之间的尺寸。

建、构筑物的尺寸标注要完整。如标注出构、建筑物的轴线号及轴线间尺寸，并标注室内外的地坪标高。

平、立面图上所有设备都要标注设备位号，且与 PFD、P&ID 的设备位号一致。

立面图中所有设备都要标注设备标高，且设备标高标注正确。如反应器、塔、立式槽和罐以支承点标高表示（POS EL +××.×××）；管廊、管架标注出架顶的标高（TOS EL +××.×××）。

PFD、P&ID、设备布置图、总平面布置图内容正确性与完整性部分共 16 分，需要根据评分细则考核内容，逐条检验图纸中相关内容，并确保该部分内容符合国家标准、行业标准。

除了 PFD、P&ID、设备布置图、总平面布置图之外，图册内容往往还包括管道轴测图、设备装配图等其他图纸。因为管道轴测图是从 3D 建模软件中导出的图纸，HG 20519—2009 中关于轴测图的相关规定并不适用。图纸评分细则对管道轴测图、设备条件图也未提出要求，所以关于这两部分的图纸内容本书就不涉及了。

4.1.5 图纸中常见的格式规范性错误

（1）图纸中的线宽不符合规范

化工设计竞赛中涉及的图纸包括 PFD、P&ID、车间平（立）面布置图、厂区总平面布置图（参赛队伍提交的图册中往往还包含设备条件图、管道轴测图等）。不同的图纸对线宽的规定不同。如 P&ID 中设备轮廓为 0.25mm 的细实线，设备布置图中设备轮廓为 0.6～0.9mm 的粗实线。绘图时要按照国家标准或行业标准的规定绘制。

（2）文字、数字和字母的字体不符合规范，字高过大

关于图纸中的字体，不同标准规定不同，如 GB/T 14691—93 规定汉字采用长仿宋体，HG/T 20519—2009 规定汉字采用长仿宋体或正楷体，HG/T 20668—2000 规定汉字采用仿宋体。PFD、P&ID 中字体、字高应符合 HG/T 20519—2009 规定。涉及化工设备设计的文件、图纸应遵循 HG/T 20668—2000。另外，字高要符合规范，字高大于 7mm 的文字、数字和字母在图纸中会显得很突兀，过多不符合字高规范的文字容易影响图纸的第一印象。

（3）标题栏外框及内部线条的线宽错误

标题栏尺寸要符合国家标准，标题栏外框为粗实线，内部线条为细实线。

（4）箭头的尺寸不符合规范

图纸中的箭头较多，用于表示物料流向或设备定位等。不符合规范的箭头，极易破坏图纸的美感，影响图纸的第一印象。箭头的长宽比例为 6∶1。

（5）阀门图例的尺寸不符合规范

流程图中阀门图例尺寸一般为长 4mm，宽 2mm 或长 6mm，宽 3mm；若选用球阀、旋塞阀时，还应注意阀门图例中圆的直径。

（6）进出装置管道的图纸接续符号不符合规范

进出装置管道的图纸接续符号为长 40mm、宽 6mm 的空心箭头，在空心箭头上方注明来或去的设备位号或管道号或仪表位号，箭头内注明图纸图号。

（7）设备位号位置及设备位号线不符合规范

PFD、P&ID、设备布置图中都涉及设备位号的标注。

PFD、P&ID 中应在两个地方标注设备位号：一个地方是图的上方或下方，要求排列整齐，并尽量正对设备，在位号线下方标注设备名称，位号线上方标注位号，位号线为粗实线；另一个地方是设备内或其近旁，此处仅注位号，不注名称。

设备布置图中，在设备中心线的上方标注设备位号，下方标注支承点的标高或主轴中心线的标高。

（8）比例选取不当

PFD、P&ID 中不按比例绘制，但应示意出各设备相对位置的高低。一般设备（机器）

图例只取相对比例，实际尺寸过大的设备（机器）比例可适当缩小，实际尺寸过小的设备（机器）比例可适当扩大。整个图面应协调、美观。

(9) 自控仪表符号的绘制不符合规范

代表各类仪表（检测、显示、控制等）功能的圆圈为细实线，直径可选 12mm 或 10mm。

(10) 轴线号的绘制不符合规范

凡是厂房建筑图中的墙、柱或墙垛，一般都应用细点画线画出它们的定位轴线并进行编号。编号是在各轴线端部绘制直径 8mm 的细实线圆，且水平和垂直方向整齐排列。水平方向从左至右用阿拉伯数字 1、2、3 等进行编号，排列在图的下方；竖直方向按自下而上顺序用大写拉丁字母 A、B 等进行编号，排列在图的左方（图 4.14)。

在立面图和剖面图上，一般只画出建筑物最外侧的墙或柱的定位轴线，并注写编号。

(11) 方向标的绘制不符合规范

方向标也称北向标、安装方位标，一般用细实线绘制直径 20mm 的圆及水平和垂直的两条轴线，分别标注 0°、90°、180°和 270°等字样，并在圆内绘制黑色三角形，三角形的头部表示北向，并注明“北”或“N”（图 4.15)。

(12) 设备布置立面图中标高符号的绘制不符合规范

标高符号的绘制要求参见图 4.16。

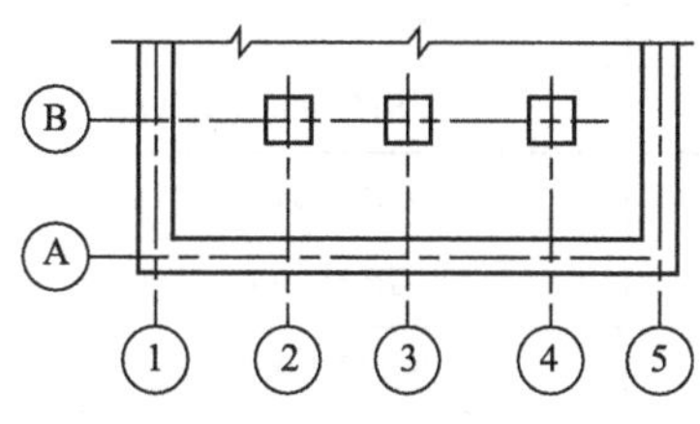

图 4.14 图纸定位轴线及编号

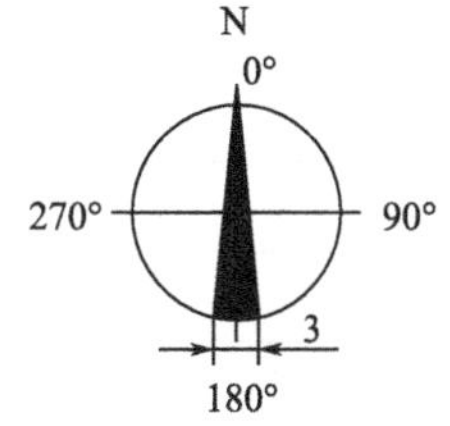

图 4.15 方向标

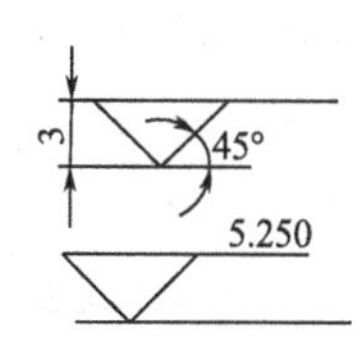

图 4.16 标高符号

(13) PFD、P&ID 中设备图例绘制不符合规范，图例相对大小不合适

宜多参照国家标准或行业标准中图纸的图例大小进行绘制。

4.2 安全环保

4.2.1 化工安全（结合作品案例）

全国大学生化工设计竞赛以“培养工科大学生的安全意识和工程能力，鼓励化工学子成长为熟悉化工安全核心知识、牢固掌握化工设计技能、具备交叉新兴学科知识的复合型人才”为目的，其中“化工安全”意义重大。

在化工生产中，从原料、中间体到成品，大都具有易燃、易爆、毒性等化学危险性。化工工艺过程复杂多样，高温、高压、深冷等不安全的因素很多，事故的多发性和严重性是化学工业独有的特点。

化工厂设计是把一项化工过程从设想变成现实的一个重要环节，化工设计中应充分考虑安全问题。虽然化工事故多发生在化工厂运行和操作过程中，但是如果化工厂在规划和设计、化工工艺设计中存在缺陷，就会对化工安全生产有潜在的影响。设计中如果出现错误或者纰漏，将可能在操作环节导致严重后果。

化工安全包括化工厂设计安全、化工工艺设计安全、化工过程装置与设备设计安全、储存设备设计安全、其他附属装置安全设计以及化工安全评价等，内容非常丰富，涉及较多非常专业的领域。考虑到大学生所学的专业知识，结合比赛的要求，本部分仅就与比赛要求密切相关的部分进行介绍。

化工设计中常用的安全标准与规范可参见表 4.4。

表 4.4 化工设计安全标准与规范

标　准	编　号
《危险化学品重大危险源辨识》	GB 18218—2018
《生产设备安全卫生设计总则》	GB 5083—1999
《生产过程安全卫生要求总则》	GB/T 12801—2008
《石油化工企业职业安全卫生设计规范》	SH 3047—2021
《石油化工生产建筑设计规范》	SH/T 3017—2013
《石油化工企业卫生防护距离》	SH 3093—1999
《建筑设计防火规范》	GB 50016—2014
《石油化工企业设计防火标准(2018 年版)》	GB 50160—2008
《石油化工储运系统罐区设计规范》	SH/T 3007—2014
《爆炸危险环境电力装置设计规范》	GB 50058—2014
《建筑灭火器配置设计规范》	GB 50140—2005
《火灾自动报警系统设计规范》	GB 50116—2013
《建筑物防雷设计规范》	GB 50057—2010
《防止静电事故通用导则》	GB 12158—2006
《石油化工静电接地设计规范》	SH/T 3097—2017
《建筑抗震设计规范(2016 年版)》	GB 50011—2010
《石油化工采暖通风与空气调节设计规范》	SH 3004—2011
《建筑照明设计标准》	GB 50034—2013
《工业企业设计卫生标准》	GBZ 1—2010
《石油化工紧急停车及安全联锁系统设计导则》	SHBZ 06—1999
《石油化工可燃气体和有毒气体检测报警设计标准》	GB 50493—2019
《压力容器中化学介质毒性危害和爆炸危险程度分类标准》	HG/T 20660—2017
《职业性接触毒物危害程度分级》	GBZ 230—2010
《工业企业噪声控制设计规范》	GB/T 50087—2013
《高处作业分级》	GB/T 3608—2008

其他依据还应包括：《中华人民共和国安全生产法》、《化学工业部安全生产禁令》（化学工业部令第 10 号）、《化工企业安全管理制度》（化学工业部令第 247 号）、《安全生产许可证条例》（中华人民共和国国务院令第 397 号）、《化学工业设备动力管理规定》、《危险化学品安全管理条例》、《仓库防火安全管理规则》（公安部令第 6 号）、《中华人民共和国监控化学品管理条例》、《建设项目（工程）劳动安全卫生监察规定》、《建设项目（工程）劳动安全卫生预评价管理办法》、《安全预评价导则》等。

4.2.1.1 化工厂设计安全

化工厂的设计应综合考虑经济性、安全性、原材料供应和产品输送等多种因素。从安全的角度看，包括化工厂的定位、选址、布局和单元区域规划四方面的内容。

(1) 化工厂定位与选址

参赛队伍的项目大多建立于化工园区或企业发展预留用地，定位与选址通常不会有多大问题。

(2) 化工厂布局

化工厂布局是一种化工厂内各组件之间相对位置的定位，其基本任务是结合厂区的内外条件确定生产过程中各种机器设备的空间位置，获得最合理的物料和人员的流动路线。化工厂布局普遍采用留有一定间距的区块化方法。厂区一般可划分为以下六个区块：工艺装置区，罐区，公用设施区，运输装卸区，辅助生产区以及管理区。在考虑化工厂布局时，需要结合主导风向和最小风频进行考虑。以下对各区块的安全要求分别进行阐述。

① 工艺装置区。通常工艺装置区是工厂中最危险的区域，布置应遵循以下几个原则。

a. 应离开工厂边界一定的距离，避免发生事故时对厂外社区造成伤害；

b. 应该集中分布，以便于加工单元作为危险区的标识，注意不能太拥挤；

c. 由于易燃或毒性物质释放的可能性，加工单元应该置于上述两者的下风区；

d. 过程区和主要罐区有交互危险性，两者最好保持相当的距离；

e. 应该汇集这个区域的一级危险，找出毒性或易燃物质、高温或高压设备区域、火源等。

目前在化学工业中，过程单元间的距离仍然是安全评价的重要内容。对于过程单元本身的安全评价，比较重要的因素有：ⓐ操作温度；ⓑ操作压力；ⓒ单元中物料的类型；ⓓ单元中物料的量；ⓔ单元中设备的类型；ⓕ单元的相对投资额；ⓖ救火或其他紧急操作需要的空间。

② 罐区。储存容器，比如储罐、气柜等，是需要特别重视的装置。该区域的每个容器都是巨大的能量或毒性物质的储存器，如果密封不好就会泄漏出大量毒性或易燃物质。储存容器应该安置在工厂中的专用区域，加强其作为危险区的标识。考虑到储罐有可能排放出大量的毒性或易燃性的物质，所以务必将其布置在工厂的下风区域。罐区的布置需要考虑以下 3 个问题：罐与罐之间的距离；罐与其他装置的间距；设置拦液堤（围堰）所需空间。

与以上三个问题有密切关系的是储罐的两个重要的潜在危险：一个是罐壳可能破裂，很快释放出全部内容物；另一个是当含有水层的储罐被加热，温度高过水的沸点时会引起物料过沸。罐区一般应用围堰包围，防止泄漏的液体外溢。围堰高度统一定为 20cm，其体积不小于储罐的最大体积，里面为水泥地，不允许种花草或堆放杂物。在南方雨水较多的地方要在内侧留有沟槽，用于抽出积存的雨水。

③ 公用设施区。公用设施区应远离工艺装置区、罐区和其他危险区，以便在遇到紧急

情况时能保证水、电、气等的正常供应。由厂外进入厂区的公用工程干管，也不应该通过危险区，如果难以避免，则应该采取必要的保护措施。

锅炉设备和配电设备可能会成为火源，应设置在易燃液体设备的上风区域。管路一定不能穿过围堰区，以免发生火灾时毁坏管路。管线在道路上方穿过要引起特别注意。高架的间隙应留有如起重机等重型设备的方便通路，降低碰撞的风险。冷却塔释放出的烟雾会影响人的视线，冷却塔不宜靠近铁路、公路或其他公用设施。

④ 运输装卸区。在装卸台上可能会发生毒性或易燃物的溅洒，装卸设施应该设置在工厂的下风区域，最好是在边缘地区。

原料库、成品库和装卸站等机动车辆进出频繁的场所，不得设在必须通过工艺装置区和罐区的地带，与居民区、公路和铁路要保持一定的安全距离。

⑤ 辅助生产区。维修车间和化验室要远离工艺装置区和罐区。维修车间是重要的火源，同时人员密集，应该置于工厂的上风区域。化验室偶尔会有少量毒性或易燃物释放进入其他管理机构，所以两者之间直接连接是不恰当的。

废水处理装置是工厂各处流出的毒性或易燃物汇集的终点，应该置于工厂的下风远程区域。

高温煅烧炉的安全考虑呈现出矛盾。作为火源，应将其置于工厂的上风区，但是严重的操作失误会使煅烧炉喷射出相当量的易燃物，对此则应将其置于工厂的下风区。作为折中方案，可以把煅烧炉置于工厂的侧面风区域，与其他设施隔开一定的距离也是可行的方案。

⑥ 管理区。每个工厂都需要一些管理机构，从安全角度考虑，应设在工厂的边缘区域，并尽可能与工厂的危险区隔离。

在化工厂布局中，并不总是有理想的平地，有时工厂不得不建在丘陵地区。有几点值得注意。液体或蒸气易燃物的源头从火险考虑不应设置在坡上；低洼地有可能注水，锅炉房、变电站、泵站等应该设置在高地，在紧急状态下，如泛洪期，这些装置连续运转是必不可少的，储罐在洪水中易受损坏，空罐在很低水位中就能漂浮，从而使罐的连接管线断裂，造成大量泄漏，进一步加重危机。甚至需要考虑设置物埋屏障系统，阻止液体流动或火险从一个厂区扩散至另一个厂区。

(3) 化工单元区域规划

化工单元区域规划是定出各单元边界内不同设备的相对物理位置。合理进行区域规划不是一件容易的事，一般来说，单元排列越紧密，配管、泵送和地皮不动产的费用越低。但是出于安全考虑，需要把危险隔开，单元排列应该比较分散，同时也为救火或其他紧急操作留有充分的空间。综合考虑表明，留有自由活动空间的、开放的区域规划更合理一些。过分拥挤严重影响施工和维修效率，会增加初始的和后续的投资费用。

加工单元区域的规划一般有如下两种形式。

① 设备配置直线排列。单元中大多数塔器、筒体、换热器、泵和主要管线呈直线狭长排列，适合于小型装置或比较少的大型装置。

② 非直线排列设施的配置。直线排列的设备构成了单元区域的骨架，单元区域的其他组件，如控制室、压缩机、反应器、溢流槽、加热炉等，可以设置在直线排列的两边。应用这种方法一般可以达到近乎方形的最大面积规划。

布置设备时，同一区域内设备的间距应根据运转操作、维修、工艺特点等各方面的要求限定其安全距离。加热炉、换热器、泵、压缩机、塔、槽、钢结构及管架等一般置于主要设备的两端。

虽然控制室布置于单元区域的中心，可使其与操作观测点距离最短，但单元中一旦发生重大事故，就会危及控制室。因此，控制室最好布置在单元的周边区域。对于含有毒性物质的单元，控制室应该设置在单元的上风区域；对于高温或高压容器、盛有相当量的易燃或毒性液体的容器区域，应与控制室隔离。

2021年全国大学生化工设计竞赛“工程图纸质量评审细则”中，关于化工安全的要求主要针对总平面布置图，主要考察内容的正确性与完整性，共3分。具体条例如下。

① 有风玫瑰（0.2分）。

② 有技术指标（主要是指建筑面积、占地面积、容积率、绿化率等，有即得分）（0.3分）。

③ 有文字说明（有图例也算有文字说明）（0.5分）。

④ 布局合理（0.8分）。主要考虑风向、功能分区、人员的进出、物流等方面。每项扣0.1分，扣完为止。

⑤ 安全间距（0.5分）。主要考虑罐区、仓库、甲类厂房、中控楼（综合楼）等之间的间距，按照《建筑设计防火规范》（GB50016—2014）2018年版的表3.4.1和《石油化工企业防火设计规范》（GB50160—2008）2018年版的表4.2.12的要求进行设置（目前间距暂按建规不小于12m考虑）。每项扣0.1分，扣完为止。

⑥ 消防措施（0.6分）。主要考虑逃生通道、消防通道（含环形消防道）等的设置，事故水收集池，消防水系统（含必要的消防站）的设置等。每项扣0.1分，扣完为止。

⑦ 火灾危险类别的划分正确（0.1分）。划分的标准参见《建筑设计防火规范》（GB50016—2014）2018年版的“表3.1.1生产的火灾危险性分类”及“表3.1.3存储物品的火灾危险性分类”。在总平面图中，在建筑物一览表中或图中建筑物附近标出均可得分。

在“设计文档质量”专项评审中，关于化工安全的要求如下。

总图布置遵循正确的标准及安全距离（1分）。

① 采用的规范（+0.1分）及理由（+0.1分）。

② 装置的火灾危险类别划分（+0.1分）及建筑物耐火等级划分（+0.1分）。

参照的标准是《建筑设计防火规范》（GB50016—2014）和《石油化工企业设计防火规范》（GB50160—2008），严格执行。

③ 根据采用的规范列表说明界区内装置间设计距离（+0.1分），说明符合规范的条文号（+0.1分）及符合性（+0.1分）。厂房及设施间距表示例见表4.5。

表4.5　厂房及设施间距表（示例）

本项目设施	相邻设施	设计距离/m	规范要求/m	规范条文号	符合性
电解整流二次盐水等（甲类二级）	东:空地 厂内次要道路	— 5.65	— 5	— 3.4.3	符合
	南:一次盐水精制(戊类二级) 螯合树脂塔(戊类)	21.5 21.5	10 12	3.4.6 3.4.6	符合
	西:一期电解等(甲类二级)(新厂房西墙为防火墙)	5.02	4	3.4.1	符合
	北:110kV开关所(丙类二级)	21.49	12	3.4.1	符合

续表

本项目设施	相邻设施	设计距离/m	规范要求/m	规范条文号	符合性
螯合树脂塔（戊类露天设备）	东：空地	—	—	—	符合
	南：冷冻及氯压缩（乙类二级）	41	10	3.4.6	符合
	西：一次盐水精制（戊类二级）	11.75	10	3.4.6	符合
	北：电解整流二次盐水等（甲类二级）	21.5	12	3.4.6	符合
冷冻及氯压缩（乙类二级）	东：305 变电所（戊类二级）	17.05	10	3.4.1	符合
	南：氢处理及盐酸（甲类二级）	23.3	12	3.4.1	符合
	西：一期氯气处理（乙类二级）	11.61	10	3.4.1	符合
	北：一次盐水精制（戊类二级）	27.9	10	3.4.6	符合

④ 根据采用的规范列表说明本项目与周边的设计距离（+0.1 分），说明符合规范的条文号（+0.1 分）及符合性（+0.1 分）。建设项目与厂区周边环境间距示例表见表 4.6。

表 4.6 建设项目与厂区周边环境间距一览表（示例）

序号	周边单位名称		本项目装置设施名称	设计距离/m	规范间距/m	规范条文号	符合性
	方位	名称					
1	东	××公司办公楼（民用建筑，二级）	××××装置（甲类二级）	62	25	3.4.1	符合
		××××起重搬运有限公司戊类厂房	装卸鹤管（甲类）	15	14	4.2.8	符合
		配电房（戊类）	××仓库（甲类二级）	16.7	15	3.5.1	符合
		××村	××仓库（甲类二级）	585	30	3.5.1	符合
2	南	农田/预留空地	××仓库（甲类二级）	8.6	—	—	符合
		××村		1300	30	3.5.1	符合
		10kV 电力线（杆高 10m）		15.1	15	11.2.1	符合
		10kV 电力线（杆高 10m）	××圆形池（甲类）	16.2	15	11.2.1	符合

可以看出，无论是“工程图纸质量评审细则”，还是“设计文档质量评审细则”，都比较强调安全间距，这需要参赛队伍多加注意。此外，布局合理也有很大难度，需要参赛队伍多花工夫，着重考虑。

图 4.17 为 2016 年中国矿业大学（北京）Signal 团队作品的平面布置图。

4.2.1.2 化工工艺设计安全

化工工艺设计是为实现某一生产过程而提供设计制造和生产操作的依据，并为经济性评价和安全性评价提供基础。要在设计阶段做到安全，需要掌握化工工艺设计的基本知识和技能，遵循设计规范。

比赛要求所采用的工艺大多都是成熟的工艺，或者至少是经过中试验证、具有可行性的工艺，工艺本身已考虑各项安全问题，但参加比赛的队伍往往不能获得详细的工艺设计条件，有些地方还需要自己发挥。下面简要介绍一下化工工艺设计内容及需要考虑的安全问题。

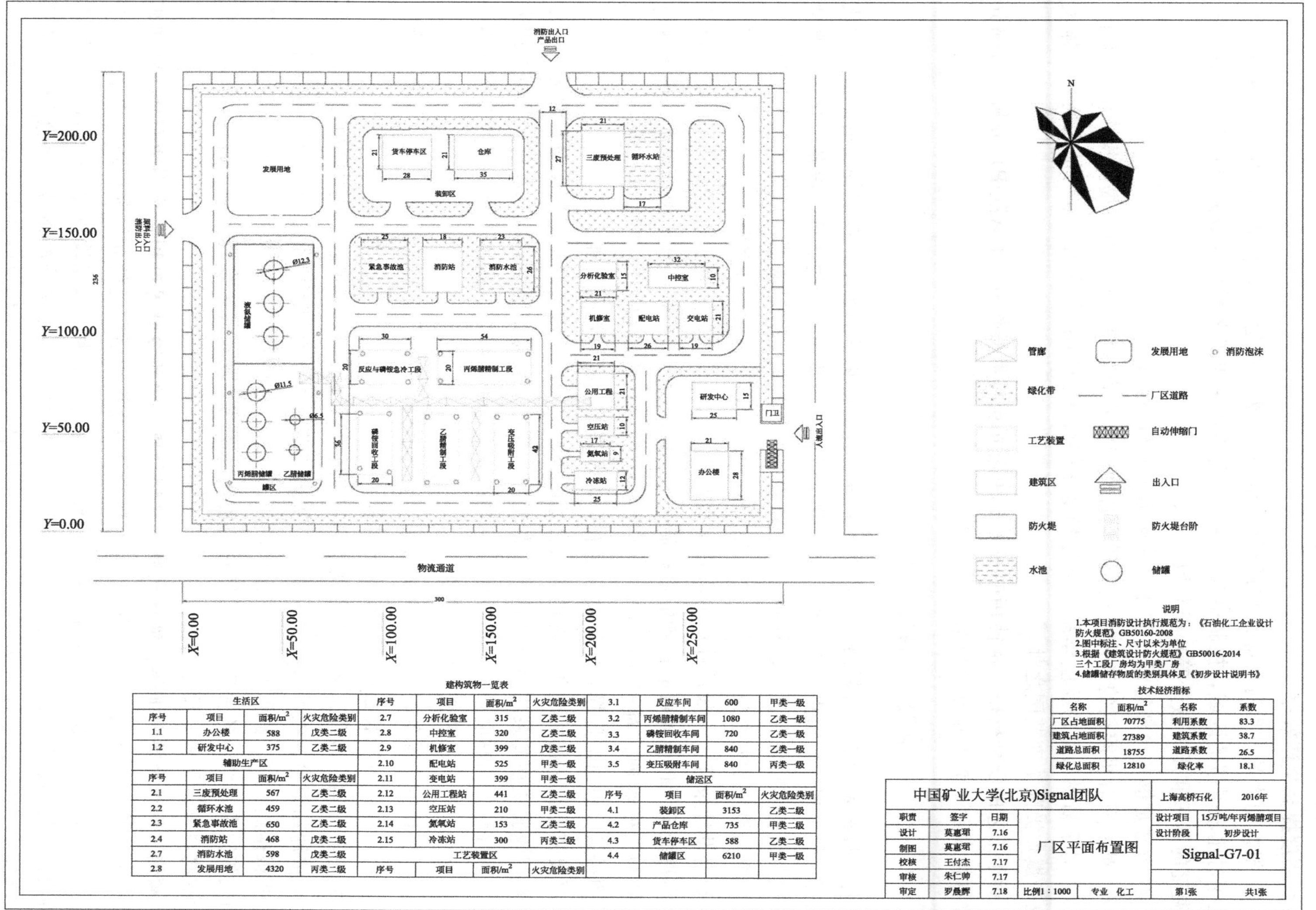

建构筑物一览表

生活区				序号	项目	面积/m²	火灾危险类别	3.1	反应车间	600	甲类一级
序号	项目	面积/m²	火灾危险类别	2.7	分析化验室	315	乙类二级	3.2	丙烯腈精制车间	1080	乙类一级
1.1	办公楼	588	戊类二级	2.8	中控室	320	乙类二级	3.3	磷铵回收车间	720	乙类一级
1.2	研发中心	375	乙类二级	2.9	机修室	399	戊类二级	3.4	乙腈精制车间	840	乙类一级
辅助生产区				2.10	配电站	525	甲类一级	3.5	变压吸附车间	840	丙类一级
序号	项目	面积/m²	火灾危险类别	2.11	变电站	399	甲类一级	储运区			
2.1	三废预处理	567	乙类二级	2.12	公用工程站	441	乙类二级	序号	项目	面积/m²	火灾危险类别
2.2	循环水池	459	乙类二级	2.13	空压站	210	甲类二级	4.1	装卸区	3153	乙类二级
2.3	紧急事故池	650	乙类二级	2.14	氮氧站	153	乙类二级	4.2	产品仓库	735	甲类二级
2.4	消防站	468	戊类二级	2.15	冷冻站	300	丙类二级	4.3	货车停车区	588	乙类二级
2.7	消防水池	598	戊类二级	工艺装置区				4.4	储罐区	6210	甲类一级
2.8	发展用地	4320	丙类二级	序号	项目	面积/m²	火灾危险类别				

技术经济指标

名称	面积/m²	名称	系数
厂区占地面积	70775	利用系数	83.3
建筑占地面积	27389	建筑系数	38.7
道路总面积	18755	道路系数	26.5
绿化总面积	12810	绿化率	18.1

中国矿业大学(北京)Signal团队				上海高桥石化	2016年
职责	签字	日期	厂区平面布置图	设计项目	15万吨/年丙烯腈项目
设计	莫惠珺	7.16		设计阶段	初步设计
制图	莫惠珺	7.16		Signal-G7-01	
校核	王付杰	7.17			
审核	朱仁帅	7.17			
审定	罗晨辉	7.18	比例1：1000　专业　化工	第1张	共1张

图 4.17　中国矿业大学(北京)Signal团队平面布置图

① 优先采用安全性好、危害小的工艺；

② 采用连续化的生产工艺代替间歇生产工艺，不仅可以避免物料的泄漏，提高安全性，更可大幅度提高生产效率；

③ 根据动力学方程对反应条件进行优化，优先选择反应速率随温度、压力和进料浓度变化相对比较平缓的区域，控制更为平稳，避免生产中当工艺操作参数波动时出现失控现象（如温度的累积和压力激升等）而导致事故；

④ 考虑足够的冷却容量，防止反应热累积导致飞温；

⑤ 对采用有机溶剂的工艺，优先用燃烧性能较差的溶剂，可以有效提高操作的安全性；

⑥ 对于易燃易爆的反应体系，可选择低于爆炸下限的浓度范围，也可加入惰性气体使其位于爆炸极限浓度范围之外。

对于工艺的安全校核，常使用的一个方法是危险与可操作性（HAZOP）分析，这部分内容将在本章 4.2.1.6 节中介绍。

4.2.1.3 化工过程装置与设备设计安全

化工过程是指从原材料出发，借助一系列物理的或化学的加工，改变物质的组成、性质和状态，使之成为价值更高产品的过程。化工过程中涉及一系列的装置与设备，化工厂典型的装置与设备包括储存设备、换热设备、塔设备、反应设备、过滤器、压缩机以及泵等。

装置与设备的安全设计，需要考虑的事项较多，以下进行简单阐述。

确定设计条件，一般设计压力应高出最高压力 5%～10%；当温度不低于 0℃时，设计温度不得低于元件金属可能达到的最高温度；当温度低于 0℃时，其值不得高于元件金属可能达到的最低温度。对于其他条件，如流体流量、泵的输出压力和输出量等，一般都加 10%的裕量。材料的选择，应注意其耐腐蚀性和强度、密封性等性能。

泵要依据流体的物理化学特性选用合适的类型。一般溶液可选用任何类型泵输送；悬浮液可选用隔膜式往复泵或离心泵输送；黏度大的液体、胶体溶液、膏状物和糊状物可选用齿轮泵、螺杆泵或高黏度泵；毒性或腐蚀性较强的可选用屏蔽泵；输送易燃易爆的有机液体可选用防爆型电机驱动的离心式油泵等。

泵类流体输送设备，一般要有备用泵，出入口应设置阀门，通常采用闸阀，为防止物料倒流，出口处还应安装止回阀。泵的入口管径通常比出口大一个等级。

换热器的运行涉及工艺过程中的热量交换、热量传递和热量变化，过程中如果热量积累，造成超温就会发生事故。化工生产中换热器是应用最广泛的设备之一。选择换热器型式时，要根据热负荷、流量的大小、流体的流动特性、污浊程度、操作压力和温度、允许的压力损失等因素，结合各种换热器的特征与使用场所的客观条件来合理选择。通常，污浊、易结垢的物料宜走管程，便于清洗。

精馏过程涉及热源加热、液体沸腾、气液分离、冷却冷凝等过程，热平衡安全问题和相态变化安全问题是精馏过程安全的关键。精馏设备是应用最广泛的非标准设备。由于用途不同，操作原理不同，所以塔的结构型式、操作条件差异很大。精馏设备的安全运行主要取决于精馏过程的加热载体、热量平衡、气液平衡、压力平衡以及被分离物料的热稳定性以及填料选择的安全性。精馏设备的型式很多，按塔内部主要部件不同可以分为板式塔与填料塔两大类型。板式塔又有筛板塔、浮阀塔、泡罩塔、浮动喷射塔等多种型式，而填料塔也有多种填料方式。在精馏设备选型时应满足生产能力大，分离效率高，体积小，可靠性高，满足工艺要求，结构简单，塔板压力较小的要求。

反应器安全问题最为复杂，涉及反应器物系配置，投料速度，投料量，升温冷却系统，检测、显示、控制系统以及反应器结构，搅拌器，安全装置，泄压系统等。反应器是化工生产中的关键设备，合理选择设计好的反应器能够有效利用原料，提高效率，减少分离装置的负荷，节省分离所需的能量。反应器应该满足反应动力学要求、热量传递要求、质量传递过程与流体动力学过程要求、工程控制要求、机械工程要求、安全运行要求。

反应器的种类很多，按基本结构可分为管式反应器、釜式反应器、固定床反应器和流化床反应器。

搅拌器安全可靠是许多放热反应、聚合过程等安全运行的必要条件。搅拌器的中断或突然失效可以造成物料反应停滞、分层、局部过热等。搅拌器的型式有桨式、涡轮式、推进式、框式(或锚式)、螺杆式及螺带式等。选择时，首先根据搅拌器型式与釜内物料容积及黏度的关系进行大致的选择，搅拌器的材质可根据物料的腐蚀性、黏度及转速等确定。目前，国内使用的管壳式换热器系列标准有固定管板式换热器、立式热虹吸式再沸器、钢制固定式薄管板列管换热器、浮头式换热器、冷凝器、U 形管式换热器。

对于压力容器，除了设计压力外，还应考虑温度、压力等检测仪表，报警装置以及安全阀、爆破片等泄压装置。

4.2.1.4　储存设备安全设计

化工生产中涉及大量的原料、中间产品、成品、副产品以及废液和废气等，都需要储存。常见的储存设备有罐、桶、池等，有敞口的也有密封的，有常压的也有高压的，需根据储存物的性质、数量和工艺要求选用。

一般固体物料，不受天气影响的，可以露天存放。大量液体的储存一般使用圆形或球形储槽；易挥发的液体，为防物料挥发损失，一般选用浮顶储罐；蒸气压高于大气压的液体，要视其蒸气压大小专门设计储槽；可燃液体的存储，要在存储设备的开口处设置防火装置。容易液化的气体，一般经过加压液化后存储于压力储罐或承压钢瓶中。近些年，用低温法将液化后的物料储存于常压低温储罐中也得到了应用。难液化的气体，大多数经过加压后存储于气柜、高压球形储槽或柱形容器中。

对于球形储罐与圆筒形储罐的选择，参赛队伍往往并不熟悉。一般的圆筒形储罐只适用于常压和微压力，而球形储罐用于大容积且有一定压力的场合，可分成以下几类：在高压常温中使用的球罐，储存液化石油气、氨和氧等，压力大多为 $10\sim40\mathrm{kgf/cm^2}$；在中压低温中使用的球罐，储存乙烯等液化气，压力大多为 $18\sim20\mathrm{kgf/cm^2}$，温度大多在 $-20\sim-100$℃；在低压、深冷中使用的球罐，储存 -100℃以下的液化气，使用压力极低，因为使用的温度是极低温。

与同等容量的圆筒形容器相比，球形容器的表面积最小，有利于节省钢材，但由于加工难度大，球形储罐的造价比相同容积的圆筒形储罐高出不少。从以往的竞赛看，很多参赛队伍在设计中没有考虑到这一点，储罐一律采用球形储罐，这会较大增加设备投资，各参赛队伍在设计中应加以注意。储罐大小应依据《石油化工储运系统罐区设计规范》（SH/T 3007—2014）进行设计。

储存设备的布置不能单独确定，必须以工厂总体布置或辅助设备总体布置为基础来考虑。确定布局时应注意的基本事项如下。

① 储气设备的布置不要与有关消防法令和高压气体管理法令、建筑标准及其他规定相抵触，特别要注意与公用工程区域、管理部门区域的安全距离。

② 原料、半成品、成品储存设备，根据不同的用途，各自集中到同一地区，布置的结果应使从原料接收到产品出厂的整个流程简单化。

③ 要使储存设备靠近与接收或出厂相关联的设备，特别是半成品储罐要优先布置在靠近加工设备的位置。

④ 在储罐的布置中，应该集中到同一防油堤内或同一区域内的有以下几种：相同流体和相同用途的储罐，相同容量和相同型式的储罐，具有加热设备、调和设备和气密设备的储罐。

⑤ 储存流动点高、黏度高或挥发性流体的设备，要布置在靠近输送泵的位置。

⑥ 通往储存设备的来往车辆应规定行驶路线，还要避免上、下行路的交叉以及与其他道路的交叉。

4.2.1.5 化工厂其他安全附属装置设计

化工厂其他安全附属装置主要包括阻火器和火炬系统，阻火器在化工设计竞赛中一般不予考虑；对不好利用的可燃或有毒气体，通常接入总厂的火炬系统，因此也无需多加考虑。

需要指出的是，随着科技的进步，现在很多废气都可以通过多种技术手段，比如膜分离、变压吸附等方式回收，变废为宝。参赛队伍要特别注意这些新技术的应用，不仅能有效回收资源，也能作为作品的创新和特色，体现队伍实力。

4.2.1.6 化工安全评价

化工安全评价是比赛中重点考核的一部分，在历届取得好成绩的参赛队伍中，他们的《安全评价报告》往往百余页，内容丰富，考虑周全。

(1) 化工安全评价目的

现代化工厂的生产在为社会带来巨大利益的同时，也带来了火灾、爆炸、毒物泄漏等重大事故隐患。随着工艺生产装置趋向大型化以及生产过程连续化、自动化程度的提高，生产中发生重大事故的可能性大大减少，但事故造成的危害和损失却大大增加。安全评价的目的在于辨识投产和运行中存在的主要危险、有害因素及其能够产生危险、危害后果的主要条件。结合可行性研究报告，评估工程项目的危险、危害程度以及事故出现的可能性和危害性，评估危险因素的控制能力和抵御能力以及应急救援计划是否有效，考查各种安全管理机制是否健全，安全保护设施是否有效。运用科学的评价方法，提出安全卫生风险控制措施的建议和要求。

通过对设计项目的潜在危险和有害因素进行定性、定量的分析与评价，明确其危险等级或程度，提出消除、预防生产过程中的危险性和提高装置安全运行的对策措施，可以为工程的劳动安全卫生设计、生产安全运行以及日常的安全管理和安全投入提供依据。

(2) 化工安全评价范围及依据

安全评价的范围包括项目设计过程中所涉及的物质、周边环境、平面布置、工艺装置、安全设施、公用工程等。

评价的依据主要为化工行业的国标、行标等标准文件以及“全国大学生化工设计大赛任务书”。常用到的标准名称及编号可参见 4.2.1 节中表 4.4 化工设计安全标准与规范。

2021 年全国大学生化工设计竞赛“设计文档质量评审细则”中，对重大危险源分析及相应安全措施有明确要求，参赛队伍需要根据要求逐项完成。具体细则如下。

重大危险源分析及相应安全措施（1 分），参照标准《危险化学品重大危险源辨识》（GB18218—2018），包括：

① 重大危险源物质分析，+0.2 分；

② 重大危险源分析，+0.3 分；

③ HAZOP 分析，+0.2 分；

④ 采取的安全措施，+0.3 分。

（3）化工安全预评价程序

安全预评价程序包括：准备阶段；危险有害因素识别与分析；确定安全预评价单元；选择安全预评价方法；定性、定量评价；安全对策措施及建议；安全预评价结论；编制安全预评价报告（图 4.18）。

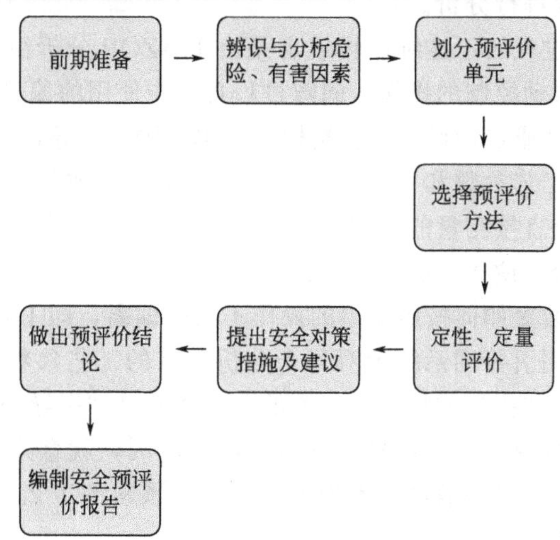

图 4.18　安全预评价程序框图

（4）重大危险源分析

辨识或确认重大危险源是防止重大事故发生的第一步。其目的不仅是预防重大事故发生，而且要做到一旦发生事故，能将事故危害限制到最低程度。

重大危险源分级依据见表 4.7。

表 4.7　重大危险源分级依据

危险源等级	分级依据(死亡人数)
一级重大危险源	可能造成 30 人(含 30 人)以上死亡
二级重大危险源	可能造成 10～29 人死亡
三级重大危险源	可能造成 3～9 人死亡
四级重大危险源	可能造成 1～2 人死亡

重大危险源物质根据《国家安全监管总局关于公布首批重点监管的危险化学品名录的通知》（安监总管三〔2011〕95 号）和《国家安全监管总局关于公布第二批重点监管危险化学品名录的通知》（安监总管三〔2013〕12 号）进行辨识。

参赛队伍需对项目中涉及的重大危险源和重大危险源物质进行正确分析，准确找出重大危险源物质，并对提出的安全措施进行具体分析。

（5）危险与可操作性（HAZOP）分析

HAZOP分析是危险（hazard）与可操作性（operability）分析研究的英文字母缩写，是一种用于辨识设计缺陷、工艺过程危害及操作性问题的结构化分析方法。方法的本质是由各专业人员组成的分析组按规定的方式系统地研究每一个单元（即分析节点），分析偏离设计工艺条件所导致的危险和可操作性问题。HAZOP分析组分析每个工艺单元或操作步骤，识别出那些具有潜在危险的偏离，这些偏离通过引导词引出，使用引导词的目的是保证对所有工艺参数的偏离都进行分析。分析组对每个有意义的偏离都进行分析，并分析它们的可能原因和后果。

下面是一些HAZOP术语。

① 分析节点。或称工艺单元，指具有确定边界的设备（如两容器之间的管线）单元，对单元内工艺参数的偏离进行分析。

② 操作步骤。间隙过程的不连续动作或者是由HAZOP分析组分析的操作步骤；可能是手动、自动或计算机自动控制的操作，间隙过程每一步使用的偏离可能与连续过程不同。

③ 引导词。用于定性或定量设计工艺指标的简单词语，引导识别工艺过程的危险。

④ 参数。分为具体工艺参数和概念性参数：具体工艺参数是指温度、压力、流量、液位、组成、电流、浓度等直接测量的与过程有关的物理和化学特性；概念性参数是指一些事件或特性，如反应、混合、搅拌、腐蚀、维护、采样等。

⑤ 工艺指标。确定装置如何按照期望的操作不发生偏离，即工艺过程的正常操作条件。

⑥ 偏离。分析组使用引导词系统地对每个分析节点的工艺参数（如流量、压力等）进行分析发现的系列偏离工艺指标的情况，偏离的形式通常是“引导词＋工艺参数”。

⑦ 原因。发生偏离的原因。一旦找到发生偏离的原因，就意味着找到了解决偏离的方法和手段，这些原因可能是设备故障、人为失误、不可预料的工艺状态（如组成改变）、外界干扰（如电源故障）等。

⑧ 后果。偏离所造成的结果。后果分析时假定发生偏离时已有的安全保护系统失效，不考虑那些细小的与安全无关的后果。

⑨ 安全措施。安全措施是能够中断由一个初始原因所引发的事件链（事故剧情）的任何设施、系统和行动。安全措施分为防止措施和减缓措施。防止措施是防止一个或更多的严重失事点的发生，如指示、报警、自动调节、联锁、操作规程等。减缓措施是减小一个失事点的后果严重度，是紧跟在失事点后面的那些安全措施，如安全阀，阻火器，泄漏、火灾检测报警仪，防爆墙，紧急响应，围堰，沙袋等。

⑩ 建议措施。修改设计、操作规程或者进一步进行分析研究（如增加压力报警、改变操作步骤的顺序）的建议以及安全措施中所列的各项设施。

（6）RiskSystem分析

风险模型在线计算系统RiskSystem3.0基于《建设项目环境风险评价技术导则》（HJ 169—2018），是由环安科技有限公司开发的软件，可以进行大气稳定度模拟、危险品源头辨识、泄漏事故模拟预测、火灾事故模型预测等，可以帮助设计者进行安全性检验，为预防事故的发生设置出足够的安全空间。

（7）ALOHA泄漏模拟分析

ALOHA 可以模拟危险化学品火灾、爆炸和中毒等事故后果。ALOHA 采用成熟的数学模型，主要有高斯模型，DEGADIS 重气扩散模型，蒸气云爆炸、闪火等成熟的大气扩散、火灾、爆炸模型等，能够预测事故影响范围。对于特定的事故情景，即在给定的危险化学品、泄漏源特征、事故发生的天气和环境特征等条件下，能够确定火灾、爆炸或中毒事故的影响区域和严重程度。

4.2.2 化工环保

化工是国民经济的重要组成部分，是推动社会和经济发展的重要力量。然而，化工企业在建设、生产和经营过程中，始终存在废气、废液和废渣排放等环保问题，不加以约束控制，会对环境造成极大破坏。因此，国家对化工企业的环保极为重视。在化工建设项目的前期、设计、建设、验收和运行的每个阶段，环保始终贯穿其中。化工建设项目立项后，就应进行环境影响评价；项目进行主体工程设计时，就应同时进行环境保护设施的设计，并应符合环境影响评价及其批复文件的要求；项目进行施工时，环保设施应同步施工；环保设施竣工预验收和正式验收应在化工建设项目正式验收之前进行或一并进行，并办理《环境保护设施验收合格证》；未取得《环境保护设施验收合格证》的化工建设项目，不得正式投产。

对于全国大学生化工设计竞赛，环保设计占比并不大，但要求也不高，如果由于不重视而丢分，是非常可惜的。

各参赛队伍在项目选址的时候，应同时考虑环保方面的问题。项目应按照选址当地环保部门的要求，确定项目所执行的环境质量标准。相关国家标准有 GB8978—1996《污水综合排放标准》和 GB16297—1996《大气污染物综合排放标准》。

与环境保护相关的法律、法规有：

①《中华人民共和国环境保护法》(2014 修订)；

②《中华人民共和国水污染防治法》(2017 修正)；

③《中华人民共和国大气污染防治法》(2018 修订)；

④《中华人民共和国环境噪声污染防治法》(2018 修正)；

⑤《中华人民共和国固体废物污染环境防治法》(2020 修订)；

⑥《建设项目环境保护管理条例》(2017 修正)；

⑦《中华人民共和国环境影响评价法》(2018 修正)；

⑧《中华人民共和国清洁生产促进法》(主席令〔2016〕第 72 号)；

⑨《中华人民共和国土地管理法》(2019 修正)；

⑩《中华人民共和国水土保持法实施条例》(2011 修正)；

⑪《全国水土保持预防监督纲要》(水保〔2004〕332 号)；

⑫《关于进一步加强环境影响评价管理防范环境风险的通知》(环发〔2012〕77 号)；

⑬《环境影响评价公众参与暂行办法》(环发〔2006〕28 号)；

⑭《工业和信息化部关于进一步加强工业节水工作的意见》(工信部〔2010〕218 号)；

⑮《建设项目环境保护分类管理名录》(总局令 第 14 号)；

⑯《石化和化学工业发展规划 (2016—2020 年)》(工信部〔2016〕318 号)；

⑰《废弃危险化学品污染环境防治办法》(总局令 第 27 号)；

⑱《危险废物转移管理办法》(部令 第 23 号)；

⑲《危险化学品安全管理条例》(2013 修订);

⑳《国务院关于加强环境保护重点工作的意见》(国发〔2011〕35 号);

相关设计标准:

①《环境空气质量标准》(GB 3095—2012)

②《大气污染物综合排放标准》(GB 16297—1996)

③《污水综合排放标准》(GB 8978—1996)

④《地表水环境质量标准》(GB 3838—2002)

⑤《声环境质量标准》(GB 3096—2008)

⑥《工业企业厂界环境噪声排放标准》(GB 12348—2008)

⑦《工业循环冷却水处理设计规范》(GB/T 50050—2017)

⑧《固体废物鉴别标准》(GB 34330—2017)

⑨《危险废物贮存污染控制标准》[GB18597—2001 (2013 修订)]

⑩《一般工业固体废物贮存和填埋污染控制标准》(GB 18599—2020)

⑪《工业企业厂界噪声排放标准》(GB 12348—2008)

⑫《工业企业噪声控制设计规范》(GB/T 50087—2013)

对于有余力的队伍，通常还应撰写环境影响评价报告。环境影响评价报告应按照可持续发展思想，通过评价项目可能涉及的环境问题，提出在规划编制和实施过程中应采取的环境保护措施，进而协调经济增长、社会进步与环境保护的关系，这是对所设计项目进行环境评价的目的与意义。

评价的重点应该包括:

① 规划分析;

② 水资源承载力分析;

③ 环境空气影响预测与评价及大气环境容量;

④ 环境保护对策和措施;

⑤ 风险评价及风险防范措施。

与环评有关的技术规定有:

①《环境影响评价技术导则　总纲》(HJ 2.1—2016);

②《环境影响评价技术导则　生态影响》(HJ 19—2011);

③《环境影响评价技术导则　声环境》(HJ 2.4—2009);

④《环境影响评价技术导则　大气环境》(HJ 2.2—2018);

⑤《环境影响评价技术导则　地表水环境》(HJ 2.3—2018);

⑥《环境影响评价技术导则　地下水环境》(HJ 610—2016);

⑦《环境影响评价技术导则　石油化工建设项目》(HJ/T 89—2003);

⑧《规划环境影响评价技术导则　总纲》(HJ 130—2019);

⑨《清洁生产标准　基本化学原料制造业(环氧乙烷/乙二醇)》(HJ/T 190—2006);

⑩《建设项目环境风险评价技术导则》(HJ 169—2018);

⑪《开发区区域环境影响评价技术导则　产业园区》(HJ/T 131—2021);

⑫《建设项目环境影响评价分类管理名录》(部令 第 16 号);

⑬《建设项目环境影响评价文件分级审批规定》(部令 第 5 号);

⑭《关于进一步加强环境影响评价管理防范环境风险的通知》(环发〔2012〕77 号)。

4.2.2.1 污染物的来源

化工生产中，由于化工产品的原料路线和生产工艺不同，所排放出的污染物也多种多样，如化学反应不完全。由于反应条件和原料纯度的不同，原料不可能全部转化为成品或半成品，余下的低浓度或成分不纯的物料，常作为废弃物排出。另外，化工生产过程中，在进行主反应的同时，也常伴随一些副反应，这些副产品如不加以回收利用，即成为废弃物。

化学工业排放出的废弃物，不外乎三种形态的物质，即废水、废气和废渣，总称工业“三废”。

（1）废水

在化工生产中，作为溶剂、吸收剂、循环冷却水、冲洗水，水的消耗量巨大，相应产生大量废水。按污染物的种类，化工废水可分为化学性污水、物理性污水和生物性污水三大类。

化学性污水指的是各类化学物质污染的水，污染物有：①酸、碱、盐等无机污染物；②重金属、氟化物、氰化物等无机有毒污染物；③有机农药、多环芳烃、酚类等有机有毒污染物；④碳水化合物、油脂等有机污染物；⑤石油等油类污染物；⑥含有氮、磷等的植物营养污染物。

物理性污染包括两大类：一类来自于冷却水，由于温度较高，直接排入水体会引起水体温度升高，溶解氧含量降低，危害鱼类和其他水生生物的生长；另外一类来自悬浮物质的污染，这类物质会影响水质外观，妨碍水中植物的光合作用，减少氧气溶入。

生物性污染指的是病原微生物、细菌、病毒等对水体的污染。

（2）废气

按所含污染物的性质，化工废气可分成三大类：第一类是含有 SO_2、NO_2、H_2S、CO、NH_3 等无机物的废气；第二类为含有醇、醛、酚、卤代烃、苯系物等有机物的废气；第三类是同时含有无机物和有机物的废气。

此外，还可以按污染物存在的状态进行分类。化工废气中的污染物状态可以是气态，如碳氢化合物、碳氧化合物、卤素化合物、以 SO_2 为主的含硫化合物以及以 NO 和 NO_2 为主的含氮化合物；也可以是颗粒态，包括粉尘、烟尘、飞灰、烟雾等。

（3）废渣

化工废渣是指化工生产过程中产生的固态或液态废弃物，主要包括生产过程中产生的不合格产品、不能出售的副产品、反应釜底料、滤饼渣、废催化剂、蒸馏残液以及废水处理产生的污泥等。

4.2.2.2 评分标准

对于化工项目的环保设计，化工专业的学生所学通常有限，不足以进行专业的设计。全国大学生化工设计竞赛考查的是大学生化工专业设计的能力，环保工艺设计不是重点，要求学生对环保有一定的概念，能讲清项目各装置及设施“三废”排放情况、处理方法和去向，并有一定的说明即可。在全国大学生化工设计竞赛中，“设计文档质量”专项评审中有两个地方涉及环保，在可行性报告中，关于环保方面的评分实施细则如下。

"三废"排放量表（1 分）

参考《化工投资项目可行性研究报告编制办法》（2012 年修订版）（中石化联产发〔2012〕115 号）（以下简称《编制办法》）第 13.3 节，列表说明各装置（单元）及设施废液、废气和废固污染物的排放情况，包括排放源、排放量、污染物名称、浓度、排放特征、处理方法和排放去向等。

① 列出废水名称，+0.1 分；废水量和组成，+0.1 分；处理方法和去向，+0.1 分。

② 列出废气名称，+0.1 分；废气量和组成，+0.1 分；处理方法和去向，+0.1 分。

③ 列出废固名称，+0.1 分；废固量和成分，+0.1 分；处理方法和去向，+0.1 分。

如果仅列出了《编制办法》中的表 13.3-1～表 13.3-3（本书中为表 4.8～表 4.10），无说明，则得 0.9 分。

表 4.8 废水排放一览表

序号	装置或设施名称	排放源	废水名称	排放量/(m^3/h)		污染物组成		处理方法	排放去向	备注
				正常	最大	名称	浓度/(mg/L)			

注：1. 污染物包括但不限于常规污染物（如 pH、COD_{CR}、BOD_5、SS、氨氮等）和特征污染物（如石油类、硫化物、氰化物、挥发酚、苯系物、卤代烃、重金属及其化合物等）；

2. 有预处理的废水污染物，应说明处理前和后的污染物组成。

表 4.9 废气排放一览表

序号	装置或设施名称	排放源	废气名称	排放规律	排放量/(m^3/h)		污染物组成			排气筒			处理方法	排放去向	备注
					正常	最大	名称	浓度/(mg/m^3)	速率/(kg/h)	高度/m	内径/m	出口温度/℃			

注：1. 污染物包括但不限于常规污染物（如二氧化硫、氮氧化物、颗粒物等）、特征污染物（如硫化氢、氨、氯化氢、甲醇、非甲烷总烃或挥发性有机物 VOC、苯系物、卤代烃、重金属及其化合物等）和温室气体（如 CO_2、甲烷等）；

2. 废气面源应给出面源面积（长度、宽度）和排放高度等排放参数；

3. 有预处理的废气污染源，应给出处理前和后的污染物组成。

表 4.10 固体废物（废液）排放一览表

序号	装置或设施名称	排放源	固体废物（废液）名称	排放规律	排放量/(t/a)		固体废物组成	固体废物类别	处理方法	排放去向	备注
					正常	最大					

注：固体废物如综合利用作燃料或去焚烧处理，说明其热值。

需要指出的是，无论是根据废渣的定义，还是《编制办法》中的表 13.3-3（本书中为表 4.10）的标题，有机废液应该与固体废物放在一起，而不应跟废水放在一起。有机废液指的是生产过程中排放的以有机液体为主的废液，而废水是指被化学物质、热或者生物质污染的水，其成分主要是水。

此外，在初步设计说明书中，关于环保方面的评分实施细则如下。

环境保护（1 分）：参照《化工工厂初步设计文件内容深度的规定》（HG/T20688—2000）(以下简称《深度规定》）第 22 章节（第 65 页）及环评报告。

① 执行的法规和标准，+0.1 分；

② 废气排放表，+0.15，及处理方案，+0.15 分；

③ 废液排放表，+0.15，及处理方案，+0.15 分；

④ 废固排放表，+0.15，及处理方案，+0.15 分。

4.2.2.3　环保设计

化工厂环保设施的工艺设计，需要根据污染物的类别、性质和浓度等情况，进行针对性的设计。化工“三废”通常成分复杂，有的还有较高的毒性，处理工艺往往比较复杂。大赛对环保设计的要求比较简单，此处只对“三废”的常用处理工艺进行简单介绍，以供大家在做设计时进行初步选择。

（1）废水处理

废水的处理是采用各种方法去除水中所含有的各类污染物，使其能够达到排放或者回用水平的过程。处理方法大致可以分成物理处理法、化学处理法、物理化学处理法和生物处理法。

① 物理处理法。主要用于去除废水中悬浮固体、砂和油类，一般用作其他方法的预处理步骤，包括过滤、重力分离、离心分离等。

② 化学处理法。利用化学作用处理废水中溶解性物质或胶体，可用来去除废水中胶体物、重金属、乳化油、色度、臭味、酸、碱等。化学法包括中和、混凝、氧化、还原等方法。

③ 物理化学法。利用物理化学作用，去除废水中的溶解性有害物质，包括吸附、萃取、离子交换、电渗析、反渗透等方法。

④ 生物处理法。通过微生物的作用，分解废水中有机污染物的方法。分为厌氧消化法和好氧法两大类。对高浓度的有机废水，通常先采用厌氧法，去除大部分的有机物，将其转化为沼气和有机酸小分子，并改善废水的可生化性；随后再通过好氧法进一步除去废水中的氨氮等污染物。

厌氧法包括厌氧活性污泥法和厌氧生物膜法两类。厌氧活性污泥法包括普通消化池、厌氧接触消化池、上流式厌氧污泥床（UASB)、厌氧颗粒污泥膨胀床（EGSB)、厌氧内循环反应器（IC）等；厌氧生物膜法包括厌氧生物滤池、厌氧流化床和厌氧生物转盘。

好氧法也可分为活性污泥法和生物膜法两类。活性污泥法包括普通活性污泥法、序批式活性污泥法（SBR）和氧化沟等及相应变形；生物膜法包括粉末活性炭-活性污泥、生物转盘、生物滤池、生物流化床等方法。

对于氨氮含量较高的废水，可以用缺氧-好氧工艺处理；对磷含量偏高的废水，可通过投加铁盐的方式进行化学除磷；对于氨氮和磷含量都偏高的污水，可以用厌氧-缺氧-好氧工艺处理。

(2) 废气处理

废气中污染物的存在状态有颗粒和气态两大类，根据这两种不同的存在状态，对废气处理进行分类。

① 颗粒污染物的处理方法。根据作用原理，废气中颗粒污染物的去除方法有以下几种。

a. 重力沉降除尘。依靠颗粒的重力沉降而去除颗粒污染物，可采用降尘室之类的设备。

b. 离心除尘。依靠离心力场的作用除去颗粒污染物，可用设备如旋风分离器等。

c. 洗涤除尘。以水或其他液体润湿颗粒并加以捕集而去除，如气体洗涤、泡沫除尘等工艺，可采用的设备如喷雾塔、文丘里洗涤器、泡沫除尘器等。

d. 过滤除尘。通过滤料的过滤而除去颗粒污染物，比较典型的设备有布袋除尘器等。

e. 静电除尘。使颗粒污染物在电场作用下被除去，通常采用静电除尘器。

以上五种除尘方法，对颗粒污染物的去除精度基本上越来越高。

② 气态污染物的处理方法。气态污染物的处理方法主要有吸收法、吸附法、化学催化法、燃烧法、冷凝法等。

a. 吸收法。借助于适当的液体吸收剂处理气体混合物，以去除其中一种或多种组分的方法，分为化学吸收和物理吸收两大类。化学吸收法，如用碱液或石灰乳液脱除烟气中的 SO_2；物理吸收法，如用水吸收废气中的醇类、酮类等有机物。

b. 吸附法。利用某些固体吸附剂的巨大吸附表面和选择吸附能力，将气体中有毒物质从废气中吸附除去，从而达到净化目的。如用活性炭吸附去除空气中少量的 VOCs。

c. 化学催化法。主要是利用催化剂的催化作用，将气体中的有害物质催化转化为各种无毒化合物。

d. 燃烧法。通过热氧化作用将废气中的可燃有害成分转化为无害物或易于进一步处理和回收的物质的方法。适用于处理有机物浓度较高的废气。当有机物浓度不够高时，可采用蓄热式燃烧或催化燃烧。

e. 冷凝法。利用物质在不同温度下具有不同饱和蒸气压这一物理性质，采用将系统温度降低或者提高系统压力的方法，使处于蒸气状态的气态污染物冷凝并且从废气中分离出来。适合高浓度有机气体的回收，相比于燃烧法，可以有效回收废气中的有机组分。

f. 膜分离法。利用膜对废气中特定组分的选择渗透性，使特定组分优先透过而除去，比如采用有机气体分离膜从油库的蒸气中回收汽油。

(3) 废渣处理

化工废渣种类繁多，成分复杂，处理的方法多种多样。对于废渣的处理，应遵守如下三个原则。

① 资源化。采用适当的处理技术从中回收有用的物质和能源，包括可用物质的回收，转化成新形态、可利用的物质以及从废物处理过程中回收能量，生产热能或者电能；

② 减量化。通过合适的技术或工艺减少固体废物的产生和排放；

③ 无害化。将固体废物经过相应的处理，使其不危害环境和人类健康。

一般来说常用的废渣处理方法有焚化法、填埋法、化学处理法、生物处理法、固化稳定法等。

① 焚化法。焚化法是比较常见的一种废渣处理方法，废渣中有害物质的毒性是由物质的分子结构决定的，而不是由所含元素决定的。对于这种废渣，一般可采用焚化法分解其分子结构，如有机物经过焚化后转化为二氧化碳、水和灰分，以及少量含硫、氮、磷和卤素的化合物等。

② 填埋法。填埋法是通过填埋的方法处理工业废渣。填埋有害废弃物，必须做到安全填埋。填埋法处理工业废渣事先要进行地质和水文调查，选定合适的场地，保证不发生由于滤沥、渗漏而使这些废弃物或淋出液体排入地下水或地面水体，也不会污染空气。对被处理的有害废弃物的数量、种类、存放位置等均应做出记录，避免引起各种成分间的化学反应。对淋出液要进行监测，对水溶性物质的填埋要铺设沥青、塑料，以防底层渗漏。安全填埋的场地最好选在干旱或半干旱地区。

③ 化学处理法。通过化学反应使有毒废渣达到无毒化或减少毒性的目的。通常采用的方法有酸碱中和，氧化反应，还原反应，重金属沉淀、化学还原等处理方法。

④ 生物处理法。生物法只适用于有机废物，其中用于有机固体废物的有堆肥法和厌氧发酵法，用于有机废液的包括好氧法和厌氧消化法。

⑤ 固化法。固化法是将水泥、塑料、水玻璃、沥青等凝固剂同有害工业废渣加以混合进行固化。在我国主要用于处理放射性废物。它能降低废物的渗透性，并将其制成具有高应变能力的最终产品，从而使有害废物变成无害废物。

4.2.2.4 环保创新

虽然化工设计竞赛对环保工艺设计的要求不高，但这并不意味着，环保方面的设计仅仅完成《编制办法》中的表 13.3-1～表 13.3-3（本书中为表 4.8～表 4.10），并附加一定的说明即可。这部分内容，只是作品的一个基本组成部分。要想在答辩环节得到好成绩，必须在绿色生产、环保创新上下工夫。绿色生产部分可参考第 3 章 3.1.3.4 环境保护技术，这部分做得好，可以提不少分。

环保创新，其主要思路可以包括减少“三废”的排放和“三废”的资源化利用及无害化处理。

（1）减少“三废”排放

减少“三废”的排放，可通过使用清洁的能源和原料、采用先进工艺、改进工艺设计以及产品综合利用等措施来实现。此处以 2020 年中国矿业大学（北京）RUN 团队《中金石化分厂 120kt/a 异戊二烯项目》为例进行说明，该团队通过改进工艺，将多股物料循环利用，将废液全部回用于生产，消除了废液的排放（图 4.19）。

RUN 团队以混合戊烷为原料，经异构化和脱氢工段合成异戊二烯，再以萃取精馏工艺提纯得到聚合级异戊二烯，达到年产 12 万吨异戊二烯的目标。最初设计物料循环利用不多，因此有多股废液排出，且排放量较大，如表 4.11 所示。

从表 4.8 可见，整个工艺流程排放的废液多达 5 股，总排放量每小时超过 10 吨。虽然可以送回总厂作其他原料或者作燃料，但原料的利用率低，产品产量也低，年产异戊二烯仅 9 万吨。通过对工艺进行调整，设置了如图 4.19 的 7 个循环回路，实现了 C5 原料的有效回收利用，C5 对外排放减少到接近于 0。由于 C5 的有效回收，产品产量提升到了 12 万吨/年。

物料循环利用的优点是显而易见的，但 Aspen Plus 的调试会比较困难，特别是当工艺相对复杂、循环回路较多的时候，需要有相当多的耐心。对于有实力的队伍，在经济可行的前提下，应尽量通过循环，减少废液的排放量，提高原料的利用率。

（2）“三废”资源化利用

根据“三废”的组成，可以采用不同的方法来实现资源化利用。

① 采用夹点分析法、数学规划法等水系统集成技术对全厂水资源进行梯级使用，减少

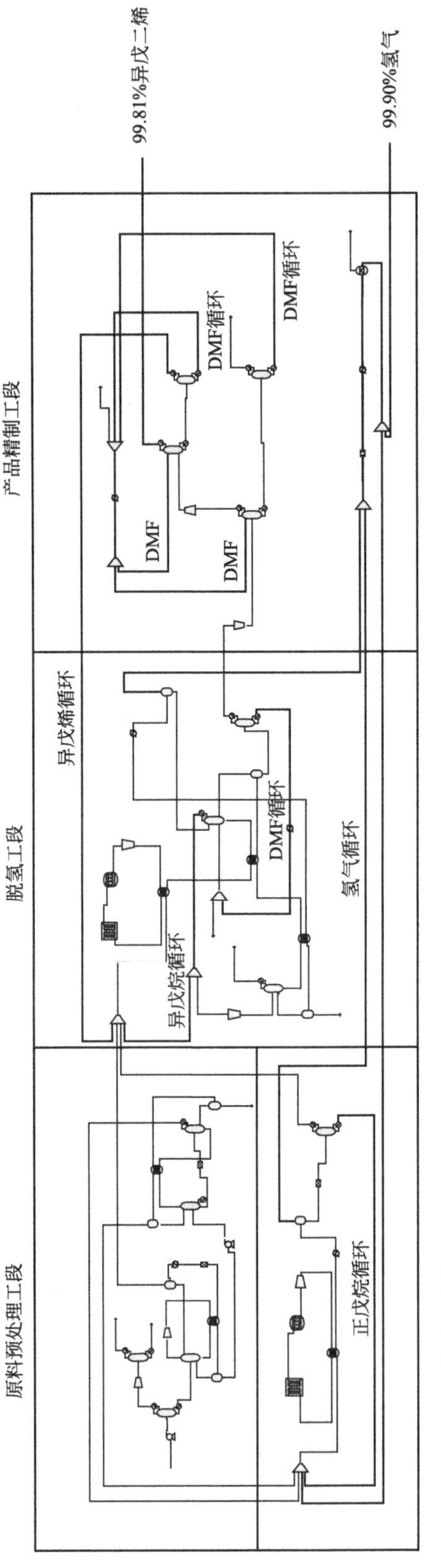

图 4.19　RUN 团队工艺流程图

表 4.11 废液排放表

废水名称	有害物成分及浓度(质量分数)/%	排放量/(kg/h)	排放温度/℃	排放压力/bar	排放点	排放方式	排放去向	处理方法
重组分废液	环戊烷 26	3332.22	85	1.6	T0102	连续	送总厂处理	回收
	正己烷 22							
	C7+52							
异构化循环废液	正戊烷 82	114.58	40	1.2	V0203	连续	送总厂处理	回收
	异戊烷 13							
	异戊二烯 2							
正戊烷循环废液	正戊烷 93	4931.82	32	1	V0305	连续	送总厂处理	回收
	正丁烷 3							
异戊烯循环废液	异戊烯 96	2148.61	1	18	V0404	连续	送总厂处理	回收
	异戊二烯 2							
异戊二烯精制塔塔釜废液	异戊二烯 84	68.89	44	1.2	T0404	连续	送总厂处理	回收
	DMF 16							

新鲜水的消耗，这个在区赛、全国总决赛中经常有队伍采用；

② 采用膜分离、变压吸附等新工艺，对气体进行高效的分离回用；

③ 采用电吸附、电渗析、纳滤和反渗透等技术对污水进行处理与回用；

④ 采用新工艺，对固体废弃物进行资源化利用。

以 2017 年中国矿业大学（北京）Sweeting 5S 团队作品为例，其采用氧化镁填料塔脱硫技术，脱硫后产生硫酸镁固体，由于纯度不高，只能当作固废。通过对硫酸镁进行重结晶，制取得到纯度较高的七水硫酸镁晶体，真正实现了废弃物的资源化。

“三废”资源化一直是比较热门的研究课题，最近几年更是受到全社会的关注。各参赛队伍进行工艺设计时，对涉及的“三废”，应全面检索文献资料，了解相关的研究与应用进展，并将适宜的技术应用到作品的设计中。

(3) “三废”无害化处理

对于一些无法资源化的“三废”，在通过各种手段减排后，仍然不能消除的，则必须进行无害化处理。在 4.2.2.3 小节中讲的基本都属于“三废”的无害化处理技术，若要有所创新，则可根据“三废”组成，采用一些高效的新工艺，比如采用等离子技术、催化燃烧等新工艺对有机废气进行高效处理；采用蓄热式废气焚烧炉处理低浓度有机气体；采用等离子体技术对固废及危险废弃物进行减量化和玻璃化等。

4.3 经济分析

经济分析是《可行性报告》中的重要组成部分，同学们要依据投资估算编制依据和化工设计竞赛文档评审细则来完成，建议按照评审细则的内容编制这部分内容。

这部分的评审细则如下。

(1) 投资估算表（1 分）

参考《编制办法》第 19 章投资估算部分进行以下各项的估算。

① 建设投资估算，+0.2 分，建设投资估算表，+0.1 分；

② 建设期利息估算，+0.2 分，建设期利息估算表，+0.1 分；

③ 流动资金估算，+0.1 分，流动资金估算表，+0.2 分；

④ 总投资估算及总投资估算表，+0.1 分。

(2) 经济效益分析表（1 分）

参考《编制办法》第 21 章财务分析部分进行以下各项的估算。

① 成本和费用估算，成本和费用估算表，+0.1 分；

② 销售收入和税金估算，产品销售收入及税金估算表，+0.1 分；

③ 税后利润估算，利润与利润分配表，+0.1 分；

④ 投资回收期分析，+0.1 分；

⑤ 项目财务内部收益率分析，项目财务现金流量表，+0.1 分；

⑥ 财务净现值估算，+0.1 分；

⑦ 权益投资内部收益率估算，权益投资财务现金流量表，+0.1 分；

⑧ 借款偿还期分析，+0.1 分；

⑨ 敏感性分析，+0.1 分；

⑩ 盈亏平衡分析，+0.1 分。

4.3.1 投资估算

建设项目总投资（图 4.20）是指项目从筹建到投料试车交付生产使用所需的包括增值税和全额流动资金的投资，包括以下方面：建设投资、建设期利息和流动资金。按照项目划分，建设投资估算分为固定资产费用、无形资产费用、其他资产费用和预备费用。按照费用划分，建设投资估算分为静态投资和动态投资两部分，而固定资产又包括工程费用、固定资产其他费用。

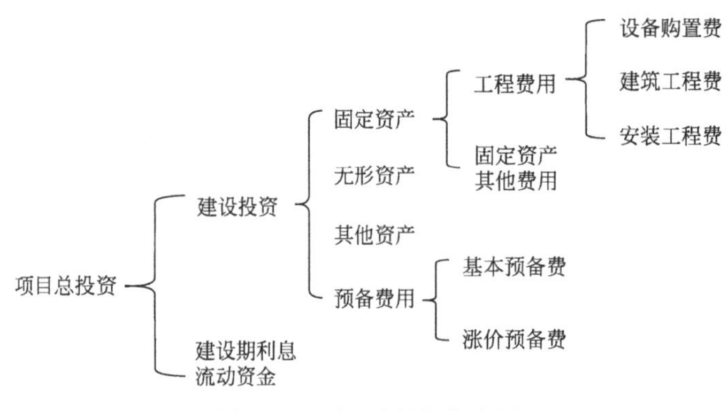

图 4.20 项目总投资构成图

4.3.1.1 投资估算编制说明

① 简要介绍项目的产品、原料、生产能力及产品质量指标。

② 介绍项目估算对象。对以上系统以财务会计核算的方式核算本项目的费用与收入，汇总后的数据用于财务指标分析、报表编制、不确定性分析等后续分析过程。

4.3.1.2 投资估算编制依据

① 建设投资估算依据文件：《化工投资项目经济评价参数》(国石化规发〔2000〕412 号文件)；《建设项目经济评价方法与参数》(国家发展改革委建设部发布)；《化工投资项目可行性研究报告编制办法》(中石化联产发〔2012〕115 号)；《化工投资项目项目申请报告编制办法》(中石化联产发〔2012〕115 号)；《化工投资项目资金申请报告编制办法》(中石化联产发〔2012〕115 号)；《2016 年第 3 期非标准设备价格信息》(2016 年第 3 期)；《石油化工工程建设设计概算编制方法》(中国石化建〔2018〕207 号)；《石油化工工程建设费用定额》(中国石化建〔2008〕207 号)；《石油化工项目可行性研究报告编制规定》(中国石化咨〔2005〕154 号)；《XXXX 第 XX 届全国大学生化工设计竞赛设计任务书》。

根据以上文件对固定资产投资、建设期借款利息、流动资金进行核算。

② 国家、行业以及项目所在地政府有关部门的相关政策与规定。

③ 价格和收费参考的有关资料信息。

④ 引进费用估算依据。

⑤ 外汇折算说明和引进相关税费说明。

⑥《化工工艺设计手册》(第 5 版)。

⑦ 财务报表的编制根据《企业会计准则 (2014)》及其相关的解释、说明、补充文件。

注：以上标准名录仅供参考，实际应采用最新标准。

4.3.1.3 建设投资估算

建设投资估算依据《化工投资项目可行性研究报告编制办法》(中石化联产发〔2012〕115 号) 和其他有关规定，按固定资产、无形资产、其他资产、预备费进行编制。

1. 固定资产

固定资产费用主要由工程费用和固定资产投资费用组成，工程费用包括设备购置费、建筑工程费和安装工程费。对于标准设备，材料、标准设备价格采用市场询价；安装工程、建筑工程费用参考国内同类工程的投资，并结合建厂所在地区的物价水平进行估算，或者采用规模指数法进行各专业估算编制；其他费用根据收集的资料信息，按照国家有关可行性研究报告投资估算编制办法和规定进行估算。对于非标设备，按照我国主管部门对非标准设备的估价方式并结合市场信息，得到一个较合理的价位。

(1) 设备购置费

① 主要设备费用。对于标准设备，可采用网上询价，并查阅相关手册的方法从而得到比较准确的价格。对于非标准设备，材料价格参考《非标设备价格信息》，同时考虑到设备的加工费用，所以采用下面公式计算设备费用：

设备价格＝材料总价格＋设备加工费用＝2×材料价格×设备重量

对于换热器的估价，主要是通过其换热面积以及其质量来估算其生产价格，同时还需要考虑换热器的作用。一般可用下式计算：

换热器材料价格＝机架价格＋换热面积×单位换热面积价格

换热器价格＝换热器材料价格×2＋机架价格

对于泵的选择，考虑每种泵备用一台。

② 设备内部填充物购置费。设备内部填充物购置费指的是化工原料和珠光砂、化学药剂、催化剂、设备内填充物料、备用油品等首次填充物的购置费。内部填充物购置费取设备费的3%计算。

③ 工艺管道及防腐保温工程、仪表自控系统费。工艺管道及防腐保温工程费用占主要设备费用的36%，仪表自控系统费用占14%。

④ 电气设备费用。包括电动、变电配电、电讯设备。本项目以主要设备费用为基准取12%。

⑤ 生产工具、器具及生产家具配置费。指建设项目为保证初期正常生产所必须购置的第一套不够固定资产标准的设备、仪器、工卡模具、器具等的费用，一般可按固定资产费用中占工程设备费用的比例估算。本项目为新建项目，则可按设备费用的1.2‰～2.5‰估算。本项目在估算中取费率为1.8‰。

⑥ 备品备件购置费。备件购置费是指直接为生产设备配套的初期生产必须备用的用于更换机器设备中易损坏的重要零部件及其材料购置费。一般可以按设备价格的5‰～8‰估算。

⑦ 设备运杂费。设备运杂费是指设备从制造厂交货地点或调拨地点到达施工工地仓库所发生的一切费用，其中包括运输费、包装费、装卸费、仓库保管费等。根据国内设备运杂费概算指标，查得项目所在地区的运杂费率。

⑧ 其他设备购置费。其他设备购置费包括公用工程设备购置费、车辆购置添加费，取工艺设备费的3%。

设备购置费详见表4.12。

表4.12　设备购置费一览表

编号	名称	价格/万元
1	主要设备费	
2	设备内部填充费	
3	工艺管道及防腐保温工程费	
4	仪表自控系统费	
5	电气设备费	
6	生产工具、器具及生产家具配置费	
7	备品备件购置费	
8	设备运杂费	
9	其他设备购置费	
总计		

（2）建筑工程费

① 直接费用。包括建筑物工程、构筑物工程和大型土石方、场地平整及厂区绿化等。

本项目中土建工程费用包括生产装置的构筑物和建筑物以及办公楼、车库、仓库、消防、通讯和维修费用，为15%。

场地建设包括场地（道路、铁路、围墙、停车场）清理和平整以及绿化等，为10%。

② 间接费用。以直接费用为基础，按一定间接费率计算。

③ 税金

a. 营业税。以建筑工程的直接费、间接费之和为基数，按照费率的3%计征。

b. 城市维护建设税。根据计税依据，采用适用税率计算。计税依据为应缴纳的增值税、消费税、营业税税额之和。按建筑工程的直接费、间接费之和的5%～7%计征。

应纳税额=计税依据×适用税率。

c. 教育附加税。以应计流转税总额为基数，根据计税依据，采用适用附加率计算。计税依据为应缴纳的增值税、消费税、营业税税额之和。按建筑工程的直接费、间接费之和的3%计征。

应纳教育附加税=计税依据×适用附加率。

税金如表4.13所示。

表4.13 税金一览表

编号	税金	价格/万元
1	营业税	
2	城市维护建设税	
3	教育附加税	
总计		

(3) 安装工程费

安装工程费包括主要生产、辅助生产、公用工程项目的工艺设备的安装费，各种管道的安装费，电动、变配电、电讯等电气设备安装费；计量仪器、仪表等自控设备安装费；设备内部填充、内衬，设备保温、防腐以及附属设备的平台、栏杆等工艺金属结构的材料及安装费。

项目中安装因子根据设备安装难易情况取不同的值，工艺设备、机械设备按每台设备占原价百分比估算，为简化计算，安装工程费可根据积累数据采用系数法估算。

安装工程费见表4.14。

表4.14 安装工程费一览表

编号	设备名称	安装因子	价格/万元
1	反应器	0.2	
2	塔设备	0.4	
3	换热器	0.3	
4	储罐、回流罐	0.4	
5	缓冲罐	0.3	
6	气液分离罐	0.4	
7	液体输送设备	0.1	
8	气体压缩机	0.2	
9	膜组件	0.2	
10	工艺管道	0.4	
11	仪表及自控系统	0.2	
总计			

固定资产投资费用汇总表见表 4.15。

表 4.15　固定资产投资费用汇总一览表

编号	名称	价格/万元
1	工程设备费	
2	建筑工程费	
3	安装工程费	
合计		

2. 无形资产

无形资产投资按《编制办法》有关规定并结合当地及本项目具体情况进行估算，无形资产主要由土地使用费和技术转让费构成。

3. 递延资产

递延资产主要由建设单位管理费、生产准备费、装置联合启动调试费构成。

① 建设单位管理费。按照《建设单位管理费总额控制数费率表》相关数据（费用在 1000 万元以下，费率为 1.5%；费用在 1001 万～5000 万元之间，费率为 1.2%；费用在 5001 万～10000 万元之间，费率为 1%；费用在 10001 万～50000 万元，费率为 0.8%）。建设单位管理费＝固定资产中工程费用×费率。

② 生产准备费。包括人员入厂费、人员培训费、工程手续费和其他准备费用。生产准备费根据不同的建设规模估算，进厂费按新增定员每人 5000 元到 10000 元估算；培训费按新增定员每人 2000 元到 6000 元估算。

③ 装置联合启动调试费。以工程费用为基础，按 0.3%～3.0%估算。

4. 预备费用

预备费主要由基本预备费和涨价预备费构成。

① 基本预备费。指在可行性研究的范围内，初步设计、技术设计、施工图设计及施工工程中所增加的工程和费用，设计变更、局部地基处理等增加的费用；一般自然灾害造成损失和预防自然灾害所采取的措施费用；竣工验收时为鉴定工程质量对隐蔽工程进行必要的挖掘和修复费用。取固定资产、无形资产和递延资产总和的 9%～15%估算。

② 涨价预备费。根据建筑工期长短来定，建筑工期短可忽略不计。

建设投资汇总表见表 4.16。

表 4.16　建设投资汇总表

编号	项目	价格/万元
1	固定资产	
2	无形资产	
3	递延资产	
4	预备费用	
总计		

4.3.1.4　建设期借款利息

××××年人民币贷款利率如表 4.17。

表 4.17　××××年中国银行贷款利率

项目	年利率/%
一年以内(含一年)	
一年至五年(含五年)	
五年以上	

建设期投资贷款利息是指建设项目使用银行或其他金融机构的贷款，在建设期应归还的借款利息。当项目建设期长于一年时，为简化计算，可假定借款发生当年均在年中支用，按半年计息，年初欠款按全年计息，借款额在各年均衡发生，借款以复利方式计息。

各年利息＝(年初借款本息累计＋本年借款额/2)×年利率

根据项目总投资确定银行贷款金额、贷款金额到账期限、贷款年限。根据建设期时间确定建设期借款利息。

建设期利息估算表见表 4.18。

表 4.18　建设期利息估算表　　单位：万元

项目	合计	建设期				
		1	2	3	……	n
建设期利息						
期初借款余额						
当期借款						
当期应计利息						
期末借款余额						
建设期利息小计						

4.3.1.5　流动资金

流动资金是指企业全部的流动资产，包括现金、存货（材料、在制品、成品）、应收账款、有价证券、预付款等项目。为有效控制资金的流动性，有必要对所需流动资金进行估算。可参考《化工设计与经济》一书中的估算方法，按建设资金的15%估算。

流动资金估算表见表 4.19。

表 4.19　流动资金估算表

建设投资/万元	流动资金比例/%	流动资金/万元
	15	

4.3.1.6　项目总投资汇总

项目总投资由建设投资、建设期利息和流动资金组成，项目总投资情况见表 4.20。

表 4.20　项目总投资汇总表

序号	项目	金额/万元
1	建设投资	

续表

序号	项目	金额/万元
1.1	固定资产	
1.2	无形资产	
1.3	递延资产	
1.4	预备费用	
2	建设期利息	
3	流动资金	
合计		

4.3.2 资金筹措

(1) 资金来源

化工项目的资金来源主要有权益资本、债务资金、准股本资金和融资租赁，说明项目的资金来源、总投资金额。根据《国务院关于调整固定资产投资项目资本金比例的通知》（国发〔2009〕27号）规定，化工项目的最低资本金比例为20%，确定贷款金额、利率和其余资金的注入方式。说明贷款金额的抵押和其他资金的来源以及资金到位的时间。

(2) 银行贷款、还款方式

根据贷款金额、贷款利率、贷款期限、还款方式和还清年限，计算每年还款金额，如式(4-1)所示。

$$A=P\left[\frac{i(1+i)^n}{(1+i)^n-1}\right] \tag{4-1}$$

式中，P 为贷款总额；i 为贷款利率；n 为贷款期限；A 为每年还款金额。

(3) 资金使用计划

说明项目建设期时长以及建设投资使用计划和开工计划。

4.3.3 产品成本和费用估算

4.3.3.1 成本估算说明

(1) 概述

产品成本包括生产中所消耗的物化劳动和活劳动，是判定产品价格的重要依据之一，也是考核企业生产经营管理水平的一项综合性指标。

产品成本按其与产量变化的关系分为可变成本和固定成本。可变成本是指在产品总成本中，随产量的增减而成比例地增减的那一部分费用，如原材料费用、燃料费及动力费等。固定成本是指与产量的多少无关的那一部分费用，如固定资产折旧费、管理费等。经营成本是指总成本费用扣除折旧费、维修费、摊销费和借款利息的剩余部分，经营成本的概念用在现金流量表的计算过程中。

(2) 编制依据

《化工投资项目可行性研究报告编制办法》(2012年)；

《中国石油化工项目可行性研究技术经济方法与参数》(2007 年);

《中华人民共和国企业所得税法》及《中华人民共和国企业所得税法实施条例》;

《中华人民共和国增值税暂行条例》及《中华人民共和国增值税暂行条例实施细则》;

《成本费用核算与管理办法》(石化股份财〔2003〕427 号);

《建设项目经济评价方法与参数》(第 3 版);

《×××第××届全国大学生化工设计竞赛设计任务书》中关于经济分析与评价基础的数据。

(3) 估算依据和说明

①依据《建设项目经济评价方法与参数》(发改投资〔2006〕1325 号)和《企业会计制度》(财会〔2014〕8 号)编制。

②各原材料费用及公用工程费用通过调研现行市场价格估算或向园区询价方式获取;

③项目生产能力,年运转工时为 8000 小时。

④项目计划建成时间,投产时间,投产期生产负荷达到设计能力时间,达产时间。

4.3.3.2 产品总成本费用估算

(1) 概述

成本和费用估算的方法主要有生产要素估算法和生产成本加期间费用估算法,在可行性研究报告中,一般可按生产要素法估算。这里采用生产成本要素法估算。

产品总成本费用=外购原材料费+燃料和动力费+工资及福利费+折旧费+摊销费+修理费+管理费+财务费(利息支出)+销售费+其他费用

(2) 估算过程

① 原材料及辅助材料费。工艺过程中所涉及的所有原料均以开工时期的预期价格定价(以原材料价格的现值预估),忽略原材料价格变化对财务运行所产生的影响。

② 燃料和动力费。说明冷、热公用工程的标准和计价方式。

③ 职工薪酬及福利费。说明工厂不同岗位的工资设置及人员数量,并说明给员工发放的福利费,包括"五险一金",即养老保险金、失业保险金、医疗保险金、生育保险金、工伤保险金以及住房公积金。具体提取比例及提取金额可参考表 4.21。

表 4.21 职工福利费用表

序号	福利名称	占工资总额比例/%	总计/(万元·年)
1	养老保险金	20	
2	失业保险金	2	
3	医疗保险金	6	
4	生育保险	0.70	
5	工伤保险	0.90	
6	住房公积金	12	
总计			

④ 折旧费。项目固定资产折旧可采用平均年限法(直线法)。根据《企业所得税法实施条例》规定,固定资产计算折旧的最低年限如下:房屋、建筑物,为 20 年;飞机、火车、轮船、机器、机械和其他生产设备,为 10 年;与生产经营活动有关的器具、工具、家具等,

为 5 年；飞机、火车、轮船以外的运输工具，为 4 年；电子设备，为 3 年。折旧费用见表 4.22。

表 4.22　折旧费用一览表

名称	原值/万元	折旧年限/年	年折旧费/万元·年$^{-1}$
生产设备		10	
房屋建筑		20	
器具、工具、家具		5	
电子设备		3	
车辆		4	
总计			

对于内资企业固定资产的净残值率一般为 5%，故厂区建筑设施折旧年限为 20 年，生产设备折旧年限为 10 年，车辆折旧年限为 5 年，生产器具折旧年限为 5 年，电气设备折旧年限为 5 年。

⑤ 摊销费。摊销费是指无形资产和递延资产在一定期限内分期摊销的费用。

⑥ 维修费。维修费是指用于设备设施维护及故障修理的材料费、施工费、劳务费，其中包括日常维护修理、设备大检修以及检修维护单位的运保费。

⑦ 管理费。管理费是指企业行政管理部门为管理和组织经营活动发生的各项费用，包括公用经费（工厂总部管理人员工资，职工福利费，差旅费，办公费，折旧费，修理费，物料消耗，低值易耗品摊销以及其他公司经费）、工会经费、职工教育经费、劳动保险费、董事会费、咨询费、顾问费、交际应酬费、税金（房产税、车船使用税、土地使用税、印花税等）、开办费摊销、研究发展费以及其他管理费等。

⑧ 财务费。财务费是指为筹措资金而发生的各项费用，包括生产经营期间发生的利息收支净额、汇兑损益净额、外汇手续费、金融机构的手续费以及因筹资而发生的其他费用。

⑨ 销售费。指企业为销售产品和促销产品而发生的费用支出，包括运输费、包装费、广告费、保险费、委托代销费、展览费以及专设销售部门的经费，例如销售部门职工工资、福利费、办公费、修理费等。

⑩“三废”处理费。根据项目产生的废水、废气、废固的数量和处理方式确定“三废”处理的费用。

产品成本汇总见表 4.23。

表 4.23　产品成本汇总表

序号	项目	估算成本/万元	占生产成本比例/%
1	原材料及辅助材料费		
2	燃料动力费		
3	人工费		
4	折旧费		
5	摊销费		
6	维修费		

续表

序号	项目	估算成本/万元	占生产成本比例/%
7	管理费		
8	财务费		
9	销售费		
10	“三废”处理费		
总计	总成本费用		
	可变成本		
	固定成本		
	经营成本		

其中，可变成本＝原材料及辅助材料费＋燃料动力费＋销售费＋“三废”处理费；固定成本＝人工费＋折旧费＋摊销费＋维修费＋管理费＋财务费；经营成本＝总成本费用－折旧费－摊销费－维修费－财务费。

4.3.4 销售收入和税金估算

4.3.4.1 销售收入估算

根据市场行情确定主副产品价格（表4.24）。

表4.24 产品销售收入表

序号	产品	产量/(吨/年)	单价/(元/吨)	收入/万元
合计				

4.3.4.2 税金估算

项目的销售税可分为增值税、城市维护建设税、教育附加税。销售税和附加税见表4.25，税金估算见表4.26。

表4.25 销售税和附加税表

序号	税金名称	计税基准	税率/%
1	企业所得税	毛利润	25
2	增值税	销售收入(销项税额抵扣进项税额)	17
3	教育附加税	增值税	3
4	城市维护建设税	增值税	7

其中，应纳增值税额＝当期销项税额－当期进项税额。

当期销项税额＝当期销售额/(1＋税率)×税率（此式适用于原材料含税的情况，竞赛中设计的项目适用此公式）；当期进项税额＝购入应税原材料额×税率。

表 4.26　税金估算表

序号	项目	税率/%	税金/万元
1	产品销售收入(销项税额)	17	
2	产品总成本		
	购入原材料和燃料动力费(进项税额)	17	
	增值税	17	
3	城市维护建设税	7	
	教育附加税	3	
4	销售税金及附加		
5	企业所得税	25	

4.3.5 财务分析

4.3.5.1 财务分析报表

(1) 利润分配表

正常年税前利润总额=产品销售收入-总成本费用-销售税金及附加，按正常年份 25% 的税率缴纳所得税，净利润=利润总额-所得税。税后利润按 10%提取法定盈余公积金，5% 提取任意盈余公积金，则法定盈余公积金=净利润×0.1，任意盈余公积金=净利润×0.05，未分配利润=净利润-法定盈余公积金-任意盈余公积金。利润与利润分配见表 4.27。

表 4.27　利润与利润分配表

序号	项目	金额/万元	备注
1	产品销售收入		
2	总成本费用		
3	销售税金及附加		
4	利润总额		=1-2-3
5	所得税		利润总额的 25%
6	净利润		=4-5
7	法定盈余公积金		净利润的 10%
8	任意盈余公积金		净利润的 5%
9	未分配利润		=6-7-8

(2) 财务损益表

以项目从建设到达产期第一年为例，计算税收及损益情况，如表 4.28。

表 4.28　财务损益表　　单位：万元

项目	建设期	投产期		达产期
	第 1 年	第 2 年	第 3 年	第 4 年
生产负荷/%				
产品销售收入				

续表

项目		建设期	投产期		达产期
		第1年	第2年	第3年	第4年
总成本费用					
销项税额					
销售税金及附加	进项税额				
	增值税				
	城市维护建设税				
	教育附加税				
	小计				
利润总额					
所得税					
净利润					

（3）现金流量表

全部投资现金流量表，即以全部投资均为自有资金作为计算基础。自有资金现金流量表，即利用自有资金项目，以自有资金作为计算基础。

① 现金流入。

现金流入＝产品销售收入＋回收固定资产余值＋其他收入（包括回收流动资金、政策性补贴等）

② 现金流出。

现金流出＝建设投资费＋流动资金＋经营成本＋销售税金及附加＋偿还本息＋所得税

③ 净现金流量。

净现金流量＝现金流入－现金流出

④ 累计折现流量。

取化工行业标准折现值，$i=0.11$。

详细的财务现金流量表见表4.29。

表4.29 财务现金流量表

项目		计算期				
		第1年	第2年	第3年	第4年	第5年
生产负荷/%						
现金流入	产品销售收入					
	回收固定资产余值					
	其他收入					
	小计					
现金流出	建设期投资					
	流动资本					
	经营成本					
	销售税金及附加					
	偿还本息					
	小计					

续表

项目	计算期				
	第1年	第2年	第3年	第4年	第5年
所得税前净现金流量					
累计所得税前净现金流量					
所得税					
所得税后净现金流量					
累计所得税后净现金流量					

根据以上现金流量表绘制出累计现金流量图。

权益投资财务现金流量表见表4.30。

表4.30 权益投资财务现金流量表

项目		计算期				
		第1年	第2年	第3年	第4年	第5年
生产负荷/%						
现金流入	产品销售收入					
	回收固定资产余值					
	回收流动资金					
	小计					
现金流出	建设期投资					
	流动资本					
	经营成本					
	销售税金及附加					
	偿还本息					
	小计					
净现金流量						
累计净现金流量						

4.3.5.2 财务分析指标

(1) 盈利能力分析——静态指标

① 静态投资回收期。项目投资现金流量表中累计净现金流量由负值变为零的时点，即为项目的静态投资回收期。按式(4-2) 计算：

$$P_t = T - 1 + \frac{\left|\sum_{i=1}^{T-1}(\mathrm{CI}-\mathrm{CO})\right|}{(\mathrm{CI}-\mathrm{CO})_T} \tag{4-2}$$

式中，T 为各年累计净现金流量首次为正值或零的年数，t 为年份，$(\mathrm{CI}-\mathrm{CO})_T$ 为第 T 年的净现金流量。

投资回收期短，表明项目投资回收快，抗风险能力强。计算所得静态投资回收期需小于化工企业标准的14年。

② 投资利润率。指项目达到设计生产能力后的一个正常生产年份的年利润总额与项目总投资的比率，它是考察项目单位投资盈利能力的静态指标，即：

投资利润率＝年利润总额/总投资额×100％。

按照化工行业标准投资利润率，可行的项目利润率应大于 26％。

③ 投资利税率。指项目达到设计生产能力后的一个正常生产年份的利税总额或生产期年平均利税总额与项目总投资的比率，即：

投资利税率＝年利税总额/总投资额×100％＝（年利润总额＋年销售税金及附加）/总投资额×100％。

按照化工行业标准投资利税率，可行项目的投资利税率应大于 38％。

④ 资本金净利润率。表示项目资本金的盈利水平，系指项目达到设计能力后正常年份的年净利润或运营期内年平均净利润与项目资本金的比率，即：

资本金净利润率＝年净利润/项目资本金×100％。

（2）盈利能力分析——动态指标

① 财务净现值（FNPV）。系指按设定的折现率（一般采用基准收益率 i_c）计算的项目计算期内净现金流量的现值之和，可按式(4-3）计算：

$$\mathrm{FNPV}=\sum_{t=1}^{n}(\mathrm{CI}-\mathrm{CO})_t(1+i_c)^{-t} \tag{4-3}$$

式中，i_c 为设定的折现率（同基准收益率），根据国家发改委和建设部 2006 年发文，我国现代传统化工建设项目全部投资税前财务基准收益率为 11％；t 为年份；n 为项目计算期；$(\mathrm{CI}-\mathrm{CO})_t$ 为第 t 年的净现金流量。

一般情况下，财务盈利能力分析只计算项目投资财务净现值，可根据需要选择计算所得税前净现值或所得税后净现值。按照设定的折现率计算的财务净现值大于或等于零时，项目方案在财务上可考虑接受。

根据累计折现值表（表 4.31）得到累计折现值图。净现值率＝FNPV/工程项目总投资×100％。

② 动态投资回收期。考虑到折现率之后的投资回收期，计算方式同静态投资回收期。

③ 财务内部收益率（FIRR）。系指能使项目计算期内净现金流量现值累计等于零时的折现率，即 FIRR 作为折现率使式(4-4）成立：

表 4.31 累计折现值表

年份 t	$(\mathrm{CI}-\mathrm{CO})_t$	$(1+i_c)^{-t}$	$\dfrac{(\mathrm{CI}-\mathrm{CO})_t}{(1+i_c)^t}$	$\sum_{t=1}^{n}(\mathrm{CI}-\mathrm{CO})_t(1+i_c)^{-t}$
1				
2				
3				
4				
5				
6				
7				
8				
…				

$$\sum_{t=1}^{n}(CI-CO)_t(1+FIRR)^{-t}=0 \tag{4-4}$$

式中，CI 为现金流入量；CO 为现金流出量；$(CI-CO)_t$ 为第 t 年的净现金流量；n 为项目计算期。

计算出大于标准内部投资收益率 0.11 的 FIRR 值，即项目方案可行。

表 4.32　FIRR＝XX 时的累计折现值表

年份 t	$(CI-CO)_t$	$(1+FIRR)^{-t}$	$(CI-CO)_t/(1+FIRR)^t$	$\sum_{t=1}^{n}(CI-CO)_t(1+FIRR)^{-t}$
1				
2				
3				
4				
5				
6				
7				
8				
…				

④ 权益投资内部收益率（经济内部收益率）(EIRR)。

权益投资内部收益率系指项目在计算期内经济净效益流量的现值累计等于 0 时的折现率，计算方法与财务内部收益率相同，使用权益投资现金流量进行计算，参见式(4-5)，权益投资累计折现值见表 4.33。

$$\sum_{t=1}^{n}(B-C)_t(1+EIRR)^{-t}=0 \tag{4-5}$$

式中，B 为经济效益流量；C 为经济费用流量；$(B-C)_t$ 为第 t 期的经济净效益流量；n 为项目计算期。

表 4.33　权益投资累计折现值表

年份 t	$(B-C)_t$	$(1+EIRR)^{-t}$	$(CI-CO)_t/(1+EIRR)^t$	$\sum_{t=1}^{n}(B-C)_t(1+EIRR)^{-t}$
1				
2				
3				
4				
5				
6				
7				
8				
…				

4.3.5.3　不确定性分析

不确定分析主要包括盈亏平衡分析和敏感性分析。

(1) 盈亏平衡分析

系指通过计算项目达产年的盈亏平衡点（BEP），分析项目成本与收入的平衡关系，判断项目对产品数量变化的适应能力和抗风险能力。盈亏平衡分析只用于财务分析。项目的总收入为产品销售量及销售单价的线性函数，总支出为产量及单价的线性函数。在进行盈亏平衡分析时，可做出以下假设：①生产量等于销售量，即生产的产品能全部销售出去；②单位产品价格，固定成本在项目寿命期内保持不变；③分析所用的数据均取正常生产年度的数值。

本项目在进行核算时取达产期第 1 年数据进行分析。

本项目：产品年产量为 Q；销售产品综合单价为 P；年总固定成本为 F；单位产品可变成本 V=可变成本/年产量；单位产品销售税金 m=销售税金/年产量。

可用式(4-6) 计算项目产销盈亏平衡点：

$$\mathrm{BEP}_Q=\frac{F}{P-V-m} \tag{4-6}$$

即当项目的产品年销售量高于 BEP_Q 时，总收入即可大于总支出，生产项目可以盈利。

产销所允许降低的最大幅度可用式(4-7) 表示：

$$\frac{Q-\mathrm{BEP}_Q}{Q}\times 100\% \tag{4-7}$$

该数值说明了只要产销量降幅在最大降幅以内，项目均可以盈利。在产品滞销竞争激烈的时候，只要在销售最大降幅上的产品，就能达到收支平衡，使项目得以维持生存。BEP_Q 较低，说明项目承担风险的能力、竞争能力较强，项目生命力也较强。

另外，项目的销售单价盈亏平衡点可用式(4-8) 计算：

$$\mathrm{BEP}_L=\frac{F+V\times Q}{Q(1-\frac{m}{P})} \tag{4-8}$$

即当项目产品的综合售价达到 BEP_L 时，总收入即可大于总支出，项目可以盈利。

最大允许降价幅度为：

$$\frac{P-\mathrm{BEP}_L}{P}\times 100\% \tag{4-9}$$

销售收入：
$$Y_1=P\times Q \tag{4-10}$$

经营成本：
$$Y_2=(m+V)\times Q+F \tag{4-11}$$

根据式(4-10) 和式(4-11) 做出盈亏平衡分析图，见图 4.21。

两线相交处即为盈亏平衡点。盈亏平衡点率=盈亏平衡点值/年产量，即投资回收完成后，只要醋酸乙烯生产项目不减产至原设计产量的盈亏平衡点率，仍可盈利。

(2) 敏感性分析

敏感性分析是通过分析、预测项目主要因素发生变化时对经济评价指标的影响，从中找出敏感因素，并确定其影响程度。项目计算期内可能发生的因素有产品产量（生产负荷）、产品价格、产品成本或主要原材料与动力价格、固定资产投资、建设工期及汇率等。

根据项目的实际情况，确定敏感性因素分析（表 4.34），计算按不同方向变化时对项目经济效益的影响。

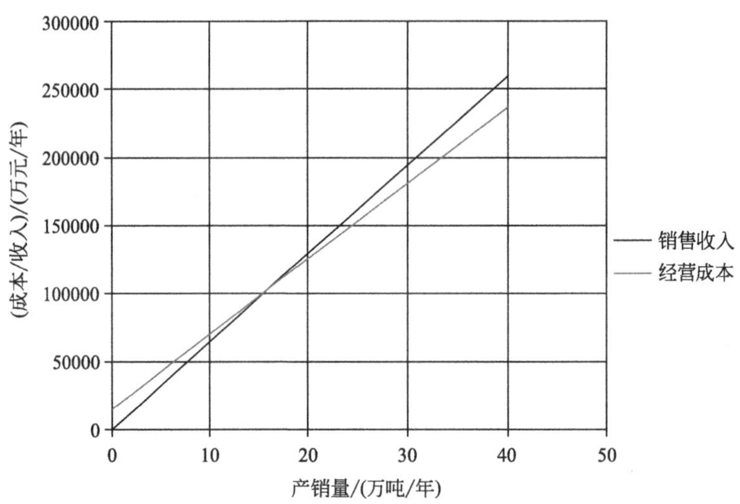

图 4.21　醋酸乙烯盈亏平衡分析图

表 4.34　×××敏感性分析表

变动因素	变动幅度				
	−10%	−5%	0	5%	10%
×××/(元/吨)					
财务净现值/万元					

敏感度系数（S_{AF}）指项目评价指标变化率与不确定性因素变化率之比，可按式(4-12)计算。

$$S_{AF}=\frac{\Delta A/A}{\Delta F/F} \tag{4-12}$$

式中，$\Delta A/A$ 为评价指标的变动比率，不确定因素 F 发生 ΔF 变化时，评价指标 A 的相应变化率，如净现值 FNPV 或财务内部收益率 FIRR；$\Delta F/F$ 为不确定因素 F 的变化率，如建设投资、工期等。$S_{AF}>0$ 表示评价指标与不确定性因素同方向变化；$S_{AF}<0$ 表示评价指标与不确定性因素反方向变化。$|S_{AF}|$ 越大，表明评价指标 A 对于不确定性因素 F 越敏感；反之，则不敏感。

根据敏感性分析表做出敏感性分析图，如图 4.22 所示。

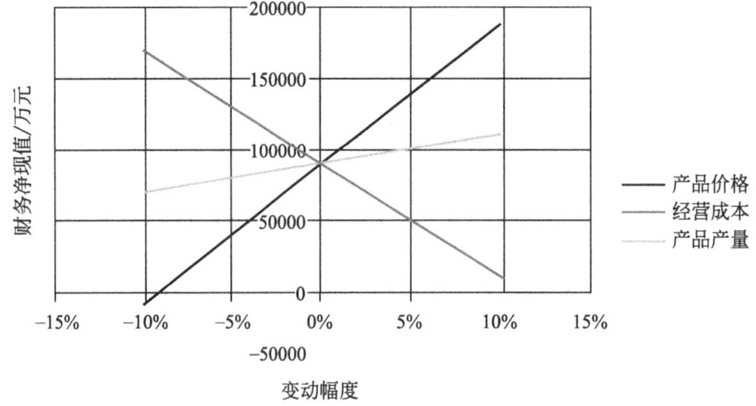

图 4.22　醋酸乙烯敏感性分析图

第5章 竞赛评分标准及竞赛作品案例分析

5.1 竞赛评分标准总体变化

历经多年的发展，全国大学生化工设计竞赛的评分标准也在逐步完善。全国大学生化工设计竞赛专家委员会，全国大学生化工设计竞赛委员会根据当年竞赛反馈的评分情况对评分标准进行适当的、必要的调整和修订，使评分规则更利于竞赛的健康发展。大学生化工设计竞赛作品评审包括“设计文档质量”“工程图纸”和“现代设计方法应用”三部分专项评审及现场答辩评审。评分的主导思想是鼓励学生参与，严谨弄虚作假，并一定要独立完成作品。自2013年起国赛作品增加了“现代设计方法应用”部分的专项评审，2014年起国赛作品又增加了“工程图纸”部分的专项评审，2015年起国赛作品进一步增加了“设计文档质量”部分的专项评审，并对三部分专项评审出台了评审细则。此外，国赛中现代设计方法应用、工程图纸和设计文档质量三部分若对评委的评分有质疑可以进行申诉。

由于竞赛的评审细则在不断的完善和调整，笔者浅谈对评分标准的认识和理解，仅供读者参考。下面逐项进行分析。

5.1.1 现代设计方法应用评审细则

现代设计方法应用评审细则是最早在国赛中进行专项评审的，并不断改进，力争对参赛学生高质量完成化工设计竞赛更有指导意义。2013年和2014年的评分表一致（表5.1），包括计算机辅助过程设计、计算机辅助设备设计和计算机辅助工厂设计三个部分。其中，计算机辅助过程设计包括过程仿真设计模型、反应器设计模型、分离过程设计和过程热集成；计算机辅助设备设计包括对换热器进行详细设计和对塔设备进行详细设计；计算机辅助工厂设计包括车间设备布置三维设计、三维配管设计和工厂三维模型设计。2015—2018年评分表一致，评审内容没有变化，只是总分值有所增加，见表5.2。2019年开始，出台了更为详细的评审细则，现代设计方法应用分值增加至20分，各项评审内容也有了详细的指导依据。

下面以2021年评审细则为例进行分析。

5.1.1.1 计算机辅助过程设计

计算机辅助过程设计总分10分，2021年评审细则原文如下。

1. 过程仿真设计模型（4分）

1.1 全流程正确运行（4分）

1.1.1 全流程模拟，模拟精度为默认精度（0.0001），在加热器中设置中国规格的公用工程，包含了循环物流和工艺流股间换热器，正确运行，无错误和警告（包括控制面板），+4分。

表5.1 2013年和2014年国赛现代设计方法应用评分表

计算机辅助过程设计（6分）			计算机辅助设备设计（2分）			计算机辅助工厂设计（2分）		
过程仿真设计模型（3分）	正确运行（得3分）		对换热器进行详细设计（1分）	换热器流态合理，传热系数换热面积满足需求（0.5分）		车间设备布置三维设计（1分）	完成至少一个工序（0.5分）	
	运行通过有警告（得2分）							
	运行通过有错误（得1分）							
反应器设计模型（1分）	动力学反应器（0.5分）			换热器压降合理（0.5分）			与平面及立面布置图吻合（0.5分）	
	动力学来源合理（0.5分）							
分离过程设计（1分）	用精确计算模型（0.5分）		对塔设备进行详细设计（1分）	对结构和操作参数进行优化设计（0.5分）		三维配管设计（0.5分）	完成至少一个工序，并与车间布置吻合	
	进行参数优化（0.5分）							
过程热集成（1分）	用夹点分析（0.5分）			对负荷性能进行优化设计（0.5分）		工厂三维模型设计（0.5分）	与工厂总平面布置图吻合	
	用夹点分析结果对工艺流程进行优化设计（0.5分）							
小计			小计			小计		

表5.2 2015—2018年现代设计方法应用评分表

计算机辅助过程设计（7分）			计算机辅助设备设计（4分）			计算机辅助工厂设计（4分）		
过程仿真设计模型（4分）	全流程正确运行（得4分）		对换热器进行详细设计（1分）	换热器流态合理，传热系数包括垢层热阻，换热面积满足需求（0.5分）		车间设备布置三维设计（2分）	完成至少一个工序（1分）	
	分区流程正确运行（得3分）							
	运行通过有警告（得2分）							
	运行通过有错误（得1分）							
反应器设计模型（1分）	动力学反应器（0.5分）			换热器压降合理（0.5分）			与平面及立面布置图吻合（1分）	
	动力学来源合理（0.5分）							

续表

<table>
<tr><th colspan="3">计算机辅助过程设计
(7分)</th><th colspan="3">计算机辅助设备设计
(4分)</th><th colspan="3">计算机辅助工厂设计
(4分)</th></tr>
<tr><td rowspan="2">分离过程设计
(1分)</td><td>用精确计算模型(0.5分)</td><td></td><td rowspan="4">对塔设备进行详细设计
(3分)</td><td rowspan="2">对结构参数进行优化(1分)</td><td rowspan="2"></td><td rowspan="2">三维配管设计
(1分)</td><td rowspan="2">完成至少一个工序,并与车间布置吻合</td><td rowspan="2"></td></tr>
<tr><td>进行参数优化(0.5分)</td><td></td></tr>
<tr><td rowspan="2">过程热集成
(1分)</td><td>用夹点分析(0.5分)</td><td></td><td rowspan="2">对负荷性能进行优化(2分)</td><td rowspan="2"></td><td rowspan="2">工厂三维模型设计
(1分)</td><td rowspan="2">与工厂总平面布置图吻合</td><td rowspan="2"></td></tr>
<tr><td>用夹点分析结果对工艺流程进行优化设计(0.5分)</td><td></td></tr>
<tr><td colspan="2">小计</td><td></td><td colspan="2">小计</td><td></td><td colspan="2">小计</td><td></td></tr>
</table>

1.1.2 全流程模拟，公用工程未在加热器中正确设置处理，−0.1分。

1.1.3 全流程模拟，部分循环物流未能连通，−0.1分。

1.1.4 全流程模拟，循环物流未能连通，−0.2分。

1.1.5 全流程模拟，未完整包含工艺流股间换热器，−0.1分。

1.1.6 全流程模拟，未包含工艺流股间换热器，−0.2分。

1.1.7 全流程模拟，运行通过，控制面板中物性部分有警告，不扣分；模拟部分有警告，−0.1分。

1.1.8 全流程模拟，运行通过，控制面板中有错误，−0.2分。

1.1.9 全流程模拟，精度设置为0.001，−1分。

1.1.10 全流程模拟，精度设置大于0.001，−2分。

1.2 分区流程正确运行（3分）

1.2.1 全流程划分成车间或工序进行分段流程模拟，模拟精度为默认精度（0.0001），公用工程在加热器中正确设置处理，各段都包含了循环物流和工艺流股间换热器，正确运行无错误和警告（包括控制面板），+3分。

1.2.2 全流程划分成车间或工序进行分段流程模拟，公用工程未在加热器中设置处理，−0.1分。

1.2.3 全流程划分成车间或工序进行分段流程模拟，部分循环物流未能连通，−0.1分。

1.2.4 全流程划分成车间或工序进行分段流程模拟，循环物流未能连通，−0.2分。

1.2.5 全流程划分成车间或工序进行分段流程模拟，未完整包含工艺流股间换热器，−0.1分。

1.2.6 全流程划分成车间或工序进行分段流程模拟，未包含工艺流股间换热器，−0.2分。

1.2.7 流程模拟运行通过，控制面板中有警告，不扣分；模拟部分有警告，−0.1分。

1.2.8 流程模拟运行通过，控制面板中有错误，−0.2分。

1.2.9 全流程模拟精度设置为0.001，−1分。

1.2.10 全流程模拟精度设置大于0.001，−2分。

1.3 运行通过有警告（2分）

1.3.1 全流程模拟，公用工程在加热器中正确设置处理，包含了循环物流和工艺流股间换热器，运行结果带警告，+2分。

1.3.2 全流程模拟，公用工程未在加热器中设置处理，−0.1分。

1.3.3 全流程模拟，部分循环物流未能连通，−0.1分。

1.3.4 全流程模拟，循环物流未能连通，−0.2分。

1.3.5 全流程模拟，未完整包含工艺流股间换热器，−0.1分。

1.3.6 全流程模拟，未包含工艺流股间换热器，−0.2分。

1.3.7 全流程模拟，运行结果带警告，控制面板中有警告，不扣分；控制面板中有错误，−0.1分。

1.3.8 全流程划分成车间或工序进行分段流程模拟，运行结果带警告，控制面板中有警告，不扣分；控制面板中有错误，−0.2分。

1.3.9 全流程模拟，精度设置大于0.001，−1分。

1.4 运行通过有错误（1分）

1.4.1 全流程模拟，公用工程在加热器中正确设置处理，包含了循环物流和工艺流股间换热器，运行结果有错误，控制面板中有错误不扣分。

1.4.2 全流程划分成车间或工序进行分段流程模拟，运行结果有错误，控制面板中有错误，−0.2分。

1.4.3 全流程模拟，精度设置大于0.001，−0.5分。

2. 反应器设计模型（2分）

至少完成一个反应器。

2.1 速率模型反应器（1分）

2.1.1 主要反应工序都用速率模型反应器模拟，其中的主反应都用化学动力学（反应速率）模型、化学平衡模型或快速反应模型（动力学模型的极端形式）。如果用化学平衡模型或快速反应模型，则反应器模型中包含了传质速率对反应结果的影响，从而确定必需的反应器停留时间（或空速），+1分。

2.1.2 如果部分主要反应工序未用速率模型反应器模拟，−0.2分。

2.1.3 如果用了速率模型反应器模拟，但部分主反应未用速率模型，−0.2分。

2.2 速率模型来源合理（1分）

2.2.1 所有的速率模型及其中的模型参数都有正式发表的文献来源，以正确的格式和单位应用，+1分。

2.2.2 部分速率模型和模型参数通过正式发表的文献资料用化学反应工程方法或传递过程方法间接估算获取，以正确的格式和单位应用，并有正确的原理说明，+1分。

2.2.3 模型参数的应用格式或单位不正确，−0.2分。

2.2.4 部分速率模型和模型参数通过正式发表的文献资料用化学反应工程方法间接估算获取，有原理说明，但说明不充分而难以判断其正确性，−0.2分。

2.2.5 部分速率模型和模型参数通过正式发表的文献资料用化学反应工程方法间接估算获取，缺少原理说明，−0.4分。

3. 分离过程设计（2 分）

至少完成一座分离塔设备的设计。

3.1 用精确计算模型（1 分）

3.1.1 精馏、吸收和萃取过程用平衡级模型或传质速率模型计算，选用了合理的相平衡模型表达物系的非理想性，反应精馏塔模型中合理设置了持料量（气相/液相）。吸附过程用 Aspen Adsorption 模拟，合理设置了吸附模型参数，+1 分。

3.1.2 未选用合理的相平衡模型表达物系的非理想性，−0.4 分。

3.1.3 反应精馏塔模型中缺少持液量对结果的影响分析及优化，−0.2 分。

3.1.4 反应精馏塔模型中未设置持液量值，−0.4 分。

3.1.5 Aspen Adsorption 中缺少模型参数对结果的影响分析及优化，−0.2 分。

3.2 进行参数优化（1 分）

3.2.1 对精馏塔的总板数（填料高度）、加料板和侧线出料板位置、回流比、侧线出料量进行了优化，对吸收（解吸）塔的气液比进行了优化，对萃取塔的萃取剂用量进行了优化，+1 分。

3.2.2 未优化加料板和侧线出料板位置，−0.2 分。

3.2.3 未优化回流比、侧线出料量、气液比、萃取剂用量，−0.2 分。

3.2.4 未优化吸附、脱附操作条件（压力、温度、循环周期），−0.2 分。

4. 过程热集成（2 分）

4.1 用夹点技术分析过程（1 分）

4.1.1 完整展示了夹点技术分析设计换热网络的计算过程及比较方案，绘制了实施热集成技术前后的过程组合曲线图，分析了夹点温度与节能综合经济效益（能耗成本和装置成本）的关系，以此为依据选定了合理的夹点温度，+1 分。

4.1.2 仅给出最后的换热网络，没有保留计算过程及比较方案，−0.4 分。

4.1.3 未分析夹点温度与节能综合效益（能耗成本和装置成本）的关系，−0.2 分。

4.1.4 未分析并绘制实施热集成技术前后的过程组合曲线图，−0.2 分。

4.2 用夹点分析结果对工艺流程进行优化设计（1 分）

4.2.1 根据夹点分析的结果，运用热泵、多效精馏/蒸发等热集成技术优化工艺流程，降低相变过程（组合曲线上的平台区）的公用工程需求，并以节能综合经济效益为目标进行换热网络优化设计（应去除回路、不经济的小换热器、距离太远管路、成本过高的换热关系），并将优化换热网络方案应用到工艺流程设计中，+1 分。

4.2.2 未分析运用热集成技术利用组合曲线平台区的能量，−0.2 分。

4.2.3 未以节能综合经济效益为目标进行换热网络优化设计，−0.2 分。

4.2.4 未将优化的换热网络方案应用到最终的工艺流程设计中，−0.4 分。

分析比较 2015 年以来的评审内容发现，在“全流程正确运行”部分改进较大，对模拟精度（默认精度 0.0001）、控制面板、公用工程、工艺流股间换热器等在评审要求中进一步明确评审细则。在“反应器设计模型”方面对模拟的反应器台数有了明确的下限要求（至少 1 台反应器），对主要反应工序的速率反应器模拟细节有了进一步规定。在“分离过程设计”方面，对模拟的塔设备台数有了明确的下限要求（至少一座塔设备），增加了对 Adsorption 模拟的相关评审要求。在“过程热集成”方面，增加了用夹点理论分析的中间过程、比较方案和计算过程等细节的评审要求。

5.1.1.2 计算机辅助设备设计

计算机辅助设备设计总分 6 分，2021 年评审细则原文如下。

1. 至少对 2 台换热器进行详细设计（2 分）

1.1 运用专业软件对换热器进行了详细设计，即可得基础分 2 分，然后按以下条款对完成质量评分。

1.2 换热器流态合理，传热系数包括垢层热阻，换热面积满足需求（0.9 分）

1.2.1 换热器内冷、热流股的流态均应为湍流态（Re>6000），否则－0.15 分/台。

1.2.2 传热系数基于传热膜系数、固壁热阻和垢层热阻（输入合理的经验值）并计算，否则－0.15 分/台。

1.2.3 实际传热面积应比计算所需传热面积大 30%～50%，否则－0.15 分/台。

1.3 换热器压降合理（0.5 分）

1.3.1 无合理的特殊说明，出口绝压小于 0.1MPa（真空条件）时压降不大于进口压强的 40%，否则－0.25 分/台。

1.3.2 无合理的特殊说明，出口绝压大于 0.1MPa 时压降不大于进口压强的 20%，否则－0.25 分/台。

2. 至少对 1 座塔设备进行详细设计（4 分）

2.1 运用专业软件对塔设备进行了详细设计，即可得基础分 4 分，然后按以下条款对完成质量进行评分。

2.2 对结构参数进行优化（2 分）

2.2.1 对于溢流型板式塔，（降液管液位高度/板间距）介于 0.2～0.5 之间，否则－1 分。

2.2.2 对于溢流型板式塔，降液管液体停留时间大于 4s，否则－1 分。

2.2.3 对于填料塔，每段填料的高度应在 4～6m，段间设置液体再分布器，否则－2 分。

2.3 对负荷性能进行优化（2 分）

2.3.1 对于板式塔，每块塔板的液泛因子（flooding factor）均应介于 0.6～0.85 之间，否则－1 分。

2.3.2 对于板式塔，如果没有核算每块塔板的液泛因子或根据气液负荷的变化分段核算不同负荷塔段的液泛因子，而只根据整个塔的平均负荷校核液泛因子，则－1.5 分。

2.3.3 对于填料塔，整个填料层的能力因子（fractional capacity）均应介于 0.4～0.8 之间，否则－1.5 分。

比较 2015 年以来的评审内容发现，在“换热器详细设计”部分减少了换热器详细设计的台数，要求至少对 2 台换热器进行详细设计，传热面积裕量增加了上限要求（30%～50%），分值增加，扣分标准有微调，对换热器内冷热流股湍流态 Re 数有了进一步规定（Re>600）。在“塔设计”部分，进一步细化了扣分细则，增加了对每块板式塔塔板液泛因子核算的要求（介于 0.6～0.85 之间），减少了塔设备详细设计的座数（至少 1 座），分值增加，扣分标准有微调。

5.1.1.3 计算机辅助工厂设计

计算机辅助工厂设计总分 4 分，2021 年评审细则原文如下。

1. 车间设备布置三维设计（2 分）

1.1 运用专业软件进行了车间设备布置三维设计，即可得基础分 2 分，然后按以下条款对完成质量进行评分。

1.2 完成至少一个工序（1 分）

未完成一个工序，－1 分。

1.3 与平面布置及立面布置图吻合（0.5 分）

每处不吻合－0.1 分，直至扣完 0.5 分。

2. 三维配管设计（1 分）

2.1 运用专业软件对主物流管道进行了三维配管设计，即可得基础分 1 分，然后按以下条款对完成质量进行评分。

2.2 完成至少一个工序（0.2 分）

进行了三维配管设计但未完成一个工序，－0.2 分。

2.3 与车间平面布置图和立面布置图吻合（0.5 分）

每处不吻合－0.1 分，直至扣完 0.5 分。

3. 工厂三维模型设计（1 分）

3.1 运用工厂设计类或建模表观类软件进行了工厂三维模型设计，即可得基础分 1 分，然后按以下条款对完成质量进行评分。

3.2 与工厂总平面布置图中的分区位置吻合（0.3 分）

每处不吻合－0.1 分，直至扣完 0.3 分。

3.3 与工厂总平面布置图中的距离布置吻合（0.2 分）

每处不吻合－0.1 分，直至扣完 0.2 分。

比较 2015 年以来的评审细则发现，在“车间设备布置三维设计”部分，2019 年增加了三维设计与平立面图吻合的扣分分值，2021 年又恢复到 2015 年的扣分分值。在“三维配管设计”部分，2019 年增加了“进行了三维配管设计但未完成一个工序”的扣分分值，2021 年又恢复到 2015 年的扣分分值。在“工厂三维模型设计”部分，同往年相比 2019 年分值增加，进一步明确了对三维模型设计专业软件的要求，2021 年又恢复到 2015 年的扣分分值。

5.1.2 工程图纸评审细则

“工程图纸”自 2014 年第八届全国大学生化工设计竞赛开始记入作品专项评审（表 5.3），分值共 15 分，其中物料工艺流程图（PFD）占 5 分，工艺管道及仪表流程图（P&ID）占 4 分，车间设备布置图占 3 分，分厂平面布置图占 3 分，主要考察格式的规范性和内容的正确完整性。2014 年仅有评分表，2015 年开始出台了详细的评审细则，“工程图纸”分值增加至 20 分，其中计算机辅助过程设计部分分值增加至 10 分，计算机辅助设备设计部分分值增加至 6 分，评审细则也有了较大改进。下面以 2021 年评审细则为例，分析

2015—2021 年“工程图纸”评审细则的变化。

评审内容包括格式规范性（PFD、P&ID、车间设备布置图，分厂平面布置图），PFD 内容的正确与完整性（流程参数、完整物流表、设备位置），P&ID 内容的正确性与完整性（单元控制逻辑、管道组合号，P&ID 与 PFD 图工艺流程一致），设备布置图内容的正确性与完整性和总平面布置图内容的正确性与完整性。

表 5.3　2014 年国赛工程图纸评分表

<table>
<tr><td colspan="3">物料工艺流程图(PFD)
(5 分)</td><td colspan="3">工艺管道及仪表流程图
(P&ID)(4 分)</td><td colspan="3">车间设备布置图
(3 分)</td><td colspan="3">分厂平面布置图
(3 分)</td></tr>
<tr><td rowspan="2">格式规范性
(1 分)</td><td>图框、标题栏
(0.5 分)</td><td></td><td rowspan="2">格式规范性
(1 分)</td><td>图框、标题栏
(0.5 分)</td><td></td><td rowspan="2">格式规范性
(1 分)</td><td>图框、标题栏
(0.5 分)</td><td></td><td rowspan="2">格式规范性
(1 分)</td><td>图框、标题栏
(0.5 分)</td><td></td></tr>
<tr><td>图标、图线、文字
(0.5 分)</td><td></td><td>图幅、图标、图线、文字
(0.5 分)</td><td></td><td>图幅、比例、图线、文字
(0.5 分)</td><td></td><td>图幅、比例、图线、文字
(0.5 分)</td><td></td></tr>
<tr><td rowspan="3">内容正确与完整性
(5 分)</td><td>流程结构
(2 分)</td><td></td><td rowspan="3">内容正确与完整性
(2 分)</td><td>单元控制逻辑
(2 分)</td><td></td><td rowspan="3">内容正确与完整性
(2 分)</td><td>空间布置合理无冲突
(1 分)</td><td></td><td rowspan="3">内容正确与完整性
(2 分)</td><td>风玫瑰、技术指标、说明文字
(1 分)</td><td></td></tr>
<tr><td>物料平衡表
(1 分)</td><td></td><td rowspan="2">管道组合号
(1 分)</td><td rowspan="2"></td><td>平面图与立面图一致
(0.5 分)</td><td></td><td rowspan="2">布局合理、安全间距、消防措施、
(1 分)</td><td rowspan="2"></td></tr>
<tr><td>设备位号
(1 分)</td><td></td><td>尺寸标注
(0.5 分)</td><td></td></tr>
<tr><td colspan="2">小计</td><td></td><td colspan="2">小计</td><td></td><td colspan="2">小计</td><td></td><td colspan="2">小计</td><td></td></tr>
</table>

5.1.2.1　格式规范性

格式规范性总分 4 分，2021 年评审细则原文如下。

1. PFD（1 分）

1.1　图框

1.1.1　有图框+0.1 分。

1.1.2　图框符合以下要求+0.1 分。

图框尺寸的控制按照以下标准进行：《技术制图 图纸幅面和格式》（GB/T 14689—2008）。见图 5.1、图 5.2 和表 5.4。

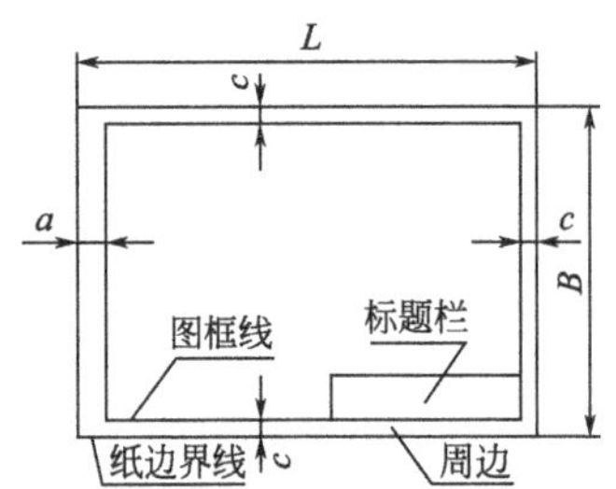

图 5.1　有装订边图纸（X 型）的图框格式

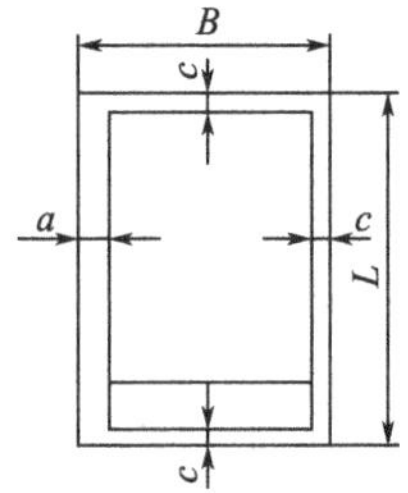

图 5.2　有装订边图纸（Y 型）的图框格式

表 5.4　图框尺寸

单位：mm

幅面代号	A0	A1	A2	A3	A4
$B \times L$	841×1189	591×841	420×594	294×420	210×297
c	10			5	
a	25				

1.2　标题栏

1.2.1　有标题栏+0.1 分。

1.2.2　有项目名称+0.1 分。

1.2.3　有竞赛队名称，项目设计的设计、审核由不同人员承担+0.1 分。

1.3　图标

图标（设备图例等）正确+0.2 分。

1.4　图线

图线正确+0.1 分。

图线宽度参照《化工工艺设计施工图内容和深度统一规定》（HG/T 20519—2009）中表 6.1.3 的要求执行（表 5.5）。

表 5.5　图线

类别	图线宽度/mm			备注
	0.6～0.9 （一般取 0.8）	0.3～0.5 （一般取 0.4）	0.15～0.25 （一般取 0.25）	
P&ID、PFD	主物料管道	其他物料管道	其他	设备、机器轮廓线 0.25mm
设备布置图	设备轮廓	设备支架 设备基础	其他	动设备（机泵等）如只绘出设备基础，图线宽度用 0.6～0.9mm

1.5　文字高度

文字高度合适+0.2 分。

文字高度参照《化工工艺设计施工图内容和深度统一规定》（HG/T 20519—2009）中表 6.2.2 的要求执行，见表 5.6。（由于标题栏的大小暂时未做要求，因此对标题栏内的文字高度暂不作要求。PFD 图中的物流表也不做文字高度具体要求，适中即可，不能太大或太小。文字高度要求与图纸匹配，适中。）

表 5.6　文字高度

书写内容	推荐字高/mm
图表中的图名及视图符号	5～7
工程名称	5
图纸中的文字说明及轴线号	5
图纸中的数字及字母	2～3
图名	7
表格中的文字	5
表格中的文字（格高小于 6mm 时）	3

2. P&ID（1分）

2.1 图框（0.2分）

评分标准详见“1.1 图框”章节。

2.2 标题栏（0.3分）

评分标准详见“1.2 标题栏”章节。

2.3 图幅（0.1分）

评分标准：一般采用A1图框，内容比较少时采用A2图框。

2.4 图标（0.2分）

图标（设备图例等）正确。

2.5 图线（0.1分）

评分标准详见“1.4 图线”部分。

2.6 文字高度（0.1分）

评分标准详见“1.5 文字高度”部分。

3. 车间设备布置图（1分）

3.1 图框（0.2分）

评分标准详见“1.1 图框”部分。

3.2 标题栏（0.3分）

评分标准详见“1.2 标题栏”部分。

3.3 图幅（0.1分）

评分标准：一般采用A1图框，内容比较少时采用A2图框。

3.4 比例（0.1分）

常用比例为1∶100，也可用1∶200或1∶50的比例。

3.5 图线（0.2分）

评分标准详见“1.4 图线”部分。

3.6 文字高度（0.1分）

评分标准详见“1.5 文字高度”部分。

4. 分厂平面布置图（1分）

4.1 图框（0.2分）

评分标准详见“1.1 图框”部分。

4.2 标题栏（0.3分）

评分标准详见“1.2 标题栏”部分。

4.3 图幅（0.1分）

评分标准：一般采用A1图框，内容比较少时采用A2图框。

4.4 比例（0.1分）

常用比例为1∶500，也可用1∶1000或1∶200的比例。

4.5 图线（0.1分）

评分标准：新建装置外形用粗实线，道路、标注、绿化等用细实线，有2处及其以上不符合要求的不得分。

4.6 文字高度（0.2分）

评分标准详见“1.5 文字高度”部分。

比较2015年以来的评审细则发现，自2017年起在“PFD格式规范性”方面，细化了评审规则，标题栏要求“项目设计的设计、审核由不同人员承担”；并细化了文字高度的评审规则。其余部分的评审细则同2015年。

5.1.2.2 PFD——内容正确性与完整性

PFD——内容正确性与完整性总分5分，2021年评审细则原文如下。

1. 流程结构（2.5分）

1.1 主项内及主项间物料进出口完整、标识正确，+0.5分。

1.2 设备进出口物料完整，+0.5分。

1.3 物料流向标识正确，+0.5分。

1.4 物流压力变化合理，+0.5分。

1.5 标示有压力变化处的阀门，+0.5分。

2. 完整物流表（1.5分）

2.1 有物流号，+0.2分。

2.2 物流号完整，+0.5分。

2.3 有各物料的质量流量和质量分率，+0.2分。

2.4 有密度和体积流量，+0.2分。

2.5 有操作参数（温度、压力等），+0.2分。

2.6 有相态（气、液、固）及相态分率，+0.2分。

3. 设备位号（1分）

3.1 设备图标处标示有设备位号，+0.5分。

3.2 图中顶部或底部标示有设备位号和对应的设备名称，+0.5分。

比较2015年以来的评审细则，发现自2019年起在“流程结构”方面分值增加，增加评审“物流压力变化是否合理”。在“物料平衡表”方面，分值增加，增加对“相态分率”和“物流号完整”的要求。

5.1.2.3 P&ID——内容正确性与完整性

P&ID——内容正确性与完整性总分5分，2021年评审细则原文如下。

1. 单元控制逻辑（3.2分）

1.1 精馏塔控制的正确性（0.8分）。

1.2 换热器控制的正确性（0.8分）。

1.3 泵流量控制的正确性（0.8分）。

1.4 反应器操作参数控制的正确性（0.8分）。

以上四种控制每种抽取一个进行抽查即可，应与PFD相一致。

2. 管道组合号（1.4分）

参照《化工工艺设计施工图内容和深度统一规定》（HG/T 20519—2009）中12.2章节的要求执行。

2.1　物料代号（0.3 分）。

2.2　主项编号（0.2 分）。

2.3　管道序号（0.2 分）。

2.4　管道规格（0.3 分）。

2.5　管道等级（0.2 分）。

2.6　绝热代号（0.2 分）（有此项而没有标注的不得分）。

3. P&ID 图与 PFD 图工艺流程一致（0.4 分）

3.1　P&ID 图和 PFD 图中主要工艺设备数量位号一致，+0.2 分。

3.2　P&ID 图和 PFD 图中工艺流股的连接关系及流向一致，+0.2 分。

比较 2015 年以来的评审细则发现，在“单元控制逻辑”方面分值增加，并细化了对“泵”流量控制正确性的要求。在“管道组合号”方面，增加了分值。自 2019 年起，分值增加，增加 P&ID、PFD 工艺流程一致的要求。

5.1.2.4　设备布置图——内容正确性与完整性

设备布置图——内容正确性与完整性总分 3 分，2021 年评审细则原文如下。

1. 空间布局合理无冲突（1.5 分）（每种情况抽取 2 个点）

1.1　正确利用位差，+0.4 分。

1.2　上下层的设备不碰撞，+0.2 分；上下层平面布置统一，+0.3 分。

1.3　考虑了检修位置和检修通道，+0.3 分。

1.4　合理考虑了安全疏散通道，+0.3 分。

2. 平面图与立面图一致（0.5 分）

2.1　缺失相互对应的平面图和立面图，−0.5 分。

2.2　平面图与对应立面图之间有 3 处及以上的不一致性，−0.2 分。

3. 设备及尺寸标注（1 分）

3.1　每台设备的定位尺寸应该完整，一张图中有 3 处及以上尺寸标注不完整，−0.3 分。

3.2　建构筑物的尺寸标注应该完整，一张图中有 2 处及以上尺寸标注不完整，−0.2 分。

3.3　平立面图中缺失设备位号，或者位号与流程图不一致，−0.1 分。

3.4　立面图中缺失设备标高，−0.1 分。

3.5　设备布置图中设备定位尺寸的标注基准正确，+0.3 分。

比较 2015 年以来的评审细则发现，在“空间布局合理无冲突”方面分值增加，增加了上下层平面布置统一的要求。在“尺寸标注”方面，逐年细化评审要求，2016 年要求在一张图中尺寸标注完整正确，增加评审立面图的设备位号和标高；2017 年增加评审立面图设备位号与流程图的一致性；2019 年分值增加，评审要求增加设备定位尺寸的标注正确性。

5.1.2.5　总平面布置图——内容正确性与完整性

总平面布置图——内容正确性与完整性总分 3 分，2021 年评审细则原文如下。

1. 有风玫瑰（0.2 分）。

2. 有技术指标（主要是指建筑面积、占地面积、容积率等）（0.3 分）。

3. 有说明文字（有图例也算有文字说明）（0.5 分）。

4. 布局合理（0.8 分）。

主要考虑风向、功能分区、人员的进出、物流等方面。缺失及错误每项扣 0.1 分，扣完为止。

5. 安全间距（0.5 分）。

主要考虑罐区、仓库、甲类厂房、中控楼（综合楼）等之间间距，按照《建筑设计防火规范》(GB 50016—2014)（2018 年版）的表 3.4.1 和《石油化工企业设计防火标准》(GB 50160—2008)（2018 年版）的表 4.2.12 的要求进行设置（目前间距暂按建规不小于 12m 考虑）。缺失及错误每项扣 0.1 分，扣完为止。

6. 消防措施（0.6 分）。

主要考虑逃生通道、消防通道（含环形消防通道）等的设置，事故水收集池以及消防水系统（含必要的消防站）的设置等。缺失及错误每项扣 0.1 分，扣完为止。

7. 火灾危险类别的划分正确（0.1 分）。

划分的标准参见《建筑设计防火规范》(GB 50016—2014)（2018 年版）的表 3.1.1 和表 3.1.3。在总平面图中、建筑物一览表中或图中建筑物附近标出均可。

比较 2015 年以来的评审细则，分值有所增加。2016 年起细化了对技术指标的评审规则，要求有建筑面积、占地面积、容积率等。2019 年起风玫瑰图分值降低，布局合理性分值增加。在“安全间距、消防措施”方面分值增加，细化了评审细则，允许扣完为止。

5.1.3 设计文档质量评审细则

“设计文档质量”自 2015 年第九届全国大学生化工设计竞赛开始记入作品专项评审（表 5.7），分值共 20 分，其中可行性报告占 6 分，初步设计说明书占 10 分，设备设计文档占 4 分。下面以 2021 年评审细则为例，分析 2015—2021 年“设计文档质量”评审细则的变化。

表 5.7 2015 年全国大学生化工设计竞赛——设计文档质量评分表（20 分）

可行性报告 6 分		初步设计说明书 10 分		设备设计文档 4 分	
建设规模及产品方案(1 分)		内容符合标准 HG/T 20688—2000(1 分)		塔设备计算说明书(1 分)	
原材料需求清单及来源(1 分)		工艺技术方案论证(5 分)		换热器设计结果表(1 分)	
公用工程需求表(1 分)		过程节能及能耗计算(1 分)		反应器设计说明书(1 分)	
“三废”排放量表(1 分)		环境保护(1 分)		工艺设备一览表(1 分)	
投资估算表(1 分)		总图布置遵循正确的标准及安全距离(1 分)			
经济效益分析表(1 分)		重大危险源清单及其相应安全措施(1 分)			
小计		小计		小计	
总计					

5.1.3.1 可行性报告

可行性报告总分6分，2021年评审细则原文如下。

参照的编制办法是中国石油和化学工业联合会发布的《化工投资项目可行性研究报告编制办法》(2012年修订版)(中石化联产发［2012］115号)(以下简称“《编制办法》”)。

1. 建设规模及产品方案（1分）

参考《编制办法》第3章。

1.1 产业政策等符合性分析（0.3分）

1.1.1 产业政策符合性分析（0.1分）

标准写法是：“本项目符合《产业结构调整指导目录（2019年本)》中的第×类第×项××××第×条‘××××’”或者“本项目未列入《产业结构调整指导目录（2019年本)》中的限制类或淘汰类。”此判断必须有，没有则不得分。

参考的判据是《产业结构调整指导目录（2019年本)》或者《鼓励外商投资产业目录（2019年版)》等。

1.1.2 行业准入符合性分析（0.1分）

如果没有相应的行业准入政策，需说明，否则不得分。

1.1.3 所在地或园区发展规划符合性分析（0.1分）

如果没有相应的发展规划，需说明，否则不得分。

1.2 建设规模和产品方案的选择和比较（0.7分）

1.2.1 列出了建设规模，+0.2分。

1.2.2 列出了主要产品，+0.2分。

1.2.3 列出了主要副产品，+0.1分。如果没有副产品需说明，否则不得分。

1.2.4 进行了建设规模（或产品方案）多方案（至少两个）比选，+0.2分，没有进行比选的则不得分。

2. 原材料需求清单及来源（1分）

参考《编制办法》第5.1节。

2.1 列出了主要原材料，+0.2分，及其用量，+0.1分。

2.2 列出了辅助原材料，+0.1分，及其用量，+0.1分。

2.3 列出了主要原材料来源，+0.2分。需要进行分析，没有分析的，−0.1分。

2.4 列出了辅助原材料来源，+0.1分。

2.5 列出了原材料的运输方式，+0.2分。

如果仅列出了《编制办法》中的表5.1-1(表5.8)，则可以得0.9分。表中的“包装要求”不作要求。

表5.8 主要原材料、辅助材料、燃料来源表

项目	名称	数量/(t/a)	来源	包装要求	运输方式	备注
原材料						
辅助材料						
燃料						

3. 公用工程需求表（1分）

参考《编制办法》第5.4节以及表5.4-1。

3.1 列出了主要公用工程名称，+0.3分。

3.2 列出了主要公用工程消耗量，+0.3分。

3.3 说明了是连续使用还是间断使用，+0.2分。

3.4 列出了主要公用工程来源，+0.2分。外供需要有供应协议和方案，自供的需要说明供应方案，没有分析的，−0.1分。

4. “三废”排放量表（1分）

参考《编制办法》第13.3节。列表说明各装置（单元）及设施的废液、废气和废固等污染物的排放情况，包括排放源、排放量、污染物名称、浓度、排放特征、处理方法和排放去向等。

4.1 列出废水名称，+0.1分；废水量和组成，+0.1分；处理方法和去向，+0.1分。

4.2 列出废气名称，+0.1分；废气量和组成，+0.1分；处理方法和去向，+0.1分。

4.3 列出废固名称，+0.1分；废固量和成分，+0.1分；处理方法和去向，+0.1分。如果仅列出了《编制办法》中的表13-3-1～表13-3-3，无说明，则得0.9分。

5. 投资估算表（1分）

参考《编制办法》第19章，进行以下各项的估算。

5.1 建设投资估算，+0.2分，及建设投资估算表，+0.1分。

5.2 建设期利息估算，+0.2分，及建设期利息估算表，+0.1分。

5.3 流动资金估算，+0.1分，及流动资金估算表，+0.2分。

5.4 总投资估算及总投资估算表，+0.1分。

6. 经济效益分析表（1分）

参考《编制办法》第21章。

6.1 成本和费用估算，及成本和费用估算表，+0.1分。

6.2 销售收入和税金估算和产品销售收入及税金计算表，+0.1分。

6.3 税后利润估算，及利润与利润分配表，+0.1分。

6.4 投资回收期分析，+0.1分。

6.5 项目财务内部收益率分析，及项目财务现金流量表，+0.1分。

6.6 财务净现值估算，+0.1分。

6.7 权益投资内部收益率估算，及权益投资财务现金流量表，+0.1分。

6.8 借款偿还期分析，+0.1分。

6.9 敏感性分析，+0.1分。

6.10 盈亏平衡分析，+0.1分。

比较2015年以来的评审内容发现，可行性报告的评审细则2018年有了进一步的调整，在“建设规模及产品方案”部分对行业准入符合性分析、所在地或园区发展规划符合性分析加强了要求，如果没有相应的政策规划，需进行说明。对“公用工程需求表”也提高了要求，外供需要有供应协议和方案，自供的需要说明供应方案。对于“‘三废’排放量表”要求列出“三废”的组成。“投资估算表”和“经济效益分析表”有了进一步明确的评审要求，对这两部分的内容评估表细节上要求更为严格。

5.1.3.2 初步设计说明书

初步设计说明书占10分，2021年评审细则原文如下。

参照《化工工厂初步设计文件内容深度规定》（HG/T20688—2000）（以下简称《深度规定》）进行编制。

1. 内容符合标准 HG/T 20688—2000（1分）

主要章节满足HG/T 20688—2000标准的要求，必须包含有：总论（+0.2分）、总图运输（+0.1分）、化工工艺与系统（+0.1分）、布置与配管（+0.1分）、自动控制及仪表（+0.1分）、供配电（+0.1分）、给排水（+0.1分）、消防（+0.1分）、概算（+0.1分）。每个章节的深度在此不作要求。

2. 工艺方案论证（5分）

2.1 列出常用的工艺技术方案，+1分。

2.2 不同技术方案投资的文字说明（孰高孰低），+0.5分。

2.3 对不同技术方案消耗、转化率、能耗、本质环保、本质安全、流程繁简等方面进行文字说明，+2.5分。每条说明+0.5分，五条及以上得满分。

2.4 根据上述各项指标的优劣，综合分析比较得出本项目选用的工艺技术方案及选用理由，+1分。

3. 过程节能及能耗计算（1分）

参考《深度规定》第24章。

3.1 有项目综合能耗表，+0.1分，及计算说明，+0.2分。

3.2 有每吨产品的能耗，+0.1分，及计算说明，+0.1分。

3.3 有每吨产品能耗比较表（表24.0.1）及说明，+0.2分。

3.4 有万元产值综合能耗及计算说明，+0.1分。

3.5 有能源选择合理性分析，+0.1分。

3.6 有节能措施，+0.1分。

4. 环境保护（1分）

参考《深度规定》第22章及环评报告。

4.1 执行的法规和标准，+0.1分。

4.2 废气排放表，+0.15分，及处理方案，+0.15分。

4.3 废液排放表，+0.15分，及处理方案，+0.15分。

4.4 废固排放表，+0.15分，及处理方案，+0.15分。

5. 总图布置遵循正确的标准及安全距离（1分）

参考《深度规定》第3章。

5.1 采用的规范，+0.1分，及理由，+0.1分。

5.2 装置的火灾危险类别划分，+0.1分，及建筑物耐火等级划分，+0.1分。参照的标准是《建筑设计防火规范》（GB50016—2014）（2018 年版）和《石油化工企业设计防火标准》（GB50160—2008）（2018 年版），严格执行。

5.3 根据采用的规范列表说明界区内装置间设计距离，+0.1 分，说明符合规范的条文号，+0.1 分，及符合性，+0.1 分。

参见表 5.9 和表 5.10 示例。

表 5.9 厂房及设施间距表（示例）

本项目设施	相邻设施	设计距离/m	规范要求/m	规范条文号	符合性
电解整流二次盐水等（甲类二级）	东:空地 厂内次要道路	— 5.65	— 5	— 3.4.3	符合
	南:一次盐水精制(戊类二级) 螯合树脂塔(戊类)	21.5 21.5	10 12	3.4.6 3.4.6	符合
	西:一期电解等(甲类二级)(新厂房西墙为防火墙)	5.02	4	3.4.1	符合
	北:110kV 开关所(丙类二级)	21.49	12	3.4.1	符合
螯合树脂塔（戊类露天设备）	东:空地	—	—	—	符合
	南:冷冻及氯压缩(乙类二级)	41	10	3.4.6	符合
	西:一次盐水精制(戊类二级)	11.75	10	3.4.6	符合
	北:电解整流二次盐水等(甲类二级)	21.5	12	3.4.6	符合
冷冻及氯压缩（乙类二级）	东:305 变电所(戊类二级)	17.05	10	3.4.1	符合
	南:氢处理及盐酸(甲类二级)	23.3	12	3.4.1	符合
	西:一期氯气处理(乙类二级)	11.61	10	3.4.1	符合
	北:一次盐水精制(戊类二级)	27.9	10	3.4.6	符合

5.4 根据采用的规范列表说明本项目与周边的设计距离，+0.1 分，说明符合规范的条文号，+0.1 分，及符合性，+0.1 分。

表 5.10 建设项目与厂区周边环境间距一览表（示例）

序号	周边单位名称		本项目装置设施名称	设计距离/m	规范间距/m	规范条文号	符合性
	方位	名称					
1	东	××公司办公楼(民用建筑,二级)	××××装置(甲类、二级)	65	25	3.4.1	符合
		××××起重搬运有限公司戊类厂房	装卸鹤管(甲类)	15	14	4.2.8	符合
		配电房(戊类)	××仓库(甲类,二级)	16.7	15	3.5.1	符合
		××村	××仓库(甲类,二级	585	30	3.5.1	符合
2	南	农田/预留空地	××仓库(甲类,二级)	8.6	—	—	符合
		××村		1300	30	3.5.1	符合
		10kV 电力线(杆高 10m)		15.1	15	11.2.1	符合
		10kV 电力线(杆高 10m)	××圆形池(甲类)	16.2	15	11.2.1	符合

6. 重大危险源分析及相应安全措施（1 分）

参照的标准是《危险化学品重大危险源辨识》（GB18218—2018）。

6.1　重大危险源物质分析，＋0.2 分。

6.2　重大危险源分析，＋0.3 分。

6.3　HAZOP 分析，＋0.2 分。

6.4　采取的安全措施，＋0.3 分。

比较 2015 年以来的评审细则发现，初步设计说明书的评审细则也是在 2018 年有了进一步的调整，在“工艺方案论证”部分增加对工艺方案本质安全、环保的要求，该部分也是文档中分值最大的部分，占 5 分。在“过程节能及能耗计算”部分将相关部分的计算表改为计算说明；在“环境保护”方面增加了对“三废”处理方案的评审要求；在“总图布置遵循正确的标准及安全距离”方面增加了最新石化行业防火规范的标准要求。

5.1.3.3　设备设计文档

设备设计文档占 4 分，2021 年评审细则原文如下。

1. 塔设备计算说明书（1 分）

1.1　给出设计条件：根据工艺计算结果给出工艺优化参数，如设计压力、设计温度、介质名称、组成和流量、塔板数（填料高度）、加料板位置等，＋0.2 分。

1.2　结构参数设计：设备结构的详细设计，如塔的尺寸、内件的结构与尺寸、开孔方位及尺寸等，＋0.2 分，并根据选定的塔设备材质计算设备筒体壁厚、封头壁厚、裙座（或支耳）厚度、地脚螺栓大小及个数，＋0.2 分。

1.3　强度核算：风载荷计算，地震载荷计算，耐压试验校核，＋0.2 分。

1.4　设备条件图，＋0.2 分。

2. 换热器设计结果表（1 分）

2.1　管壳式换热器

2.1.1　给出设计条件：给出工艺参数，如管程及壳程的设计压力、设计温度、介质名称、组成和流量、换热面积、选用材质、污垢热阻等，＋0.2 分。

2.1.2　结构参数设计：选型或设计，给出校核后的结果，如换热器结构形式、折流板形式和间距、壳程直径、换热管直径及计算长度、接管尺寸及方位等，＋0.3 分。

2.1.3　强度计算：设备筒体壁厚、封头壁厚、管板厚度、设备法兰复核，＋0.3 分。

2.1.4　设备条件图，＋0.2 分。

2.2　板式换热器

2.2.1　给出设计条件：给出工艺参数，如热侧及冷侧的设计压力、设计温度、介质名称、组成和流量、换热面积、选用材质、污垢热阻等，＋0.2 分。

2.2.2　计算结果：总传热面积、总板数、板尺寸、板间距、热侧及冷侧的程数及通道数、接管尺寸及方位，＋0.3 分。

2.2.3　计算示例，＋0.3 分。

2.2.4　设备条件图，＋0.2 分。

3. 反应器设计说明书（1 分）

反应分离集成设备均归为反应器类。反应器设计须给出外形尺寸、内件结构及参数。所有类型的反应器都要给出接管尺寸。

3.1　给出设计条件：给出工艺参数，如设备内筒及夹套（或盘管等）的设计压力、设计温度、进出口物料的介质名称、组成和流量，停留时间或空速等，+0.2分。

3.2 结构参数设计：反应器外形尺寸（如直径及长度）的设计计算、内件结构及参数的设计，+0.3分。

3.3 计算示例：如果是搅拌釜反应器，应计算给出搅拌功率；如果反应器内有催化剂床层，则核算流动阻力降；如果是塔式反应器，则给出反应塔段的持液量和气液相停留时间；+0.3分。

3.4 设备条件图，+0.2分。

4. 工艺设备一览表（1分）

4.1 正确区分定型设备和非标设备，+0.1分。

4.2 列出主要设备位号，+0.1分。

4.3 列出主要设备技术规格，+0.2分。

4.4 列出主要设备型号或图号，+0.2分。

4.5 列出主要设备材质，+0.2分。

4.6 列出主要设备数量，+0.1分。

4.7 文档所列设备与PFD图纸一致，+0.1分。

比较2015年以来的评审细则发现，设备设计说明书的评审细则也是在2018年有了进一步的调整。其中“塔设备计算说明书”部分细化了评审细则，增加了对设备条件图的评审要求；“换热器设计结果表”部分细化了评审细则，增加了不同类型换热器、计算示例、设备条件图的评审要求；“反应器设计说明书”部分细化了评审细则，增加了计算示例、设备条件图的评审要求；“工艺设备一览表”部分2019年起增加了文档设备与PFD图纸一致性的要求。

5.1.4 现场答辩评分表

现场答辩评分表包括技术创新性、口头报告质量、答辩质量和作品质量4部分，表5.11～表5.13列出了2015年、2018年和2021年的国赛评分表。2018年对评分表各部分评审的细节做了较大改动，2021年又做了进一步的优化。以2021年现场答辩评分表为例进行说明，包括技术创新性（20分）、口头报告质量（40分）、答辩质量（25分）和作品质量（15分）。由答辩评分表可以看出，设计竞赛对作品创新的要求较高，对清洁生产技术创新、反应技术及分离技术创新、过程节能技术创新和新型过程设备应用技术创新均有具体的量化指标，这对培养广大化工学子的工程创新能力大有促进作用，也让“绿色、低碳、环保”的理念深入人心，践行到化工设计中。现场汇报PPT质量、口头表达及团队合作能力都是评委关注的重点。

表5.11 2015年全国大学生化工设计竞赛——国赛答辩评委评分表

答辩队名：　　　　全国大学生化工设计竞赛——答辩评委评分表

技术创新性 20分		口头报告质量 45分		答辩质量 30分		特色亮点 5分
清洁生产技术创新(6分)		表述清楚、内容完整、重点突出、富有感染力(20分)		回答问题的正确性(10分)		分值

续表

<table>
<tr><td colspan="2">技术创新性
20 分</td><td colspan="2">口头报告质量
45 分</td><td colspan="2">答辩质量
30 分</td><td>特色亮点
5 分</td></tr>
<tr><td>反应技术及分离技术创新(6 分)</td><td></td><td>PPT 制作品质(12 分)</td><td></td><td>回答问题的客观性(10 分)</td><td></td><td>理由</td></tr>
<tr><td>过程节能技术创新(4 分)</td><td></td><td>报告用时(5 分)</td><td></td><td>简明流畅(5 分)</td><td></td><td></td></tr>
<tr><td>新型过程设备应用技术创新(4 分)</td><td></td><td>体现团队合作精神(8 分)</td><td></td><td>体现团队合作精神(5 分)</td><td></td><td>总计</td></tr>
<tr><td>小计</td><td></td><td>小计</td><td></td><td>小计</td><td></td><td></td></tr>
</table>

评委签名：________________ 日期：________________

表 5.12　2018 年全国大学生化工设计竞赛——国赛答辩评委评分表

全国大学生化工设计竞赛——答辩评委评分表

答辩队名：

<table>
<tr><td colspan="3">技术创新性
20 分</td><td colspan="3">口头报告质量
40 分</td><td colspan="2">答辩质量
25 分</td><td colspan="2">作品质量
15 分</td></tr>
<tr><td rowspan="3">清洁生产技术创新(6 分)</td><td>绿色反应(催化)技术(2 分)</td><td></td><td rowspan="4">口头表达(20 分)</td><td>表述清楚(5 分)</td><td></td><td rowspan="4">回答问题的正确性(8 分)</td><td rowspan="4"></td><td rowspan="7">工艺流程的正确性(7 分)</td><td rowspan="7"></td></tr>
<tr><td rowspan="2">“三废”资源化处理技术(2 分)</td><td rowspan="2"></td><td>内容完整(5 分)</td><td></td></tr>
<tr><td>重点突出(5 分)</td><td></td></tr>
<tr><td>单产碳排放减少(2 分)</td><td></td><td>富有感染力(5 分)</td><td></td></tr>
<tr><td rowspan="3">反应技术及分离技术创新(6 分)</td><td>高效反应新工艺(2 分)</td><td></td><td rowspan="3">PPT 制作品质(12 分)</td><td>内容完整(4 分)</td><td></td><td rowspan="3">回答问题的客观性(8 分)</td><td rowspan="3"></td></tr>
<tr><td>高效分离新技术(2 分)</td><td></td><td>图文清晰(4 分)</td><td></td></tr>
<tr><td>反应分离集成技术(2 分)</td><td></td><td>表现生动(4 分)</td><td></td></tr>
<tr><td rowspan="3">过程节能技术创新(4 分)</td><td>换热网络集成优化(2 分)</td><td></td><td rowspan="3">报告用时(3 分)</td><td>到时仅有结论部分未介绍(−1 分)</td><td rowspan="3"></td><td rowspan="3">简明流畅(4 分)</td><td rowspan="3"></td><td rowspan="3">设计说明书(5 分)</td><td rowspan="3"></td></tr>
<tr><td rowspan="2">相变潜热的多效及热泵利用技术(2 分)</td><td rowspan="2"></td><td>到时还有部分主体内容未介绍(−3 分)</td></tr>
<tr><td>讲完剩余时长超 2 分钟(−1 分)</td></tr>
<tr><td rowspan="4">新型过程设备应用技术创新(4 分)</td><td>反应器结构创新(1 分)</td><td></td><td rowspan="4">团队合作精神(5 分)</td><td>五人都讲述(3 分)</td><td rowspan="4"></td><td rowspan="4">体现团队合作精神(5 分)</td><td rowspan="4"></td><td rowspan="4">工程图纸(3 分)</td><td rowspan="4"></td></tr>
<tr><td>分离设备结构创新(1 分)</td><td></td><td>五人分工均衡(1 分)</td></tr>
<tr><td>输送设备结构创新(1 分)</td><td></td><td rowspan="2">五人讲述质量无明显短板(1 分)</td></tr>
<tr><td>换热设备结构创新(1 分)</td><td></td></tr>
<tr><td colspan="2">小计</td><td></td><td colspan="2">小计</td><td></td><td>小计</td><td></td><td>小计</td><td></td></tr>
</table>

总分：________________ 评委签名：________________ 日期：________________

表 5.13　2021 年全国大学生化工设计竞赛——国赛答辩评委评分表

全国大学生化工设计竞赛——答辩评委评分表

答辩队名：

<table>
<tr><th colspan="3">技术创新性
20 分</th><th colspan="3">口头报告质量
40 分</th><th colspan="2">答辩质量
25 分</th><th colspan="2">作品质量
15 分</th></tr>
<tr><td rowspan="4">绿色发展技术创新(6 分)</td><td>绿色催化剂应用(1 分)</td><td></td><td rowspan="4">口头表达(20 分)</td><td>表述清楚(5 分)</td><td></td><td rowspan="4">回答问题的正确性(8 分)</td><td rowspan="4"></td><td rowspan="7">工艺流程的正确性(7 分)</td><td rowspan="7"></td></tr>
<tr><td>“三废”资源化处理技术(2 分)</td><td></td><td>内容完整(5 分)</td><td></td></tr>
<tr><td>碳排放减少(2 分)</td><td></td><td>重点突出(5 分)</td><td></td></tr>
<tr><td>绿色发展新技术(1 分)</td><td></td><td>富有感染力(5 分)</td><td></td></tr>
<tr><td rowspan="3">反应技术及分离技术创新(6 分)</td><td>高效反应新工艺(2 分)</td><td></td><td rowspan="3">PPT 制作品质(12 分)</td><td>内容完整(4 分)</td><td></td><td rowspan="3">回答问题的客观性(8 分)</td><td rowspan="3"></td></tr>
<tr><td>高效分离新技术(2 分)</td><td></td><td>图文清晰(4 分)</td><td></td></tr>
<tr><td>反应分离集成技术(2 分)</td><td></td><td>表现生动(4 分)</td><td></td></tr>
<tr><td rowspan="2">过程节能技术创新(4 分)</td><td>换热网络集成优化(2 分)</td><td></td><td rowspan="2">报告用时(3 分)</td><td rowspan="2">用时控制在 16—20min(3 分)</td><td rowspan="2"></td><td rowspan="2">简明流畅(4 分)</td><td rowspan="2"></td><td rowspan="2">设计说明书(5 分)</td><td rowspan="2"></td></tr>
<tr><td>相变潜热的多效及热泵利用技术(2 分)</td><td></td></tr>
<tr><td rowspan="4">新型过程设备应用技术创新(4 分)</td><td>反应器结构创新(1 分)</td><td></td><td rowspan="4">团队合作精神(5 分)</td><td rowspan="4">五人都讲述(5 分)</td><td rowspan="4"></td><td rowspan="4">体现团队合作精神(5 分)</td><td rowspan="4"></td><td rowspan="4">工程图纸(3 分)</td><td rowspan="4"></td></tr>
<tr><td>分离设备结构创新(1 分)</td><td></td></tr>
<tr><td>输送设备结构创新(1 分)</td><td></td></tr>
<tr><td>换热设备结构创新(1 分)</td><td></td></tr>
<tr><td colspan="2">小计</td><td></td><td colspan="2">小计</td><td></td><td>小计</td><td></td><td>小计</td><td></td></tr>
</table>

总分：__________　评委签名：__________　日期：__________

5.2 竞赛作品案例分析

由于评委每年都有变动，扣分理由也因人而异，下面内容仅供参考。下面以中国矿业大学（北京）2019 年 Next 团队作品和 2020 年 RUN 团队作品为例，结合各项评审细则进行分析。

5.2.1　现代设计方法扣分分析

5.2.1.1　以 Next 团队作品为例

现代设计方法专项总分 20 分，扣分项集中在计算机辅助过程设计和计算机辅助工厂设计部分，下面分项进行分析。

（1）计算机辅助过程设计部分

① 过程仿真设计模型。

扣分条目：1.1.2 公用工程未在加热器中正确设置处理。

扣分理由：水未按中国规格设置。

扣分分析：Aspen 中公用工程冷却水直接用了 Aspen 自带的温度、压力等参数。应符合中国规格，换热器模块需设置公用工程类型。

② 分离过程设计。

扣分条目：3.2 进行参数优化。

扣分理由：T0202，缺少 DSTWU 数据；理论塔板数和回流比优化不合理；进料板位置优化不合理。

扣分分析：在模拟构建流程的过程中，边构建边优化塔，并且把优化数据放到大的整体的流程中，源文件中保留塔设计最初的 DSTWU 原始 bkp 文件。

③ 过程热集成。

a. 用夹点分析。

扣分条目：4.1.2 仅给出最后的换热网络，没有保留计算过程及比较方案。

扣分理由：计算过程保留不完整。

扣分分析：对于 Aspen Energy Analyzer 自动生成的换热方案和手动调节优化的换热方案，仅仅保留了其中合理的方案，没有对其中不合理换热方案进行保留，即计算过程保留不完整。

建议：对 Aspen Energy Analyzer 中自动合成或手动调节的合理和不合理方案都进行保留。若自动生成的方案均合理，则可增加生成方案的数目，或手动调节方案，保留不合理方案的结果。

步骤：使用 Aspen Energy Analyzer 的换热网络自动生成功能，可生成一定数量的换热方案，如图 5.3 所示。

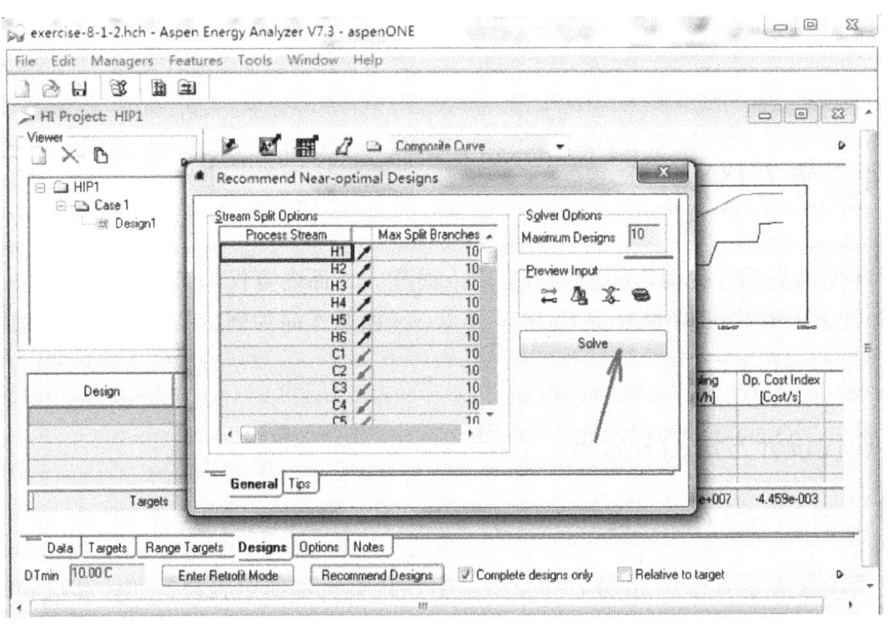

图 5.3　推荐换热网络设置

优化结果中合理方案下方结果显示条栏为绿色，不可用方案则为白色。保留一定数量合理和不合理的换热方案，如图 5.4 所示。

b. 用夹点分析结果对工艺流程进行优化设计。

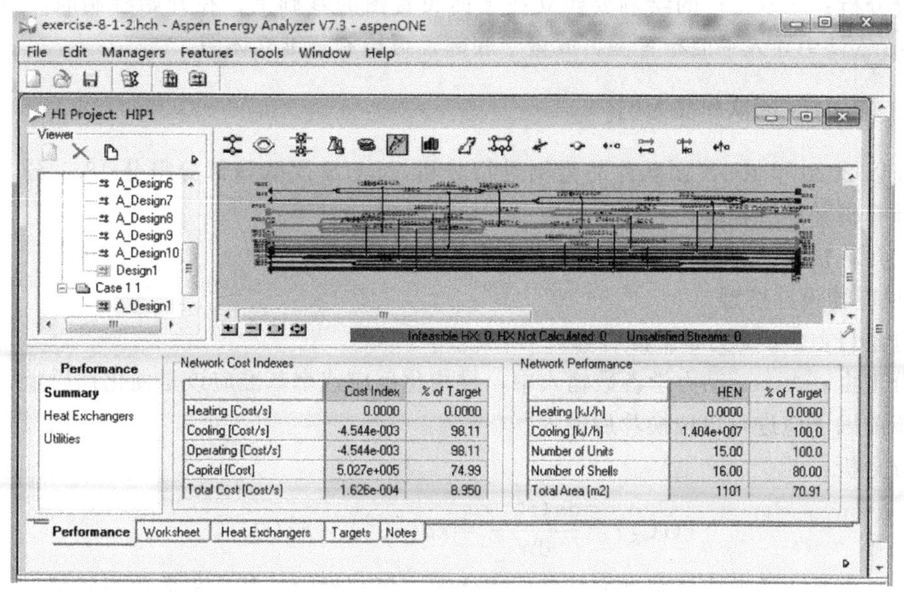

图 5.4　系统生成换热网络

扣分条目：4.2.1 根据夹点分析的结果，运用热泵、多效精馏/蒸发等热集成技术优化工艺流程，降低相变过程（组合曲线上的平台区）的公用工程需求，并以节能综合经济效益为目标进行换热网络优化设计（应去除回路、不经济的小换热器、距离太远、管路成本过高的换热关系），并将优化换热网络方案应用到工艺流程设计中。

扣分理由：未回到 PFD。

扣分分析：为了表明项目的公用工程采用梯级利用的节能措施，在 Aspen 流程内将一股公用工程作为工艺物流，从而增加了一个工艺物流间的换热器，S15 为梯级利用的公用工程。对应 Aspen Energy Analyzer 也多了一股工艺物流间换热。而 PFD 中公用工程有对应的管线运输，仅把这一部分公用工程当作普通公用工程来处理，造成 PFD 与 Aspen 不一致。

（2）计算机辅助工厂设计部分

① 车间设备布置三维设计。

扣分条目：1.3 与平面布置及立面布置图吻合。

扣分理由：E0201/E0203/E0205（换热器）尺寸（三个换热器的三维图与车间平面图不吻合）；V0202、V0203 无楼梯（在车间三维图中两个储罐画了楼梯，但是在平立面图中没画楼梯）。

② 三维配管设计。

扣分条目：2.3 与车间平面布置图和立面布置图吻合

扣分理由：缺少泵阀门，没按照 P&ID 画泵阀门。

③ 工厂三维模型设计。

扣分条目：3.2 与工厂总平面布置图中的分区位置吻合（申诉成功）。

扣分理由：三维道路上多出许多小型车（注：三维道路上多出许多小型车申诉成功，没有扣分）。

扣分条目：3.3 与工厂总平面布置图中的距离布置吻合。

扣分理由：生产区南北管廊与工厂总平面布置图中管廊的位置和距离不吻合。

扣分分析：三维工厂的绘制要建立在平面布置图的基础上，在开始绘制时，可以先在SketchUp软件中导入平面布置图，放置于底部，再绘制三维立体图。

5.2.1.2 以RUN团队作品为例

下面以2020年RUN团队作品为例进行分析，RUN团队该部分得分18.1分，扣分项集中在计算机辅助过程设计和计算机辅助工厂设计部分。

(1) 计算机辅助过程设计部分

① 反应器设计模型。

扣分条目：2.2动力学来源合理。

扣分理由：Aspen动力学参数输入中，异构化反应速率基准应该是催化剂质量，设置不正确；指前因子应进行单位换算后输入。

扣分分析：

$$r(iC_5)=\frac{dn(iC_5)}{dW}=kc(nC_5^0)-k'c(iC_5)$$

Aspen中默认的反应速率基准是反应器体积，而文献中的基准是催化剂质量，当时没有注意到这些细节。文献中没有给出指前因子的单位，设计时按文献数据输入后估算了产物收率，与文献值相符，没有仔细考虑单位是否合理。

② 分离过程设计。

扣分条目：3.2进行参数优化。

扣分理由：没有在全流程和单塔进行设计规定，塔灵敏度分析与全流程数据不一致，−0.8分。

扣分分析：精馏塔的优化需要先确定优化目标，明确自己需要的产品纯度；确定纯度后，利用DSTWU进行简捷计算，得到塔板数回流比关系（选择平缓区的塔板数），根据外部设计规定满足产品纯度要求；由DSTWU可以得到初始的精馏塔（RADFAC）参数，以此为依据进行内部设计，并进行灵敏度分析、参数优化，先进行满足产品回收率（塔顶或塔釜）的回流比优化，再进行满足产品回收率的采出量优化；在满足上述两个设计规定的前提下，进行进料板位置优化，选择塔板液相浓度与进料浓度最接近的塔板作为进料板。由于在全流程运行时的波动造成相应的优化结果产生误差，因此在全流程中设置塔内设计规定。

③ 过程热集成。

扣分条目：4.1用夹点分析。

扣分理由：最终软件没有体现夹点温度的影响。

扣分分析：进行AEA文件另存时未对夹点分析是否保留进行检查，导致最终版本无夹点分析过程。

(2) 计算机辅助工厂设计部分

① 车间设备布置三维设计。

扣分条目：1.3与平面及立面布置图吻合。

扣分理由：车间三维中，机泵位置与平面布置图不一致（P0201AB、C0201、P0202AB），V0204和E0204的位置与平面图不一致。

扣分分析：中心点的位置与基线一致，但模型的尺寸（长宽高）没有对上。

② 工厂三维模型设计。

扣分条目：3.2 与工厂总平面布置图中的分区位置吻合；3.3 与工厂总平面布置图中的距离布置吻合。

扣分理由：工厂三维里的车间模型，与原车间模型不一致。

扣分分析：中心点的位置与基线一致，但模型的尺寸（长宽高）没有对上。

5.2.2 工程图纸扣分分析

5.2.2.1 以 Next 团队作品为例

工程图纸专项总分 20 分，Next 团队得 17.15 分，扣分项集中在 PFD、P&ID、车间设备布置图部分。

① 格式规范性。

a. PFD。

扣分条目 1：1.3 图标（设备图例等）正确。

扣分理由：板式塔图例不当；C0101 压缩机图例不当（出口无箭头）。

扣分分析：注意各类设备图例的正确画法；连接设备时，每画一条物流线即标上箭头，避免遗漏，且要注意箭头的指示方向。

扣分条目 2：1.5 文字高度。

扣分理由：物流表字高不当，字体不当。

扣分分析：从 Aspen 中导出 Excel 表格，再导入 CAD 时，要进行适当的删减和改动，字体要与图中一致，字高适中即可。

b. P&ID（1 分）。

扣分条目：2.6 文字高度。

扣分理由：文字高度不当。

扣分分析：提前设置好几类文字的正确字体和高度，图中出现文字时即调整为正确格式。

② PFD——内容正确性与完整性。

a. 流程结构。

扣分条目 1：1.1 主项内及主项间物料进出口完整、标识正确；1.2 设备进出口物料完整；1.3 物料流向标识正确。

扣分理由：部分主项内及主项间物料进出口标识错误；部分设备物流编号及流向标识错误；反应器未标识取给热。

扣分分析：明确物流流向箭头、长箭头和短箭头的形状规格及应用场合；标明物流编号时最好按从左到右、从上到下的顺序，每一个流股都要进行编号，并注意检查流股流向标识是否正确；反应器处应标出取给热。

扣分条目 2：1.4 物流压力变化合理；1.5 标示有压力变化处的阀门（−0.2 分）。

扣分理由：图纸中部分设备和管道中物流压力变化不合理。

扣分分析：在绘制 PFD 图纸时，可以在各设备进出口处标注物流的温度、压力等状态，同时检查各设备进出口和物流表中的压力变化是否合理，若有问题应及时在 Aspen 中进行查找。

b. 完整物流表。

扣分条目：2.1 有物流号；2.2 物流号完整；2.3 有各物料的质量流量和质量分率；2.4 有密度和体积流量；2.5 有操作参数（温度、压力等）；2.6 有相态（气、液、固）及相态分率。

扣分点：物流号错误；有物流未标明相态；物流质量不守恒。

扣分分析：PFD 完成后，标注物流号时，应按照一定顺序标明，避免遗漏，且统一物流编号格式为“S+数字”；物流表中经过删减，保留各物料的质量流量、质量分率、密度、体积流量、操作参数（温度、压力等）、相态和相态分率；物流表完成后，可以检查一下各物流的质量流量是否守恒，若不守恒，可以与做流程模拟的同学进行沟通，找到问题所在。

c. 设备位号。

扣分条目：3.1 设备图标处标示有设备位号；3.2 图中顶部或底部标示有设备位号和对应的设备名称。

扣分理由：设备位号有重复，V0403 回流罐、分离罐两台设备位号相同。

扣分分析：初次标设备位号时按顺序标注，后期有改动时注意前后位号的变动，改动后仔细检查。

③ P&ID——内容正确性与完整性。

扣分条目 1：1. 单元控制逻辑。

扣分理由：部分设备单元控制逻辑有误，测量点位置错误及逻辑关系不清。

扣分分析：在绘制 P&ID 图纸前，查阅相关资料，并对照优秀图纸作品，学习常见设备的控制方法，包括泵、压缩机、换热器、塔、反应器和储罐等的常规控制，明确控制系统中各图符的含义。

扣分条目 2：2. 管道组合号。

扣分理由：反应器进出口管道未设置保温层，部分管道号标注有误。

扣分分析：对于管道号的标注，参照《化工工艺设计施工图内容和深度统一规定》（HG/T 20519—2009）中第 74 页表 12.2 章节的要求执行，与设计管道的同学进行交流，明确各管道中物流状态和管道的规格，对于需要进行保温的物流，要在管道外设置绝热层，应在图中及管道号上加以表示。

④ 总平面布置图——内容正确性与完整性。

扣分条目：1. 有风玫瑰。

扣分理由：风玫瑰图中只标出一个季风风向。

扣分分析：标出两个季风风向，用不同颜色表示。

⑤ 设备布置图——内容正确性与完整性。

扣分条目 1：1. 空间布置合理无冲突。

扣分理由：平面标注正负号错误；V0202、V0203 在其他平面都能看见，但是在 EL+6.000 平面和在 EL+12.000 平面未画出；T0202 与 E0204，E0202 与 T0201，塔与塔顶冷凝器相距太远。

扣分条目 2：2. 平面图与立面图一致。

扣分理由：T0205 在 P&ID 图中无此设备；E0205 标成 T0205。

扣分条目 3：3. 设备及尺寸标注。

扣分理由：楼梯没有尺寸；立面图中设备标高不规范；立面图中不应有建北标注。

5.2.2.2 以 RUN 团队作品为例

下面以 RUN 团对作品为例进行扣分分析，该团队工程图纸部分总得分 18.18 分。

① 格式规范性。

扣分条目：3. 车间设备布置图。

扣分理由：无图幅信息。

扣分分析：图纸右下方缺少图幅 A1 的标识，使用模板时确认一遍图幅信息。

② PFD—内容正确性与完整性。

扣分条目：1. 流程结构。

扣分理由：≥10 处主物料管线缺流股简要信息（T、P、F）；≥3 处塔顶气相管线回流管线或泵前泵后或换热器进出管线未编“流股代号”。

扣分分析：在 Aspen 中编写物流号时，没有考虑虚拟流股，因为塔单元包含塔顶冷凝器和塔底再沸器，故从塔顶到冷凝器这条物流没有，属于虚拟流股，也需要编号，并且导出物流信息。

扣分条目：2. 完整物流表。

扣分理由：T0105 和 T0101 等。

扣分分析：同上，虚拟流股没有编号，也没有流股信息。

③ P&ID—内容正确性与完整性。

扣分条目 1：1. 单元控制逻辑。

扣分理由：T0101 等塔的压力 PIC0102 已经控制，故 PIC0101 就应该控制 E0101 出口温度；TIC0107 和 PIC0112 怎样来控制；V0301 按标识进出都是气体，怎么控制液位。4 张：C0101 的 FT0103 测点位置错；8 张：R0201 入口 FIC0203 与出口 PIC0201 都不需要且矛盾；反应器入口温度缺控制。

扣分分析：压缩机的控制方案比较复杂，尤其是压力测量点，参考化工仪表及自动化及相关教材。

扣分条目 2：2. 管道组合号。

扣分理由：第 1 张 PID，再沸器 E0102 出口相态有误；PRL0108 应保冷，出口应为 PRG，且管线号重复；P0103A/B，进口无管线号；所有泵进出口管径均相同有误。

扣分分析：在编泵的进出口管径时，是按流量来的，没有考虑流速的不同。

扣分条目 3：3. P&ID 图与 PFD 图工艺流程一致。

扣分理由：R0201 安全放散不一致、C0401A/B 名称不一致。

扣分分析：最后交作品之前，一定要再检查一遍一致性。

④ 设备布置图——内容正确性与完整性。

扣分条目：1. 空间布局合理无冲突。

扣分理由：T0201 塔顶无法检修。

扣分分析：塔顶需要加上检修的平台。

⑤ 总平面布置图——内容正确性与完整性。

扣分条目 1：1. 有风玫瑰。

扣分理由：指北方向没有符号 N。

扣分分析：没有画 N。

扣分条目 2：5. 安全间距。

扣分理由：消防车库控制中心、化验中心与甲类装置的安全距离未达到 40m。

扣分分析：消防安全这方面尽量做到大部分符合规范要求。

扣分条目 3：6. 消防措施。

扣分理由：无消防水炮。

扣分分析：加消防水炮的图标。

扣分条目 4：7. 火灾危险类别的划分正确。

扣分理由：无火灾危险类别划分。

扣分分析：文档里有归类，在图纸上没有标明。

5.2.3 设计文档质量扣分分析

5.2.3.1 可行性报告扣分分析

(1) 以 Next 团队作品为例

现代设计方法专项总分 20 分，下面以 Next 团队作品为例进行分析。

① 建设规模及产品方案。

扣分条目：1.2 建设规模和产品方案的选择和比较。

扣分理由：没有主要副产品，缺少必要的说明。

扣分分析：没有主要副产品的，需要在文档中做相应的文字说明。

② 公用工程需求表。

扣分条目：3.2 列出主要公用工程消耗量。

扣分理由：无小时消耗量。

扣分分析：仅仅列出了年消耗量，而未列出小时消耗量。建议：同时列出小时消耗表和年消耗表。

③ 投资估算表。

扣分条目：5.2 建设期利息估算及建设期利息估算表。

扣分理由：建设期 1 年的利息数据有误。

扣分分析：一年利息按整个还款期 6 年的总和进行计算了。建议：按照建设期分年度分别计算。

步骤：建设期投资贷款利息是指建设项目使用银行或其他金融机构的贷款，在建设期应归还的借款利息。当项目建设期长于一年时，为简化计算，可假定借款发生当年均在年中支用，按半年计息，年初欠款按全年计息，借款额在各年均衡发生，借款以复利方式计息：

$$各年利息=(年初借款本息累计+本年借款额/2)\times 年利率$$

根据项目总投资确定银行贷款金额、贷款金额到账期限、贷款年限。根据建设期时间确定建设期利息。

④ 经济效益分析表。

扣分条目：6.2 销售收入和税金估算，产品销售收入和税金计算表。

扣分理由：乙烯 3000 元/吨，增值税取 17%不合理。

扣分分析：设计时直接参照往届作品进行取值，未查阅最新的国家标准对相应产品的增值税进行合理设置。建议：查阅《中华人民共和国增值税暂行条例》及《实施细则》，对项目产品的增值税进行合理设置。

（2）以 RUN 团队作品为例

①“三废”排放量表。

扣分条目：4.1 列出废水名称，废水量和组成，处理方法和去向；4.2 列出废气名称，废气量和组成，处理方法和去向；4.3 列出废固名称，废固量和成分，处理方法和去向。

扣分理由：废气表中全烃类的物流不算废气，废水表不全、废催化剂组成不全。

扣分分析：根据评审的意思可能全烃类可作为副产品出售。由于 Aspen 模拟结果中无废液，废水表中只列了生活废水组成不全。废催化剂组分含量不全。

② 经济效益分析表。

扣分条目：6.2 销售收入和税金估算，产品销售收入及税金计算表；6.3 税后利润估算及利润与利润分配表；6.9 敏感性分析。

扣分理由：税金计算表和利润与利润分配表所得税不一致；敏感性分析图横纵坐标无单位。

扣分分析：表格没有对应，要注意图表的规范完整性。

5.2.3.2 初步设计说明书扣分分析

（1）以 Next 团队作品为例

① 工艺方案论证。

扣分条目：2.4 根据各项指标的优劣，综合分析比较得出本项目选用的工艺技术方案及选用理由。

扣分理由：综合分析不足，选用理由论述不够；没有综合论述为什么选择该工艺，只列出表格比较。

扣分分析：工艺方案论证部分是文档中分值最大的部分，文献调研要全面，论述详实，要有充足的定性分析和定量数据说明，并逐项列表分析比较。

② 过程节能及能耗计算。

扣分条目：3.1 有项目综合能耗表，及计算说明；3.3 有每吨产品能耗比较表及说明；3.5 有能源选择合理性分析。

扣分理由：三个能耗表中各项比例不一致；吨产品能耗比较表中设计值与前面不一致；能源选择合理性分析不全。

扣分分析：两个表中折煤系数保留的有效位数不同，如图 5.5 和图 5.6，导致扣分；由于吨产品能耗比较表与前表中的单位进行了换算，改变了数值的有效数字位数，如图 5.7 和图 5.8，导致二者不一致。

建议：相同的数值在不同场合出现时应保持一致，即单位和有效数字均一致，能源选择合理性分析建议参考满分作品，尽可能说明得全面详细。

③ 环境保护。

扣分条目：4.2 废气排放表及处理方案；4.3 废液排放表及处理方案；4.4 废固排放表及处理方案。

扣分理由：“三废”表中均缺少温度、压力参数（图 5.9）以及污水处理流程图。

④ 总图布置遵循正确的标准及安全距离。

表24-3 每吨产品能耗计算表

序号	能耗项目	单位年消耗量		折算当量标煤系数		单位能耗	单位标煤折算能耗
		单位	数量	单位	数量	MJ/t	kgce/t
1	电	kW·h	445.41	kgce/(kW·h)	0.1229	1603.47	54.74
2	循环冷却水	t	728.46	kgce/t	0.1429	3052.24	104.10
3	3℃低温冷水	t	35.01	kgce/t	0.1706	175.06	5.97

图 5.5　每吨产品能耗计算作品示例

表24-4 万元产值综合能耗计算表

序号	项目	年耗量		万元产值耗量		折煤系数		万元产值折煤能耗/(kgce)
		单位	数量	单位	数量	单位	数量	
1	电	10^4kW·h	18929.80	kW·h	728.07	kgce/kW·h	0.12	87.37
2	循环冷却水	10^4t	30959.48	t	1190.75	kgce/t	0.14	166.70
3	低温冷水	10^4t	1488.02	t	57.23	kgce/t	0.17	9.73

图 5.6　万元产值综合能耗计算作品示例

表24-2 项目综合能耗标煤折算表

序号	能耗项目	年消耗量		折算当量标煤系数		折算能耗	单位标煤折算能耗
		单位	数量	单位	数量	10^4kgce/a	kgce/t
合计						10175.14	239.42

图 5.7　项目综合能耗标煤折算表作品示例

表24-5 每吨产品能耗比较表

序号	项目	单位	数量	对象
1	单位产品能耗	吨标煤/吨	0.239	本项目
			0.25	《乙酸乙烯酯单位产品能源消耗限额》(GB 30529—2014)

图 5.8　每吨产品能耗比较表作品示例

扣分条目 1：5.2 装置的火灾危险类别划分。

扣分理由：装置火灾危险划分无说明。

扣分分析：只有表格没有文字说明。

扣分条目 2：5.4 根据采用的规范列表说明本项目与周边的设计距离，说明符合规范的条文号及符合性。

表22-2 废液排放表

废气名称	有害物成分及浓度(质量分数)/%	排放量/(kg/h)	排放点	排放方式	排放去向	处理方法

表22-3 废气排放表

废气名称	组分浓度(质量分数)/%	排放量/(kg/h)	排放点	排放方式	去向	处理方法

表22-4 废固排放表

固废名称	排放量/(t/a)	主要组成(质量分数)/%	排放点	固废类别	排放方式	排放去向

图 5.9 “三废”表作品示例

扣分理由：与周边环境间距方位不全。

扣分分析：项目装置设施不全，在项目与周边环境间距表中方位单一，如图 5.10。

■ 3.6.3 项目与周边的设计距离

以下以厂区最重要的罐区和生产区为例说明建设项目与周边环境间距设置的合理性。采用的规范条文是《建筑设计防火规范》。

表3-9 建设项目与厂区周边环境间距一览表

序号	本项目装置设施名称	周边单位名称		设计距离	规范距离	规范条文号	符合性
		方位	名称				
1	装卸区(乙类二级)	南	南京金陵石化药用玻璃制品厂(民用建筑，二级)	90m	25m	3.4.1	符合
			S33B省道	110m	20m	3.5.1	符合
2	生产区(甲类一级)	东	金陵石化化肥厂生活区(民用建筑，二级)	120m	25m	3.4.1	符合

图 5.10 “项目与周边设计距离表”作品示例

⑤ 重大危险源分析及相应安全措施。

扣分条目：6.1 重大危险源物质分析；6.4 采取的安全措施。

扣分理由：物质分析不合理，措施无具体分析，重大危险物质结论不正确。

(2) 以 RUN 团队作品为例

① 工艺技术方案论证。

扣分条目：不同技术方案消耗、转化率、能耗、本质环保、本质安全、流程繁简等方面的文字说明。

扣分理由：2.3 两部分分析不充分。

扣分分析：由于文献调研不充分，有些地方只给了定性分析而没有定量数据，2.3 中每项既要有文字说明，也要有相应的表格，定性、定量分析全面。

② 过程节能及能耗计算。

扣分条目：3.6 有节能措施。

扣分理由：3.6 分析不全面。

扣分分析：内容分析不够，应分析更全面（可利用饼图）。

③ 环境保护。

扣分条目：4.3 废液排放表及处理方案。

扣分理由：生产工艺无任何生产废水（废液）不尽合理；废水处理系统中也未提及生产事故状况下事故废水处理方案，仅说明消防废水。

扣分分析：Aspen 模拟结果中确实没有废液产生，但仲裁委员会的意见是原料中的微量重组分即使循环也一定要排出系统外，否则物料不平衡，系统中会越积越多。在废液处理措施中还应加上生产事故废水等。

④ 重大危险源分析及相应安全措施。

扣分条目：6.2 重大危险源分析；6.4 采取的安全措施。

扣分理由：危险源中车间、罐区分析不具体；安全措施不全面。

扣分分析：文档中仅简单写了计算原理，但是没有体现代入数据计算的过程，可能被判定为不具体。对于安全措施可多进行文献调研。

5.2.3.3 设备设计文档扣分分析

（1）以 Next 团队作品为例

2019 年 Next 团队作品得分/满分：3.783/4。

① 换热器设计结果表。

扣分条目 1：2.1.2 结构参数设计。

扣分理由：无接管尺寸。

扣分分析：如图 5.11，框中部分应该根据标准选择接管尺寸。

扣分条目 2：2.1.3 强度计算。

扣分理由：法兰校核不完整，管长未标注（图 5.12）。

② 反应器设计说明书。

扣分条目：3.1 给出设计条件；3.3 计算示例；3.4 设备条件图。

扣分理由：设计温度和压力未明确给出；压降计算公式错误；设备条件图不完整，没有提供管口方位图。

扣分分析：设计温度、压力未明确给出，可能没有足够明确，实际上设计温度、压力在设计一览表中明确提到，如图 5.13。希望同学们能够在设计条件中清晰明确给出这些信息；对于设备条件图同学们一定注意加上管口方位图。

（2）以 RUN 团队作品为例

① 塔设备计算说明书。

扣分条目：1.2 结构参数设计。

扣分理由：缺少裙座厚度计算。

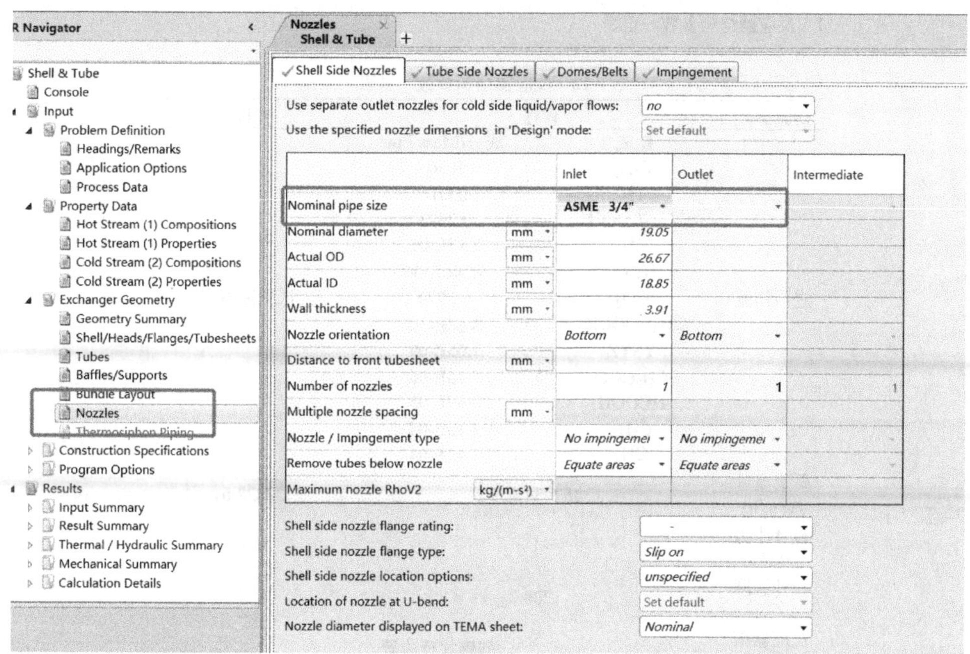

图 5.11 换热器设计作品示例

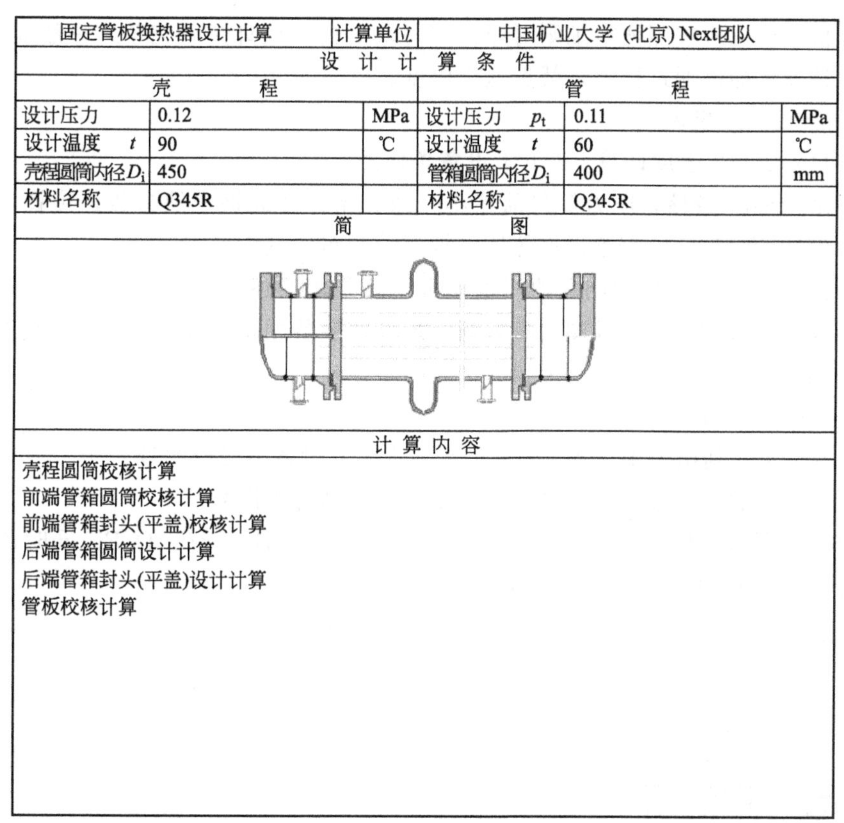

固定管板换热器设计计算		计算单位	中国矿业大学（北京）Next团队		
设 计 计 算 条 件					
壳 程			管 程		
设计压力	0.12	MPa	设计压力 p_t	0.11	MPa
设计温度 t	90	℃	设计温度 t	60	℃
壳程圆筒内径 D_i	450		管箱圆筒内径 D_i	400	mm
材料名称	Q345R		材料名称	Q345R	
简 图					
计 算 内 容					
壳程圆筒校核计算 前端管箱圆筒校核计算 前端管箱封头(平盖)校核计算 后端管箱圆筒设计计算 后端管箱封头(平盖)设计计算 管板校核计算					

图 5.12 “法兰校核”作品示例

1.7 反应器结构参数一览表

表1-12　反应器结构参数一览表

物流参数	管程		壳程
	组成	成分/Mass Frac	
	C_2H_4	0.56	
	O_2	0.061	
	CH_3COOH	0.2993	
	VAC	2.13E-05	
	H_2O	9.546E-04	
进口物流	CO_2	0.0779	低压冷凝水
	CH_3COOCH_3	5.54E-10	
	YSYZ	1.65E-09	
	CH_3CHO	5.75E-06	
	HCOOH	3.69E-05	
	C_2H_6	3.15E-04	
	CH_4	3.42E-04	
质量流量/(kg/h)	467434.459		38829.6
设计压力/MPa	1		0.4
设计温度/℃	200		150
反应器结构形式	列管式反应器		

图 5.13　“反应器结构参数一览表”作品示例

扣分分析：注意应按照评审细则对照核实每块的内容设计是否完整。一般通过 SW6 校核，如果所选厚度能够通过校核，就选这个厚度。

② 换热器设计结果表。

扣分条目：2.1.3 强度计算；2.1.4 设备条件图。

扣分理由：SW6 校核，压力值与前述不一致；条件图表格中缺参数，接管尺寸错；没有给出初步设计的结果；没有给出换热器结构参数圆整的过程说明。

扣分分析：SW6 校核压力问题的产生是由于若采用前述压力则无法进行校正，属于浮头式换热器校核特有问题；条件图的参数建议最好按照装配图规范；接管尺寸错误可能是未按标准进行圆整；换热器设计过程需要再进行圆整。

③ 工艺设备一览表。

扣分条目：4.2 列出主要设备位号；4.4 列出主要设备型号或图号。

扣分理由：多台反应器共用一个位号；塔、反应器等无图号。

扣分分析：脱氢反应器共 5 台，设备位号需写成 R0301A/B/C/D/E。同时需在一览表中注明图号，并与 CAD 图纸中的设备图号一致。

5.3 竞赛作品评审浅析

全国大学生化工设计竞赛内容多、历时长，同学们设计作品时大多要参照往年的优秀设计作品，需要提醒同学们不要盲目借鉴，要知其然并知其所以然。化工设计竞赛内容多，需要团队共同协作完成，而且还要进行反复的修改，因此要特别注意作品整体的一致性，包括工艺流程模拟与 PFD、P&ID 图纸的一致性；设备设计结果的一致性，包括 Aspen、文档和设备条件图三者设计结果的一致性，设备一览表与 PFD 图纸的一致性；设备布置图中平面图与立面图的一致性等。这需要团队成员相互协作，在整个设计过程中遵循“将公众的安全、健康和福祉放在首位并注意保护环境”这一工程伦理的首要原则，认真完成设计作品。

5.3.1 现代设计方法应用部分

对于“计算机辅助过程设计”部分，过程仿真设计模型占 4 分，近两年由于修改精度实现流程收敛的情况很少，易扣分地方在于公用工程未按中国规格设置。反应器设计模型占 2 分，扣分主要集中于“2.2 动力学来源合理”项，如动力学方程单位换算出错、缺少文献支持或与文献模型不一致、缺少相关计算说明等，这部分请同学们尤为注意，认真计算并检查输入的单位一定要正确，使用催化剂的场合注意合理设置催化剂的活性参数。分离过程设计占 2 分，要求至少完成一座分离塔设备的设计，扣分主要集中在“3.2 进行参数优化”项，DSTWU 简捷设计的文件必须保留好，RadFrac 详细设计时必须做设计规定，很多队伍因为未做设计规定而扣分；还有对塔板数、进料板、回流比等参数优化分析概念理解错误，优化分析不合理，需要注意的是优化后的参数一定要返回全流程全流程与塔优化的源文件中参数要一致。当用 SEP 模块进行膜分离设计时，注意量和分离因子的选取依据。过程热集成占 2 分，同学们要注意不要仅给出最后的换热网络，要保留好完整的计算过程及比较方案，在该项扣分的队伍不在少数。还有未分析绘制实施热集成技术前后的过程组合曲线图，未分析运用热集成技术利用组合曲线平台区的能量，未将优化的换热网络方案应用到最终的工艺流程设计中，这几个地方需要注意。

对于“计算机辅助设备设计”部分，需要注意前面提到的设计源文件与相关文档和图纸的一致性，设计结果要一致。换热器的详细设计占 2 分，要求至少对 2 台换热器进行详细设计，注意检查 EDR 输入输出是否有警告，换热器的压降、流态和传热面积是否合理。塔设备的详细设计占 4 分，注意核对评审细则中要求的参数范围，要有设备校核的源文件。

对于“计算机辅助工厂设计”部分，车间设备布置不建议选太简单的车间，注意平、立面图的一致性，设备数量、位号、尺寸等都要一致；楼梯、阀门不要缺失；工厂的三维模型设计要注意与厂区平面图的一致性。

5.3.2 工程图纸部分

对于“图纸的格式规范性”部分，常见错误详见 4.1.5 节，如图纸中的线宽不符合规范，文字、数字和字母的字体不符合规范、字高过大，箭头的尺寸不符合规范，阀门图例的尺寸不符合规范等。

对于“PFD——内容正确性与完整性”部分，常见错误在于主项内、主项间及界区物流进出口标识错误，设备进出口物料不完整，缺部分流股信息，物流压力变化不合理，缺压力变化处的阀门。物流表失分也较多，请同学们认真查阅评审细则，要求的每项内容都要列出。扣分点在于物流号不完整或者编号混乱，相态及相态分率缺失或者不合理，还有部分物流数据不合理等。对于设备位号，易错点在于设备位号与设备不对齐，命名混乱，与设备一览表不一致等。

对于“P&ID——内容正确性与完整性”部分，特别要注意精馏塔、换热器、反应器和泵的控制方案是否合理，一条管路上的控制不要相互矛盾，注意测量点的位置不要出错，水、气的进出不要搞反，还要特别注意出关不要少了放空；注意管道标注是否正确，特别是保温管道；另外就是P&ID图与PFD图工艺流程的一致性。

对于“设备布置图——内容正确性与完整性”部分，注意平、立面图的一致性，要合理利用位差，上下层设备布置统一，不发生碰撞，留有足够的检修空间。设备尺寸标注部分，易错点在于设备的定位基准不正确，定位尺寸缺失等。

对于“总平面图——内容正确性与完整性”部分，扣分点在于风玫瑰只有一个季风风向，技术指标不全（缺容积率），风向和布局不对应，人流、物流、产品等出入口标注不合理，车间、罐区安全距离不够等。

5.3.3 设计文档质量部分

对于“可行性报告”部分，同学们要认真研读评审细则。对于“建设规模及产品方案”，扣分点在于建设规模比选缺乏数据支撑，所在地或园区发展规划符合性分析未给出具体参考文件，产品方案比选缺产品组成信息，没有主要副产品但缺少必要的说明。“原料需求清单及来源”的扣分点主要是缺辅助原料来源的具体公司，主要原料、催化剂的来源分析不足等。“公用工程需求表”中，易错点在于缺失了小时消耗量和空气仪表项，注意基准要统一，单位要正确。“‘三废’需求表”中要注意对“三废”进行充分的文字说明，且“三废”表中一定要列出“三废”的组成和含量及处理方法、排放去向等。“投资估算表”中，一些队伍因为建设期利息计算有误，建设投资、建设期贷款利息估算不全，流动资金估算表未给出而扣分。“经济效益分析表”中，扣分点在于增值税取值不合理，动态投资回收期的分析缺失，内容不全有缺项，敏感性分析图错误等。

对于“初步设计说明书”部分，“工艺技术方案论证”是分值最大的部分，占5分，也是失分较多的地方。竞赛要求同学们在全面深入文献调研的基础上，对常用的工艺技术方案进行对比分析，包括不同技术方案的投资、消耗、转化率、能耗、本质环保、本质安全、流程繁简等内容均需进行充分的文字说明，综合分析本项目选用的工艺技术方案及选用理由。这部分的篇幅一般不少于20页，定性、定量分析要全面，各项都要有表格分析，列出定量数据，很多队伍因为论述展开不够、方案数不够、选用理由不充分等而失分。“过程节能及能耗计算”中，扣分点在于每吨产品能耗比较部分相关数据有误或缺失说明以及前后数据不匹配，能源选择合理性分析不准确等。“环境保护”中的失分点主要是“三废”表中缺少温度、压力参数，污水处理流程图和说明，“三废”处理方案及效果不完整，成分不明确。“总图布置遵循正确的标准及安全距离”易错点在于缺少采用规范的依据或规范选择理由不充分，间距方位不全等。“重大危险源分析及采取的安全措施”中，扣分点在于物质分析不合理，无具体计算依据；缺少重大危险源分析或分析不正确；车间分析不正确，罐区无分析，安全措施无具体分析等。

对于“设备设计文档”部分，包括塔设备设计、换热器设计、反应器设计和工艺设备一览表4部分，各占1分。“塔设备计算说明书”中，失分点在于壁厚或塔盘详细设计欠缺，裙座厚度不合理，校核结果与前面计算结果不一致，设备条件图中尺寸标注与文档不一致等。“换热器设计结果表”扣分点在于壳径、管长不规范，图纸缺标注，未按照比例绘制，尺寸标注与图纸文档不一致等。“反应器设计”是失分较多的地方，设计参数不合理，结构参数计算有误，压降计算公式错误，对压降公式中的气速理解错误，设备条件图缺管口方位图等。“工艺设备一览表”扣分点在于缺反应器、塔设备的图号，设备条件图图号不一致，设备位号与图纸不一致，设备数量和位号不一致，个别信息缺失等。

参考文献

[1] 郭浩然，朱丽琴．增塑剂醇的新选择——2-丙基庚醇．石油化工技术与经济，2006（06）：20-25.

[2] GB/T2589-2020 综合能耗计算通则．

[3] 许文，张毅民．化工安全工程概论．北京：化学工业出版社，2015.

[4] HG 20559-93 管道仪表流程图设计规定．

[5] HG/T 20519-2009 化工工艺设计施工图内容和深度统一规定．

[6] HG/T 20546-2009 化工装置设备布置设计规定．

[7] 中石化上海工程有限公司．化工工艺设计手册．5 版．北京：化学工业出版社，2018.

[8] 国家发展改革委建设部．建设项目经济评价方法与参数．3 版．北京：中国计划出版社，2006.

[9] 梁志武，陈声宗．化工设计（第四版）．北京：化学工业出版社，2015.

[10] 孙兰义．化工流程模拟实训——Aspen Plus 教程．2 版．北京：化学工业出版社，2017.

[11] Grasselli R K，Lugmair C G，Jr A，*et al*. Enhancement of acrylic acid yields in propane and propylene oxidation by selective P Doping of MoV（Nb）TeO-based M1 and M2 catalysts. Catalysis Today，2010，157（1）：33-38.